高等职业教育系列教材

传感器技术与应用

第 4 版

金发庆　主　编
李瑜芳　审

机械工业出版社

本书主要讲述了传感器的工作原理、结构、性能和应用。书中既介绍了温度、力、光电式、图像、磁、位移、气体、湿度等基本传感器，又介绍了生物、无线电波、超声波、机器人、指纹、触摸屏和微机电系统等新型传感器，还介绍了智能传感器和传感器网络知识，以及它们在工农业生产、科学研究、医疗卫生、语音识别、人像识别、环境保护、交通管理、家用电器等方面的应用实例。

本书可作为大学专科和高职院校应用电子技术、自动控制、仪器仪表、测量、机电技术、人工智能、计算机应用等专业的教学用书，也可作为有关工程技术人员的技术参考和自学用书。

本书配有电子教案，需要的教师可登录 www.cmpedu.com 免费注册，审核通过后下载；或联系编辑索取（QQ：1239258369，电话：010-88379739）。

图书在版编目（CIP）数据

传感器技术与应用/金发庆主编 . —4 版 .—北京：机械工业出版社，2019.7（2023.1 重印）

高等职业教育系列教材

ISBN 978-7-111-63659-5

Ⅰ . ①传…　Ⅱ . ①金…　Ⅲ . ①传感器–高等职业教育–教材　Ⅳ . ①TP212

中国版本图书馆 CIP 数据核字（2019）第 194195 号

机械工业出版社（北京市百万庄大街 22 号　邮政编码 100037）

策划编辑：和庆娣　责任编辑：和庆娣

责任校对：王明欣　责任印制：郜　敏

北京盛通商印快线网络科技有限公司印刷

2023 年 1 月第 4 版第 9 次印刷

184mm×260mm · 13.5 印张 · 334 千字

标准书号：ISBN 978-7-111-63659-5

定价：45.00 元

电话服务　　　　　　　　网络服务

客服电话：010-88361066　机 工 官 网：www.cmpbook.com

　　　　　010-88379833　机 工 官 博：weibo.com/cmp1952

　　　　　010-68326294　金 书 网：www.golden-book.com

封底无防伪标均为盗版　机工教育服务网：www.cmpedu.com

高等职业教育系列教材
电子类专业编委会成员名单

出版说明

《国家职业教育改革实施方案》（又称"职教20条"）指出：到2022年，职业院校教学条件基本达标，一大批普通本科高等学校向应用型转变，建设50所高水平高等职业学校和150个骨干专业（群）；建成覆盖大部分行业领域、具有国际先进水平的中国职业教育标准体系；从2019年开始，在职业院校、应用型本科高校启动"学历证书+若干职业技能等级证书"制度试点（即1+X证书制度试点）工作。在此背景下，机械工业出版社组织国内80余所职业院校（其中大部分院校入选"双高"计划）的院校领导和骨干教师展开专业和课程建设研讨，以适应新时代职业教育发展要求和教学需求为目标，规划并出版了"高等职业教育系列教材"丛书。

该系列教材以岗位需求为导向，涵盖计算机、电子、自动化和机电等专业，由院校和企业合作开发，多由具有丰富教学经验和实践经验的"双师型"教师编写，并邀请专家审定大纲和审读书稿，致力于打造充分适应新时代职业教育教学模式、满足职业院校教学改革和专业建设需求、体现工学结合特点的精品化教材。

归纳起来，本系列教材具有以下特点：

1）充分体现规划性和系统性。系列教材由机械工业出版社发起，定期组织相关领域专家、院校领导、骨干教师和企业代表召开编委会年会和专业研讨会，在研究专业和课程建设的基础上，规划教材选题，审定教材大纲，组织人员编写，并经专家审核后出版。整个教材开发过程以质量为先，严谨高效，为建立高质量、高水平的专业教材体系奠定了基础。

2）工学结合，围绕学生职业技能设计教材内容和编写形式。基础课程教材在保持扎实理论基础的同时，增加实训、习题、知识拓展以及立体化配套资源；专业课程教材突出理论和实践相统一，注重以企业真实生产项目、典型工作任务、案例等为载体组织教学单元，采用项目导向、任务驱动等编写模式，强调实践性。

3）教材内容科学先进，教材编排展现力强。系列教材紧随技术和经济的发展而更新，及时将新知识、新技术、新工艺和新案例等引入教材；同时注重吸收最新的教学理念，并积极支持新专业的教材建设。教材编排注重图、文、表并茂，生动活泼，形式新颖；名称、名词、术语等均符合国家有关技术质量标准和规范。

4）注重立体化资源建设。系列教材针对部分课程特点，力求通过随书二维码等形式，将教学视频、仿真动画、案例拓展、习题试卷及解答等教学资源融入到教材中，使学生学习课上课下相结合，为高素质技能型人才的培养提供更多的教学手段。

由于我国高等职业教育改革和发展的速度很快，加之我们的水平和经验有限，因此在教材的编写和出版过程中难免出现疏漏。恳请使用本系列教材的师生及时向我们反馈相关信息，以利于我们今后不断提高教材的出版质量，为广大师生提供更多、更适用的教材。

机械工业出版社

前　言

今天，人类已经进入了科学技术迅猛发展的信息时代，传感器技术是信息发展的重要支撑。电子计算机、互联网、机器人、自动控制、物联网、嵌入式系统以及人工智能技术的迅速发展，迫切需要各种各样的传感器。作为"感觉器官"，传感器用于各种各样信息的感知、获取和检测，并转换为能被工作系统处理的信息。显而易见，传感器在现代科学技术领域中占有极其重要的地位，了解和掌握传感器技术与应用成了应用电子技术、自动控制技术、仪器仪表技术、自动信号技术、测量技术、机器人技术、人工智能技术、物联网及计算机应用等专业的必修课。

本书在第3版的基础上进行了一些删减，增添了部分新内容，力求内容新颖、叙述简明、实例面广、引导应用。

本书共11章，主要讲述了传感器的工作原理、结构、性能和具体的应用。第1章介绍了自动测控系统与传感器、传感器的分类和传感器性能指标；第2~8章介绍了温度、力、光电式、图像、磁、位移、气体、湿度等基本物理量传感器；第9章介绍了生物、无线电波与微波、超声波、机器人、指纹、触摸屏和微机电系统等新型传感器；第10章和第11章介绍了智能传感器和传感器网络。在介绍传感器基本知识的同时，还介绍了它们在工农业生产、科学研究、医疗卫生、环境保护、交通管理、家用电器等方面的应用实例。

本书每章后面附有实训和习题，实训内容通过介绍传感器实验和传感器应用电路，增强读者对知识的理解，提高读者的动手能力。在讲授和学习本书时，可根据实际情况和具体条件，选择完成一部分实训课题或全部实训课题，也可以安排在课余时间进行。参考学时为60学时。

本书第1、5、10、11章由金发庆编写，第2章和第3章由孙卫星编写，第4、8、9章由李晴编写，第6章和第7章由张天伟编写。全书由金发庆统稿，李瑜芳审稿。

在本书编写过程中，得到许多同行、同事的热情关心和帮助，并提出了许多宝贵意见，在此一并表示衷心感谢。

由于编者水平有限，书中难免存在疏漏之处，恳请广大读者批评指正。

编　者

目　　录

第 1 章　传感器概述

本章要点

- 通过传感器实现从非电物理量到便于测量的电物理量的转换。
- 将传感器按被测输入量分类以及按工作原理分类。
- 传感器有线性度、灵敏度、重复性及迟滞现象等静态特性。

世界是由物质组成的，各种事物都是物质的不同形态。表征物质特性或运动形式的参数很多，根据物质的电特性，可分为电物理量和非电物理量两类。电物理量一般是指物理学中的电学量，例如电压、电流、电阻、电容及电感等；非电物理量则是指除电物理量之外的一些参数，例如压力、流量、尺寸、位移量、重量、力、速度、加速度、转速、温度、浓度及酸碱度等。人类为了认识物质及事物的本质，需要对物质的特性进行测量，其中大多数是对非电物理量的测量。

非电物理量的测量不能直接使用一般的电工仪表和电子仪器，因为一般的电工仪表和电子仪器只能测量电量，要求输入的信号为电信号。非电物理量的测量需要将非电物理量转换成与非电物理量有一定关系的电量，再进行测量。实现这种转换技术的器件被称为传感器。采用传感器技术的非电物理量电测方法，就是目前应用最广泛的测量技术。随着科学技术的发展，也出现了测量光通量、化学量的传感器。

随着电子计算机技术的飞速发展，自动检测技术、自动控制技术显露出非凡的能力，而大多数设备只能处理电信号，这就需要把被测、被控非电量的信息通过传感器转换成电信号。可见，传感器是实现自动检测和自动控制的首要环节。没有传感器对原始信息进行精确可靠的捕获和转换，就没有现代化的自动检测和自动控制系统；没有传感器，就没有现代科学技术的迅速发展。

1.1　自动测控系统与传感器

1.1.1　自动测控系统

自动检测和自动控制技术是人们对事物的规律进行定性了解和定量分析预期效果所采取的一系列的技术措施。自动测控系统是完成这一系列技术措施的装置之一，它是检测控制器与研究对象的总和。自动测控系统通常可分为开环与闭环两种，如图 1-1 和图 1-2 所示。

由图 1-1 和图 1-2 可以看出，一个完整的自动测控系统一般由传感器、检测电路、显示记录装置或调节执行装置以及电源 4 部分组成。

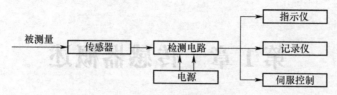

图 1-1 开环自动测控系统框图

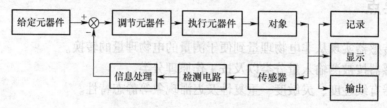

图 1-2 闭环自动测控系统框图

1.1.2 传感器

传感器的作用是将被测非电物理量转换成与其有一定关系的电信号，它获得的信息正确与否，直接关系到整个系统的精度。依据 GB/T 7665—2005《传感器通用术语》的规定，传感器的定义是：能感受被测量并按照一定的规律转换成可用输出信号的器件或装置，通常由敏感元件和转换元件组成。其中敏感元件是指传感器中能直接感受或响应被测量的部分；转换元件是指传感器中能将敏感元件感受或响应的被测量转换成适于传输或测量的电信号部分。传感器的组成框图如图 1-3 所示。

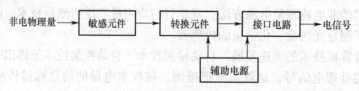

图 1-3 传感器的组成框图

应该指出的是，并不是所有的传感器必需包括敏感元件和转换元件。如果敏感元件直接输出的是电物理量，它就同时兼为转换元件；如果转换元件能直接感受被测量而输出与之成一定关系的电物理量，此时传感器就无敏感元件。例如，压电晶体、热电偶、热敏电阻及光电器件等。将敏感元件与转换元件两者合二为一的传感器是很多的。

图 1-3 中接口电路的作用是把转换元件输出的电信号变换为便于处理、显示、记录和控制的可用电信号。其电路的类型视转换元件的不同而定，经常采用的有电桥电路和其他特殊电路，例如高阻抗输入电路、脉冲电路、振荡电路等。辅助电源供给转换能量。有的传感器需要外加电源才

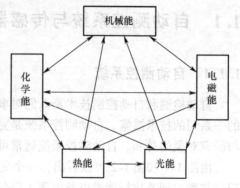

图 1-4 传感器各种能量之间的转换关系

2

工作，例如应变片组成的电桥、差动变压器等；有的传感器则不需要外加电源便能工作，例如压电晶体等。

传感器转换能量的理论基础是利用物理学、化学、生物学现象和效应来进行能量形式的变换。图1-4给出了传感器各种能量之间的转换关系。可见，被测量和它们之间能量的相互转换是各种各样的。传感器技术就是掌握和完善这些转换的方法和手段，它涉及传感器能量转换原理，材料选取与制造，器件设计、开发和应用等多项综合技术。

1.2 传感器分类

传感器是根据某种原理设计的。有时可用一类传感器测量多种非电物理量，而有时一种非电物理量又可以用几种不同的传感器测量。因此，传感器有许多分类方法，但常用的分类方法有两种，一种是按被测物理量分类；另一种是按传感器的工作原理分类。

1.2.1 按被测物理量分类

按被测物理量分类的方法是根据被测物理量的性质进行分类的。按被测物理量分类的传感器有温度传感器、湿度传感器、压力传感器、位移传感器、流量传感器、液位传感器、力传感器、加速度传感器及转矩传感器等。

这种分类方法把种类繁多的被测物理量分为基本被测物理量和派生被测物理量两类。例如，可将力视为基本被测物理量，从力可派生出压力、重量、应力和力矩等派生被测物理量。当需要测量这些被测物理量时，只要采用力传感器就可以了。了解基本被测物理量和派生被测物理量的关系，对于系统使用何种传感器是很有帮助的。

常见的非电基本被测量和派生被测量如表1-1所示。这种分类方法的优点是比较明确地表达了传感器的用途，便于使用者根据其用途选用。其缺点是没有区分每种传感器在转换机理上的共性和差异，不便于使用者掌握其基本原理及分析方法。

表1-1　基本被测量和派生被测量

基本被测量		派生被测量	基本被测量		派生被测量
位移	线位移	长度、厚度、应变、振动、磨损、平面度	力	压力	重量、应力、力矩
	角位移	旋转角、偏转角、角振动	时间	频率	周期、计数、统计分布
速度	线速度	速度、振动、流量、动量	温度		热容、气体速度、涡流
	角速度	转速、角振动	光		光通量与密度、光谱分布
加速度	线加速度	振动、冲击、质量	湿度		水气、水分、露点
	角加速度	角振动、转矩、转动惯量			

1.2.2 按传感器工作原理分类

按传感器工作原理的分类方法是以工作原理划分的，将物理、化学、生物等学科的原理、规律和效应作为分类的依据。这种分类法的优点是对传感器的工作原理表达比较清楚，而且类别少，有利于传感器专业工作者对传感器进行深入研究分析。其缺点是不便于使用者根据用途选用。具体划分如下：

1. 电学式传感器

电学式传感器是应用范围较广的一种传感器，常用的有电阻式传感器、电容式传感器、电感式传感器、磁电式传感器及电涡流式传感器等。

电阻式传感器是利用变阻器将被测非电量转换为电阻信号的原理制成。电阻式传感器一般有电位器式、触点变阻式、电阻应变片式及压阻式等。电阻式传感器主要用于位移、压力、力、应变、力矩、气体流速、液位和液体流量等参数的测量。

电容式传感器是利用改变电容的几何尺寸或改变介质的性质和含量，从而使电容量发生变化的原理制成的。电容式传感器主要用于压力、位移、液位、厚度及水分含量等参数的测量。

电感式传感器是利用改变磁路几何尺寸、磁体位置来改变电感或互感的电感量或利用压磁效应原理制成的。电感式传感器主要用于位移、压力、力、振动及加速度等参数的测量。

磁电式传感器是利用电磁感应原理，把被测非电量转换成电量而制成的，主要用于流量、转速和位移等参数的测量。

电涡流式传感器是利用金属在磁场中运动切割磁力线，在金属内形成涡流的原理而制成的。电涡流式传感器主要用于位移及厚度等参数的测量。

2. 磁学式传感器

磁学式传感器是利用铁磁物质的一些物理效应制成的。磁学式传感器主要用于位移、转矩等参数的测量。

3. 光电式传感器

光电式传感器在非电量电测及自动控制技术中占有重要的地位。它是利用光电器件的光电效应和光学原理制成的。光电式传感器主要用于光强、光通量、位移、浓度等参数的测量。

4. 电势型传感器

电势型传感器是利用热电效应、光电效应及霍尔效应等原理制成的。电势型传感器主要用于温度、磁通量、电流、速度、光通量及热辐射等参数的测量。

5. 电荷型传感器

电荷型传感器是利用压电效应原理制成的。电荷型传感器主要用于力及加速度的测量。

6. 半导体型传感器

半导体型传感器是利用半导体的压阻效应、内光电效应、磁电效应及半导体与气体接触产生物质变化等原理制成的。半导体型传感器主要用于温度、湿度、压力、加速度、磁场和有害气体的测量。

7. 谐振式传感器

谐振式传感器是利用改变电或机械的固有参数来改变谐振频率的原理而制成的。谐振式传感器主要用来测量压力。

8. 电化学式传感器

电化学式传感器是以离子导电原理为基础制成的。根据其电特性的形成不同，电化学传感器可分为电位式传感器、电导式传感器、电量式传感器、极谱（极化）式传感器和电解式传感器等。电化学式传感器主要用于分析气体成分、液体成分、溶于液体的固体成分、液体的酸碱度、电导率及氧化还原电位等参数的测量。

除了上述两种分类方法外，还有按能量的关系将传感器分为有源传感器和无源传感器；

按输出信号的性质将传感器分为模拟式传感器和数字式传感器。数字式传感器输出数字量，便于与计算机联用，且抗干扰性较强，例如盘式角度数字传感器、光栅传感器等。

1.3 传感器性能指标

传感器的性能一般是根据输入、输出量的对应关系来描述的。

1.3.1 静态特性

1. 线性度

理想传感器的输出量与输入量之间的关系应是线性的，如图1-5a所示。但实际传感器输出量与输入量之间的关系大多是非线性的，如图1-5b所示。各种传感器的非线性程度不相同。

线性度是传感器输出量与输入量之间的实际关系曲线偏离直线的程度，又称为非线性误差。线性度可表示为

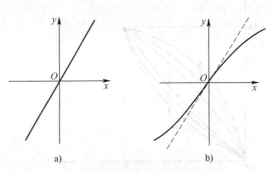

图1-5　传感器的线性度

$$E = \pm \frac{\Delta_{\max}}{y_{\text{fs}}} \times 100\% \qquad (1\text{-}1)$$

式中，$\Delta_{\max}$ 为实际曲线与拟合直线之间的最大偏差；y_{fs} 为输出满量程值。

对传感器输出量与输入量之间的非线性应进行线性补偿处理，可以提高测量准确性。

2. 灵敏度

灵敏度是传感器在稳态下输出增量与输入增量的比值。对于线性传感器，其灵敏度就是它的静态特性的斜率，如图1-6a所示。

其中

$$S_{\text{n}} = \frac{y}{x} \qquad (1\text{-}2)$$

非线性传感器的灵敏度

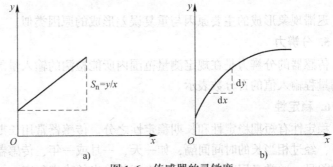

图1-6　传感器的灵敏度

是一个随工作点而变的变量，如图1-6b所示，其表达式为

$$S_{\text{n}} = \frac{\Delta y}{\Delta x} = \frac{\mathrm{d}y}{\mathrm{d}x} = \frac{\mathrm{d}f(x)}{\mathrm{d}x} \qquad (1\text{-}3)$$

3. 重复性

重复性是传感器在输入量按同一方向作全量程多次测试时，所得特性曲线不一致性的程度，如图1-7所示。图中 Δ_{m1} 和 Δ_{m2} 即为多次测试的不重复误差，多次测试的曲线越重合，其重复性越好。

传感器输出特性的不重复性主要由传感器的机械部分的磨损、间隙、松动，部件的内摩

擦、积尘，电路元器件老化、工作点漂移等原因产生。

不重复性极限误差表示为

$$E_z = \pm \frac{\Delta_{max}}{y_{fs}} \times 100\% \qquad (1\text{-}4)$$

式中，Δ_{max} 为输出最大不重复误差；y_{fs} 为满量程输出值。

4. 迟滞现象

迟滞现象是传感器在正向行程(输入量增大)和反向行程(输入量减小)期间，输出-输入特性曲线不一致的程度，如图1-8所示。

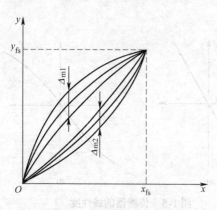

图1-7　传感器的重复性

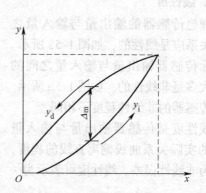

图1-8　传感器的迟滞现象

在行程环中同一输入量 x_i 对应的不同输出量 y_i、y_d 的差值叫滞环误差，最大滞环误差用 Δ_m 表示，它与满量程输出值的比值称最大滞环率 E_{max}，即

$$E_{max} = \frac{\Delta_m}{y_{fs}} \times 100\% \qquad (1\text{-}5)$$

迟滞现象形成的主要原因与重复误差形成的原因类似。

5. 分辨力

传感器的分辨力是在规定测量范围内所能检测的输入量的最小变化量。有时也用该值相对满量程输入值的百分数表示。

6. 稳定性

稳定性有短期稳定性和长期稳定性之分。传感器常用长期稳定性表示，它是指在室温条件下，经过相当长的时间间隔，如一天、一月或一年，传感器的输出与起始标定时的输出之间的差异。通常又用其不稳定度来表征其输出的稳定程度。

7. 漂移

传感器的漂移是指在外界的干扰下，输出量发生与输入量无关的不需要的变化。漂移包括零点漂移和灵敏度漂移等。零点漂移和灵敏度漂移又可分为时间漂移和温度漂移。时间漂移是指在规定的条件下，零点或灵敏度随时间的缓慢变化；温度漂移为环境温度变化而引起的零点或灵敏度的变化。

1.3.2 动态特性

在动态(快速变化)的输入信号情况下，要求传感器不仅能精确地测量信号的幅值，而

6

且能测量出信号变化的过程。这就要求传感器能迅速准确地响应和再现被测信号的变化。也就是说，传感器要有良好的动态特性。在研究传感器的动态特性时，通常从时域和频域两方面采用瞬态响应法和频率响应法来分析。最常用的是通过几种特殊的输入时间函数（例如阶跃函数和正弦函数）来研究其响应特性，称为阶跃响应特性和频率响应特性。

1. 阶跃响应特性

给传感器输入一个单位阶跃函数被测信号，即

$$u(t) = \begin{cases} 0 & t \leqslant 0 \\ 1 & t > 0 \end{cases} \tag{1-6}$$

其输出特性称为阶跃响应特性。传感器阶跃响应特性如图 1-9 所示。由图可衡量阶跃响应的几项指标。

1）最大超调量 σ_p。响应曲线偏离阶跃曲线的最大值，常用百分数表示，说明传感器的相对稳定性。

2）延迟时间 t_d。阶跃响应达到稳态值 50% 所需要的时间。

3）上升时间 t_r。响应曲线从稳态值的 10% 上升到 90% 所需要的时间。

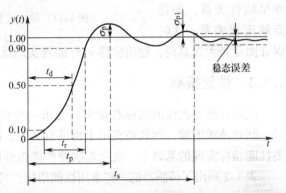

图 1-9 传感器阶跃响应特性

4）峰值时间 t_p。响应曲线上升到第一个峰值所需要的时间。

5）响应时间 t_s。响应曲线逐渐趋于稳定到与稳态值之差不超过 ±（2% ~5%）所需要的时间。也称为过渡过程时间。

2. 频率响应特性

给传感器输入各种频率不同而幅值相同、初相位为零的正弦函数被测输入量，其输出量的幅值和相位与频率之间的关系，则为频率响应曲线。

图 1-10 所示为由弹簧阻力器组成的机械压力传感器。

系统输入量为作用力 $F(t)$，令其与弹簧刚度成正比，$F(t) = Kx(t)$。系统输出量为位移 $y(t)$。根据牛顿第三定律，可知

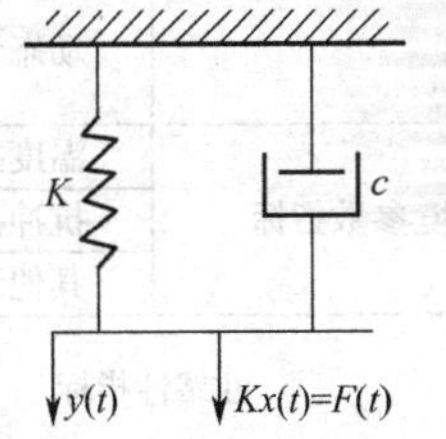

图 1-10 由弹簧阻力器组成的机械压力传感器

$$f_c + f_k = F(t) \tag{1-7}$$

式中，f_c 为阻力器摩擦力，即

$$f_c = cv = c \frac{\mathrm{d}y(t)}{\mathrm{d}t} \tag{1-8}$$

式（1-7）中，f_k 为弹簧弹性力，即

$$f_k = Ky(t) \tag{1-9}$$

以上式中，c 为阻尼系数；v 为位移速度；K 为弹簧刚度（倔强系数）。

经计算，可得输出位移 $y(t)$ 与输入作用力 $x(t)$ 的传递函数。该传递函数的幅频特性 $A(\omega)$ 和相频特性 $\Phi(\omega)$ 分别为

$$A(\omega) = \frac{1}{\sqrt{1 + (\omega\tau)}} \tag{1-10}$$

$$\Phi(\omega) = -arctan(\omega\tau) \qquad (1-11)$$

式中，$\tau = c/K$ 为时间常数，$\omega = 2\pi f$ 为输入作用力角频率，f 为频率。

如图 1-11 可见，时间常数 τ 越小，频率特性越好。$\omega\tau \ll 1$ 时，幅频特性 $A(\omega) \approx 1$，为常数，相频特性 $\Phi(\omega) \approx -\omega\tau$，与频率呈线性关系，即稳定的正比关系。这时保证测量是无失真的，输出位移 $y(t)$ 能真实地反应输入作用力 $x(t)$ 的变化规律。

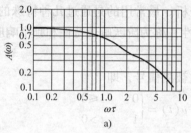
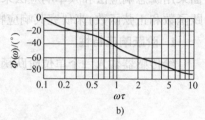

图 1-11　输出位移 $y(t)$ 和输入作用力 $x(t)$ 的频率特性
a) 幅频特性　b) 相频特性

1.3.3　性能指标

决定传感器性能的指标有很多。要求一个传感器具有全面良好的性能指标，不仅给设计、制造造成困难，而且在实用上也没有必要。因此，应根据实际的需要与可能，在确保主要性能指标实现的基础上，放宽对次要性能指标的要求，以求得高的性能价格比。

表 1-2 列出了传感器的一些常用性能指标，可将它作为检验、使用和评价传感器的依据。

表 1-2　传感器性能指标

基本参数指标	量程指标	量程范围、过载能力等
	灵敏度指标	灵敏度、满量程输出、分辨力和输入/输出阻抗等
	精度方面的指标	精度(误差)、重复性、线性、滞后、灵敏度误差、阈值、稳定性及漂移等
	动态性能指标	固有频率、阻尼系数、频率范围、频率特性、时间常数、上升时间、响应时间、过冲量、衰减率、稳态误差、临界速度及临界频率等
环境参数指标	温度指标	工作温度范围、温度误差、温度漂移、灵敏度温度系数和热滞后等
	抗冲振指标	各向冲振容许频率、振幅值、加速度及冲振引起的误差等
	其他环境参数	抗潮湿、抗介质腐蚀及抗电磁场干扰能力等
可靠性指标		工作寿命、平均无故障时间、保险期、疲劳性能、绝缘电阻、耐压及反抗飞弧性能等
其他指标	使用方面	供电方式(直流、交流、频率和波形等)、电压幅度与稳定度、功耗及各项分布参数等
	结构方面	外形尺寸、重量、外壳、材质及结构特点等
	安装连接方面	安装方式、馈线及电缆等

1.4　实训

1.4.1　电子秤静态特性测试

按其最大称重量，用一个电子秤称由小到大 10 个不同重量的砝码(或组合 10 个砝码重量)。将砝码从小到大进行称重，记录显示值；再将砝码从大到小进行称重，记录显示值。重复 3 次。以砝码重量为横坐标，显示值为纵坐标，绘出电子秤称重误差曲线、重复性曲线和迟滞曲线。

1.4.2　红外线传感器来人自动闪灯电路装配与调试

传感器种类很多，其中光传感器在日常生活中大量被使用。图1-12所示为利用红外发光二极管和红外线接收头组成的来人自动闪灯电路。当有人靠近时，发光二极管会自动发出阵阵醒目的闪光。

图中，555集成电路 IC_1 构成多谐自激振荡器，调节电位器RP，使振荡频率为40kHz。3脚输出40kHz脉冲信号电压，调制红外发光二极管 VL_1 发出的红外线信号。M_1 为一体化40kHz脉冲调制红外线接收头。当前方有人靠近时，VL_1 发射的红外线经人体反射，由 M_1 接收和放大，输出低电平，加到晶体管 VT_1 的基极，使 VT_1 饱和导通。VT_1 集电极输出高电平，加到 IC_2 的1脚，使发光二极管 VL_2 闪光。

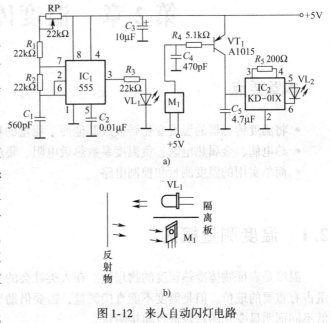

图1-12　来人自动闪灯电路
a）电路图　b）安装图

IC_2 是闪光集成电路，型号为 KD－01X，黑膏软封装，闪光频率为1.2Hz和2.4Hz两种，由内电路决定。1脚输入工作电压范围为 $1.35\sim5V$，R_5 为 VL_2 限流电阻。

实训步骤如下。

1）编制元器件表，备齐元器件。

2）用多功能电路板（面包板）焊接装配该电路，用万用表检查电路装配是否正确。

3）用 +5V 直流电源给电路供电，进行来人自动闪光试验。

4）在黑暗处、室内、室外阴凉处、室外太阳底下，分别试验该电路是否起作用，作用距离多少，做好记录。

5）考虑将该电路改为电动门自动开门电路。

1.5　习题

1. 什么叫传感器？它由哪几部分组成？

2. 传感器在自动测控系统中起什么作用？

3. 传感器分类有哪几种？各有什么优、缺点？

4. 什么是传感器的静态特性？它由哪些技术指标描述？

5. 为什么传感器要有良好的动态特性？什么是阶跃响应法和频率响应法？

6. 传感器的性能指标有哪些？设计、制造传感器时应如何考虑？试举例说明。

7. 有一温度传感器，如何简单鉴别它的动态特性优劣？

第2章 温度传感器

本章要点

- 将温度传感器的温度变化转换成其他便于测量的物理量后进行测量。
- 热电偶、金属热电阻、负温度系数热敏电阻、集成温度传感器的工作原理。
- 简单实用的温度测量和控制电路。

2.1 温度测量概述

温度是表征物体冷热程度的物理量。在人类社会的生产、科研和日常生活中，温度的测量占有重要的地位。但是温度不能直接测量，需要借助于某种物体的某种物理参数随温度高低不同而明显变化的特性进行间接测量。

表示（或测量）温度需要有温度标准，即温标。理论上的热力学温标，是当前世界通用的国际温标。热力学温标确定的温度数值为热力学温度（符号为 T），单位为开尔文（符号为K）。

热力学温度是国际上公认的最基本温度。我国法定计量单位规定也可以使用摄氏温度（符号为 t），单位为摄氏度（符号为℃）。两种温标的换算公式为

$$t/℃ = T/K - 273.15 \qquad (2-1)$$

间接温度测量装置通常由感温元件部分（即温度传感器）和温度显示部分组成的。间接温度测量装置的组成框图如图 2-1 所示。

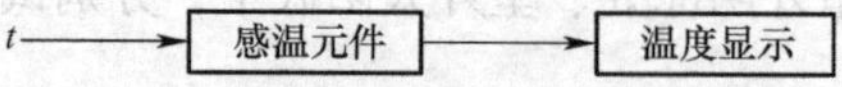

$$t \longrightarrow \boxed{\text{感温元件}} \longrightarrow \boxed{\text{温度显示}}$$

图 2-1　间接温度测量装置的组成框图

温度的测量方法，通常按感温元件是否与被测物接触而分为接触式测量和非接触式测量两大类。接触式测量应用的温度传感器具有结构简单、工作稳定可靠及测量精度高等优点。如膨胀式温度计、热电阻传感器等。非接触式测量应用的温度传感器，具有测量温度高、不干扰被测物温度等优点，但测量精度不高，如红外高温传感器、光纤高温传感器等。

2.2 热电偶传感器

热电偶在温度的测量中应用十分广泛。它构造简单、使用方便、测温范围宽，并且有较高的精确度和稳定性。

2.2.1 热电偶测温原理

1. 热电效应

当两种不同材料的导体 A 和 B 组成一个闭合电路时，若两接点温度不同，则在该电路中会产生电动势。这种现象称为热电效应(其示意图如图 2-2 所示)，该电动势称为热电动势。热电动势是由两种导体的接触电动势和单一导体的温差电动势组成的。图中两个接点，一个称为测量端，或称为热端；另一个称为参考端，或称为冷端。热电偶就是利用了上述的热电效应来测量温度的。

图 2-2 热电效应示意图

2. 两种导体的接触电动势

假设两种金属 A、B 的自由电子密度分别为 n_A 和 n_B，且 $n_A > n_B$。当两种金属相接时，将产生自由电子的扩散现象。在同一瞬间，由 A 扩散到 B 中去的电子比由 B 扩散到 A 中去的多，从而使金属 A 失去电子带正电；金属 B 因得到电子带负电，在接触面形成电场。此电场阻止电子进一步扩散，达到动态平衡时，在 A、B 之间形成稳定的电位差，即接触电动势 e_{AB}，其示意图如图 2-3 所示。

3. 单一导体的温差电动势

对于单一导体，如果两端温度分别为 T、T_0(也可以用摄氏温度 t、t_0)，且 $T > T_0$，则导体中的自由电子在高温端具有较大的动能，因而向低温端扩散；高温端因失去了自由电子带正电，低温端获得了自由电子带负电，即在导体两端产生了电动势，这个电动势称为单一导体的温差电动势，其示意图如图 2-4 所示。

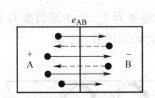

图 2-3 两种导体的接触电动势示意图

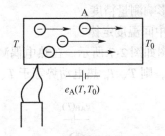

图 2-4 单一导体温差电动势示意图

由图 2-5 可知，热电偶电路中产生的总热电动势为

$$E_{AB}(T,T_0) = e_{AB}(T) + e_B(T,T_0) - e_{AB}(T_0) - e_A(T,T_0) \tag{2-2}$$

或用摄氏温度表示为

$$E_{AB}(t,t_0) = e_{AB}(t) + e_B(t,t_0) - e_{AB}(t_0) - e_A(t,t_0) \tag{2-3}$$

在式(2-2)中，$E_{AB}(T,T_0)$ 为热电偶电路中的总电动势；$e_{AB}(T)$ 为热端接触电动势；$e_B(T,T_0)$ 为 B 导体的温差电动势；$e_{AB}(T_0)$ 为冷端接触电动势；$e_A(T,T_0)$ 为 A 导体的温差电动势。

在总电动势中，温差电动势比接触电动势小很多，可忽略不计，则热电偶的热电动势可表示为

$$E_{AB}(T,T_0) = e_{AB}(T) - e_{AB}(T_0) \tag{2-4}$$

对于选定的热电偶，当参考端温度 T_0 恒定时，$E_{AB}(T_0) = C$ 为常数，则总的热电动势就只与温度 T 成单值函数关系，即

$$E_{AB}(T,T_0) = e_{AB}(T) - C = f(T) \tag{2-5}$$

实际应用中，热电动势与温度之间的关系是通过热电偶分度表来确定的。分度表是在参考端温度为0℃时，通过实验建立起来的热电动势与工作端温度之间的数值对应关系。

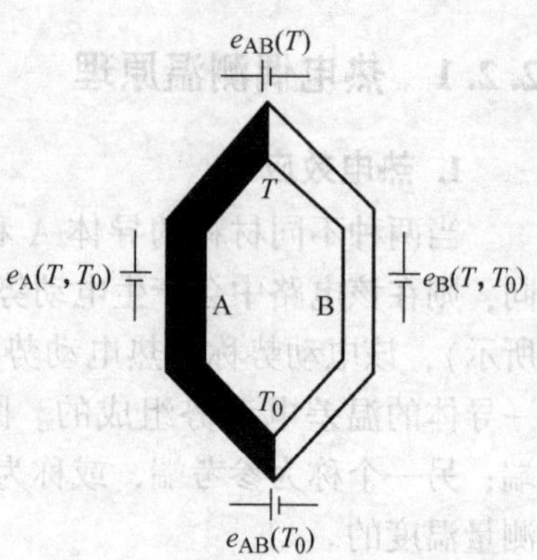

4. 热电偶的基本定律

（1）中间导体定律

在热电偶电路中接入第三种导体，只要该导体两端温度相等，热电偶产生的总热电动势就不变。同理，在加入第四、第五种导体后，只要其两端温度相等，就同样不会影响电路中的总热电动势。中间导体定律示意图如图2-6所示。由此可得电路总的热电动势为

$$E_{ABC}(T,T_0) = e_{AB}(T) + e_{CA}(T_0) + e_{BC}(T_0)$$

当 $T = T_0$ 时

$$E_{ABC}(T_0) = e_{AB}(T_0) + e_{CA}(T_0) + e_{BC}(T_0) = 0$$

$$e_{CA}(T_0) + e_{BC}(T_0) = -e_{AB}(T_0)$$

所以

$$E_{ABC}(T,T_0) = e_{AB}(T) - e_{AB}(T_0) = E_{AB}(T,T_0) \tag{2-6}$$

根据这个定律，可采取任何方式焊接导线，将热电动势通过导线接至测量仪表进行测量，且不影响测量精度。

（2）中间温度定律

示意图如图2-7所示。在热电偶测量电路中，测量端温度为 T，自由端温度为 T_0，中间温度为 T_0'，则 T、T_0 热电动势等于 T、T_0' 与 T_0'、T_0 热电动势的代数和。即

图 2-5　接触电动势示意图

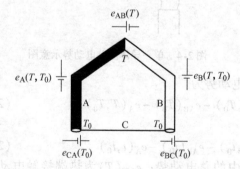

图 2-6　中间导体定律示意图

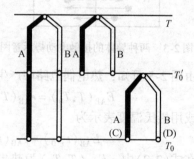

图 2-7　中间温度定律示意图

$$E_{AB}(T,T_0) = E_{AB}(T,T_0') + E_{AB}(T_0',T_0)$$

由图2-7有

$$E_{AB}(T,T_0') = e_{AB}(T) - e_{AB}(T_0')$$

$$E_{AB}(T_0',T_0) = e_{AB}(T_0') - e_{AB}(T_0)$$

$$E_{AB}(T, T_0') + E_{AB}(T_0', T_0) = e_{AB}(T) - e_{AB}(T_0) = E_{AB}(T, T_0) \quad (2-7)$$

显然，选用廉价的热电偶 C 和 D 代替 T_0' 和 T_0 热电偶 A 和 B，只要在 T_0' 和 T_0 温度范围 C 和 D 与 A 和 B 热电偶具有相近的热电动势特性，便可使测量距离加长，测温成本大为降低，而且不受原热电偶自由端温度 T_0' 的影响。这就是在实际测量中，对冷端温度进行修正，运用补偿导线延长测温距离，消除热电偶自由端温度变化影响的道理。

这里必须说明，在同种导体构成的闭合电路中，不论导体的截面和长度如何以及各处温度分布如何，都不能产生热电动势。

（3）参考电极定律（也称为组成定律）

其示意图如图 2-8 所示。已知热电极 A 和 B 与参考电极 C 组成的热电偶在结点温度为 (T, T_0) 时的热电动势分别为 $E_{AC}(T, T_0)$ 和 $E_{BC}(T, T_0)$，则在相同温度下，由 A 和 B 两种热电极配对后的热电动势 $E_{AB}(T, T_0)$ 可按下面公式计算为

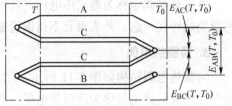

图 2-8 参考电极定律示意图

$$E_{AB}(T, T_0) = E_{AC}(T, T_0) - E_{BC}(T, T_0) \quad (2-8)$$

参考电极定律大大简化了热电偶选配电极的工作，只要获得有关热电极与参考电极配对的热电动势，其中任何两种热电极配对时的电动势就均可利用该定律计算，而不需要逐个进行测定。

【例 2-1】 $E(T, T_0)$ 也可以用 $E(t, t_0)$，当 $t = 100℃$、$t_0 = 0℃$ 时，铬合金—铂热电偶的 $E(100℃, 0℃) = 3.13mV$，铝合金—铂热电偶 $E(100℃, 0℃) = -1.02mV$，求铬合金—铝合金组成热电偶的热电动势 $E(100℃, 0℃)$。

解 设铬合金为 A，铝合金为 B，铂为 C。

即
$$E_{AC}(100℃, 0℃) = 3.13mV$$
$$E_{BC}(100℃, 0℃) = -1.02mV$$
则
$$E_{AB}(100℃, 0℃) = 4.15mV$$

2.2.2 热电偶的结构形式和标准化热电偶

1. 普通型热电偶

图 2-9 所示是工业测量上应用最多的直形无固定装置普通工业用热电偶结构。热电偶一般由热电极、绝缘套管、保护管和接线盒组成。普通型热电偶根据安装时的连接形式可分为固定螺纹联接、固定法兰连接、活动法兰连接、无固定装置等多种形式。

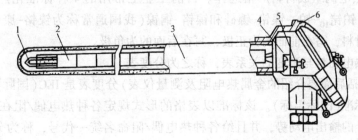

图 2-9 直形无固定装置普通工业用热电偶结构

1—热电极 2—绝缘套管 3—保护管 4—接线座 5—接线柱 6—接线盒

热电偶的工作端被焊接在一起，热电极之间需要用绝缘套管保护。通常测量温度在1000℃以下选用粘土质绝缘套管，在1300℃以下选用高铝绝缘套管，在1600℃以下选用刚玉绝缘套管。

保护管的作用是使热电偶电极不直接与被测介质接触，它不仅可延长热电偶的寿命，而且可起到支撑和固定热电极、增加其强度的作用。材料主要有金属和非金属两类。

2. 铠装热电偶(缆式热电偶)

铠装热电偶也称为缆式热电偶，其结构如图 2-10 所示，它是将热电偶丝与电熔氧化镁绝缘物熔铸在一起，外表再套不锈钢管等。这种热电偶耐高压、反应时间短、坚固耐用。

3. 薄膜热电偶

薄膜热电偶结构如图 2-11 所示。用真空镀膜技术等方法，将热电偶材料沉积在绝缘片表面而构成的热电偶称为薄膜热电偶。测量范围为 -200 ~ 500℃，热电极材料多采用铜-康铜、镍铬-铜、镍铬-镍硅等，用云母作绝缘基片，主要适用于各种表面温度的测量。当测量范围为 500 ~ 1800℃时，热电极材料多用镍铬-镍硅、铂铑-铂等，用陶瓷作基片。

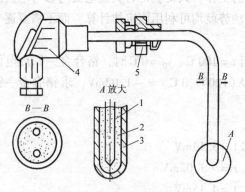

图 2-10　铠装热电偶结构

1—热电极　2—绝缘材料　3—金属套管
4—接线盒　5—固定装置

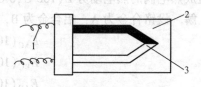

图 2-11　薄膜热电偶结构

1—引线　2—绝缘片　3—工作端

4. 标准化热电偶和分度表

理论上讲，任何两种不同材料导体都可以组成热电偶，但为了准确可靠地进行温度测量，必须对热电偶组成材料严格选择。目前工业上常用的 4 种标准化热电偶丝材料为铂铑$_{30}$-铂铑$_6$、铂铑$_{10}$-铂、镍铬-镍硅和镍铬-铜镍(我国通常称为镍铬-康铜)。对于组成热电偶的两种材料，写在前面的为正极，写在后面的为负极。

热电偶的热电动势与温度的关系表，称之为分度表。

热电偶(包括后面要介绍的金属热电阻及测量仪表)分度表是 IEC(国际电工委员会)发表的相关技术标准(国际温标)。该标准以表格的形式规定各种热电偶/阻在 -271 ~ 2300℃每一个温度点上的输出电动势，并且给各种热电偶/阻命名统一代号，称为分度号。我国于1988 年 1 月 1 日起采用 IEC 标准，并指定 S、B、E、K、R、J、T 七种标准化热电偶为我国统一设计型热电偶。表 2-1 所示为 K 型(镍铬-镍硅)热电偶分度表。

表 2-1　K 型(镍铬–镍硅)热电偶分度表

热电动势值/mV　分度/℃　测量端温度/℃	0	10	20	30	40	50	60	70	80	90
−0	−0.000	−0.392	−0.777	−1.156	−1.527	−1.889	−2.243	−2.586	−2.920	−3.242
+0	0.000	0.397	0.798	1.203	1.611	2.022	2.436	2.850	3.266	3.681
100	4.095	4.508	4.919	5.327	5.733	6.137	6.539	6.939	7.338	7.737
200	8.137	8.537	8.938	9.341	9.745	10.151	10.560	10.969	11.381	11.793
300	12.207	12.623	13.039	13.456	13.874	14.292	14.712	15.132	15.552	15.974
400	16.395	16.818	17.241	17.664	18.088	18.513	18.938	19.363	19.788	20.214
500	20.640	21.066	21.493	21.919	22.346	22.772	23.198	23.624	24.050	24.476
600	24.902	25.327	25.751	26.176	26.599	27.022	27.445	27.867	28.288	28.709
700	29.128	29.547	29.965	30.383	30.799	31.214	31.629	32.042	32.455	32.866
800	33.277	33.686	34.095	34.502	34.909	35.314	35.718	36.121	36.524	36.925
900	37.325	37.724	38.122	38.519	38.915	39.310	39.703	40.096	40.488	40.897
1000	41.269	41.657	42.045	42.432	42.817	43.202	43.585	43.968	44.349	44.729
1100	45.108	45.486	45.863	46.238	46.612	46.985	47.356	47.726	48.095	48.462
1200	48.828	49.192	49.555	49.916	50.276	50.633	50.990	51.344	51.697	52.049
1300	52.398	—	—	—	—	—	—	—	—	—

注：参考端温度为0℃。

5. 几种标准化热电偶性能

1）铂铑$_{10}$-铂热电偶(分度号为 S,也称为单铂铑热电偶,旧分度号为 LB—3)。该热电偶的正极丝材料为含铑 10% 的铂铑合金,负极为纯铂。它的特点是性能稳定,精度高,抗氧化性强,长期使用温度可达 1300℃。通常用做测温标准和测量较高的温度。

缺点是微分热电动势(随温度变化率)较小,因而灵敏度较低,价格较贵,机械强度低,不适宜在还原性气氛或有金属蒸气的条件下使用。

2）铂铑$_{13}$-铂热电偶(分度号为 R,也称为单铂铑热电偶)。该热电偶的正极丝材料为含铑 13% 的铂铑合金,负极为纯铂。同 S 型相比,它的热电动势率大 15% 左右,其他性能几乎相同。

3）铂铑$_{30}$-铂铑$_6$ 热电偶(分度号为 B,也称为双铂铑热电偶,旧分度号为 LL—2)。该电偶的正极丝材料是含铑 30% 的铂铑合金,负极为含铑 6% 的铂铑合金。在室温下,其热电动势很小,故在测量时一般不用补偿导线,可忽略冷端温度变化的影响。长期使用温度为1600℃,短期为 1800℃,因热电动势较小,故需配用灵敏度较高的显示仪表。

该热电偶适宜在氧化性或惰性气氛中使用,也可以在真空气氛中短期使用。即使在还原气氛下,其寿命也是 R 或 S 型的 10 ~ 20 倍。缺点是价格昂贵。

4）镍铬-镍硅(镍铝)热电偶(分度号为 K,旧分度号为 EU—2)。该热电偶的正极丝材料为含铬 10% 的镍铬合金,负极为含硅 3% 的镍硅合金(有些国家的产品负极为纯镍),是抗氧化性较强的贱金属热电偶，可测量温度为 0 ~ 1300℃。在氧化性及惰性气氛中使用，短期使用温度为 1200℃，长期使用温度为 1000℃。其热电动势与温度的关系近似线性，价格便宜，是目前用量最大的热电偶。

缺点是高温稳定性差，在同一温度点的升温和降温过程中，其热电动势显示值不一样，差值可达 2 ~ 3℃。在磁场中使用时，往往出现与时间无关的热电动势干扰。

5）铜-铜镍热电偶（分度号为 T，旧分度号为 CK）。该热电偶的正极丝材料为纯铜，负极为铜镍合金（也称为康铜）。其特点是价格便宜，在贱金属热电偶中准确度最高，热电极的均匀性好。它的使用温度范围是 -200 ~ 350℃。

6）铁-铜镍热电偶（分度号为 J）。该热电偶的正极丝材料为纯铁，负极为铜镍合金（康铜）。其特点是价格便宜，适用于真空、氧化或惰性气氛中，温度范围为 -200 ~ 800℃。该热电偶能耐氢气（H_2）及一氧化碳（CO）气体腐蚀，但不能在高温（例如 500℃）含硫（S）的气氛中使用。

7）镍铬-铜镍热电偶（分度号为 E，旧分度号为 EA—2）。该热电偶是一种较新的产品，它的正极丝材料是镍铬合金，负极是铜镍合金（康铜）。其最大特点是在常用的热电偶中，热电动势最大，即灵敏度最高。在要求灵敏度高、热导率低、可容许大电阻的条件下，常常被选用，对于较高湿度气氛的腐蚀不很敏感。它的适用温度范围是 0 ~ 400℃。

2.2.3 热电偶测温及参考端温度补偿

1. 热电偶测温基本电路

图 2-12a 表示了测量某点温度的连接示意图。图 2-12b 表示两个热电偶并联连接，测量两点平均温度的连接示意图。图 2-12c 为两热电偶正向串联连接，可获得较大的热电动势输出，提高了测试灵敏度，也可测两点温度之和。图 2-12d 为两热电偶反向串联连接，可以测量两点的温差。在应用热电偶串、并联测温时，应注意两点：第一，必须应用同一分度号的热电偶；第二，两热电偶的参考端温度应相等。

2. 热电偶参考端的补偿

以摄氏温度表示的热电偶分度表给出的热电动势值的条件是参考端温度为 0℃。如果用热电偶测温时自由端即参考端温度不为 0℃，且又不适当处理，就必然产生测量误差。下面介绍几种热电偶自由端温度补偿方法。

设热电偶测量端温度为 t，自由端温度为 $t_0 (\neq 0℃)$，根据中间温度定律得

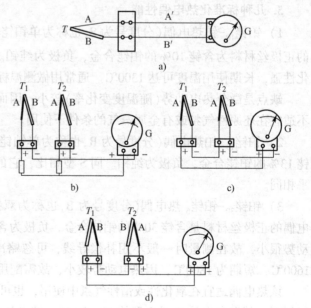

图 2-12 常用的热电偶测温电路示意图
a）温度测量电路，A′和 B′为补偿导线　b）并联平均温度测量电路
c）串联相加温度测量电路　d）温差测量电路

$$E(t,0℃) = E(t,t_0) + E(t_0,0℃) \qquad (2\text{-}9)$$

式中，$E(t,0℃)$ 是热电偶测量端温度为 t、自由端温度为 0℃ 时的热电动势；$E(t,t_0)$ 是热电偶测量端温度为 t、自由端温度为 t_0 时所实测得的热电动势值；$E(t_0,0℃)$ 是热电偶自由端温度为 t_0 时应加的修正值，只要已知 t_0，就可由热电偶分度表查出。

因此，只要知道热电偶自由端的温度 t_0，就可从热电偶分度表（或分度曲线）查出对应的热电动势值 $E(t_0,0℃)$，然后把这个热电动势值与实测的热电动势值 $E(t,t_0)$ 相加，得出测量端温度为 t，自由端温度为 0℃ 时的热电动势值 $E(t,0℃)$，最后再由热电偶分度表查出被测介质的真实温度。例如用 K 型（镍铬-镍硅）热电偶测炉温时，参考端温度 $t_0 = 30℃$，由分度表 2-1 可查得 $E(30℃,0℃) = 1.203\text{mV}$，若测得 $E(t,30℃) = 28.344\text{mV}$，则可得

$$E(t,0℃) = E(t,30℃) + E(30℃,0℃) = 28.344\text{mV} + 1.203\text{mV} = 29.547\text{mV}$$

再查分度表可知 $t = 710℃$。

如果参考端温度不稳定，就会使温度测量误差加大。为使热电偶测量准确，在测温时，可采用配套的补偿导线将参考端延伸到温度稳定处再进行温度测量。在使用热电偶补偿导线时，要注意型号相配，极性不能接错，热电偶与补偿导线连接端的温度不应超过 100℃。在我国，补偿导线已有定型产品，如表 2-2 所示。

表 2-2 常用热电偶补偿导线表

热电偶名称	分度号	材料	极性	补偿电路成分	护套颜色	金属颜色
铂铑-铂	S	铜	+	Cu	红	紫红
		铜镍	−	0.57% ~ 0.6% Ni，其余 Cu	绿	褐
镍铬-镍硅	K	铜	+	Cu	红	紫红
		铜镍	−	39% ~ 41% Ni，1.4% ~ 1.8% Mn，其余 Cu	棕	白
镍铬-铜镍	E	镍铬	+	8.5% ~ 10% Cr，其余 Ni	紫	黑
		铜镍	−	56% Cu，44% Ni	黄	白

2.3　金属热电阻传感器

金属热电阻传感器一般称作热电阻传感器，是利用金属导体的电阻值随温度的变化而变化的原理进行测温的。最基本的热电阻传感器由热电阻、连接导线及显示仪表组成，如图 2-13 所示。热电阻广泛用来测量 −220 ~ 850℃ 范围内的温度，少数情况下，低温可测量至 1K（−272.15℃），高温可测量至 1000℃。金属热电阻的主要材料是铂、铜和镍。

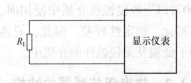

图 2-13　金属热电阻传感器测量示意图

2.3.1　热电阻的温度特性

热电阻的温度特性是指热电阻 R_t 随温度变化而变化的特性，即 R_t–t 的函数关系。

1. 铂热电阻的电阻-温度特性

铂电阻的特点是测温精度高，稳定性好，所以在温度传感器中得到了广泛应用。铂电阻的应用范围为 -200 ~ 850℃。

铂电阻的电阻-温度特性方程，在 -200 ~ 0℃ 的温度范围内为

$$R_t = R_0 \left[1 + At + Bt^2 + Ct^3 (t - 100) \right]$$ (2-10)

在 0 ~ 850℃ 的温度范围内为

$$R_t = R_0 (1 + At + Bt^2)$$ (2-11)

式中，R_t 和 R_0 分别为 t 和 0℃ 时的铂电阻值；A、B 和 C 为常数，其数值为

$$A = 3.9684 \times 10^{-3}/℃$$

$$B = -5.847 \times 10^{-7}/℃^2$$

$$C = -4.22 \times 10^{-12}/℃^4$$

由上式可知，当 $t = 0℃$ 时的铂电阻值为 R_0，我国规定工业用铂热电阻有 $R_0 = 10\Omega$ 和 $R_0 = 100\Omega$ 两种，它们的分度号分别为 Pt10 和 Pt100，其中以 Pt100 为常用。铂热电阻不同分度号亦有相应分度表，即 $R_t - t$ 的关系表，这样在实际测量中，只要测得热电阻的阻值 R_t，便可从分度表上查出对应的温度值。

2. 铜热电阻的电阻-温度特性

由于铂是贵金属，在测量精度要求不高、温度范围在 -50 ~ 150℃ 时普遍采用铜电阻。铜电阻与温度间的关系为

$$R_t = R_0 (1 + a_1 t + a_2 t^2 + a_3 t^3)$$

由于 a_2 和 a_3 比 a_1 小得多，所以可以简化为

$$R_t \approx R_0 (1 + a_1 t)$$ (2-12)

式中，R_t 是温度为 t 时铜电阻值；R_0 是温度为 0℃ 时铜电阻值；a_1 是常数，$a_1 = 4.28 \times 10^{-3}/℃$。

铜电阻的 R_0 分度号 Cu50 为 50Ω；Cu100 为 100Ω。

铜易于提纯，价格低廉，电阻-温度特性线性较好。但电阻率仅为铂的几分之一。因此，铜电阻所用阻丝细而且长，机械强度较差，热惯性较大，在温度高于 100℃ 以上或侵蚀性介质中使用时，易氧化，稳定性较差。因此，只能用于低温及无侵蚀性的介质中。

2.3.2 热电阻传感器的结构

热电阻传感器是由电阻体、绝缘管、保护套管、引线和接线盒等组成的，其结构如图 2-14 所示。

如果当热电阻传感器外接引线较长时，引线电阻的变化就会使测

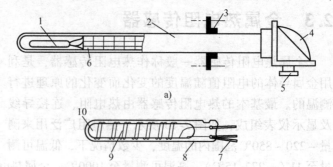

图 2-14 热电阻传感器结构

a) 热电阻传感器结构　b) 电阻体结构

1—电阻体　2—不锈钢套管　3—安装固定件　4—接线盒　5—引线口
6—瓷绝缘套管　7—引线端　8—保护膜　9—电阻丝　10—芯柱

量结果有较大误差，为减小误差，可采用三线制连接法电桥测量电路或四线制连接法电桥测量电路，具体可参考有关资料。

2.4　热敏电阻

半导体一般比金属具有更大的电阻温度系数。半导体热敏电阻简称为热敏电阻，是利用某些金属氧化物或单晶硅、锗等半导体材料，按特定工艺制成的感温元件。热敏电阻可分为3 种类型，即正温度系数(PTC)热敏电阻、负温度系数(NTC)热敏电阻，以及在某一特定温度下电阻值会发生突变的临界温度电阻器(CTR)。

2.4.1　热敏电阻的$(R_t - t)$特性

图 2-15 列出了不同种类热敏电阻的 $R_t - t$ 特性曲线。曲线 1 和曲线 2 为负温度系数(NTC 型)曲线，曲线 3 和曲线 4 为正温度系数(PTC 型)曲线。由图中可以看出 2、3 特性曲线变化比较均匀，所以符合 2、3 特性曲线的热敏电阻，更适用于温度的测量，而符合 1、4 特性曲线的热敏电阻因特性变化陡峭则更适用于组成温控开关电路和保护电路。

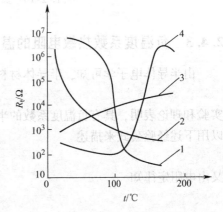

图 2-15　各种热敏电阻的 $R_t - t$ 特性曲线
1—突变型（NTC）　2—负指数型（NTC）
3—线性型（PTC）　4—突变型（PTC）

由热敏电阻 $R_t - t$ 特性曲线还可得出如下结论。

1）热敏电阻的温度系数值远大于金属热电阻，因此灵敏度很高。

2）同温度情况下，热敏电阻阻值远大于金属热电阻，因此连接导线电阻的影响极小，适用于远距离测量。

3）热敏电阻 $R_t - t$ 曲线非线性十分严重，因此其测量温度范围远小于金属热电阻。

2.4.2　负温度系数热敏电阻的性能

负温度系数(NTC)热敏电阻是一种氧化物的复合烧结体，其电阻值随温度的增加而减小，外形结构有多种形式，如图 2-16 所示，做成传感器时还需封装和用长导线引出。

与金属热电阻相比，负温度系数(NTC)热敏电阻的特点如下。

1）电阻温度系数大，灵敏度高，约为金属热电阻的 10 倍。

2）结构简单，体积小，可测点温。

3）电阻率高，热惯性小，适用于动态测量。

4）易于维护和进行远距离控制。

5）制造简单、使用寿命长。

6）互换性差，非线性严重。

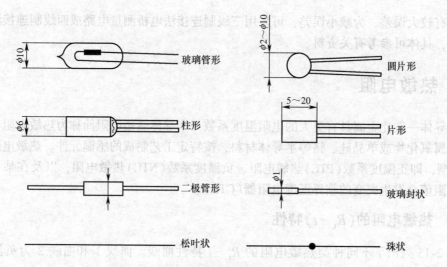

图 2-16 负温度系数(NTC)热敏电阻结构

2.4.3 负温度系数热敏电阻的温度方程

由半导体电子学可知,半导体材料的电阻率 ρ 具有随温度变化的性质,即

$$\rho = f(T)$$

实验和理论表明,具有负温度系数的半导体材料的电阻率 ρ 随温度升高而减小,这样,就可以用下述经验公式来描述

$$\rho_T = A' e^{B/T}$$

又由电阻定律知

$$R_T = \rho_T \frac{l}{S}$$

则有

$$R_T = A' \frac{l}{S} e^{B/T} = A e^{B/T} \tag{2-13}$$

式中,$A = A' \dfrac{l}{S}$ 为与半导体材料、长度 l 和截面积 S 有关的常数;B 为与半导体物理性能有关的常数;T 为热敏电阻的热力学温度。若已知某热敏电阻在温度 T_0 和 T_T 时的电阻值 R_0 和 R_T,分别代入式(2-13)联立求解,便可求得常数 B 和 A 值。

$$B = \frac{T_0 T_T}{T_T - T_0} \ln \frac{R_0}{R_T} \tag{2-14}$$

$$A = R_0 e^{-B/T_0} \tag{2-15}$$

并可获得 R_T 和 R_0 的关系为

$$R_T = R_0 e^{(B/T_T - B/T_0)} \tag{2-16}$$

2.4.4 负温度系数热敏电阻的主要特性

1. 标称阻值

厂家通常将热敏电阻在 25℃时的零功率电阻值作为 R_0,称为额定电阻值或标称阻值,

记为 R_{25}，在85℃时的电阻值 R_{85} 作为 R_T。标称阻值常在热敏电阻上标出。热敏电阻上标出的标称阻值与用万用表测出的读数不一定相等，这是由于标称阻值是用专用仪器在25℃时，并且在无功率发热的情况下测得的。而用万用表测量时有一定的电流通过热敏电阻而产生热量，且测量时不可能正好是25℃，所以不可避免地产生误差。

2. B 值

将热敏电阻在25℃时的零功率电阻值 R_0 和在85℃时的零功率电阻值 R_{85}，以及在25℃和85℃时的热力学温度 $T_0=298\text{K}$ 和 $T_T=358\text{K}$ 代入式(2-14)，可得

$$B = 1778\ln\frac{R_{25}}{R_{85}} \tag{2-17}$$

用式(2-17)计算获得的 B 值称为热敏电阻常数，是表征负温度系数热敏电阻热灵敏度的量，单位为 K。B 值越大，负温度系数热敏电阻的热灵敏度越高。

3. 电阻温度系数 σ

热敏电阻在其自身温度变化1℃时，电阻值的相对变化量称为热敏电阻的电阻温度系数 σ，可用下式表示为

$$\sigma = \frac{1}{R_T}\frac{\mathrm{d}R_T}{\mathrm{d}T} \tag{2-18}$$

由式(2-13)微分，可得

$$\sigma = -\frac{B}{T^2} \tag{2-19}$$

由式(2-19)可知：

1）热敏电阻的温度系数为负值。

2）温度降低，电阻温度系数 σ 增大。在低温时，负温度系数热敏电阻的温度系数比金属热电阻丝高得多，故常用于低温测量（$-100\sim300$℃）。通常给出的是在25℃时的温度系数，单位为 %℃$^{-1}$。

4. 额定功率

额定功率是指负温度系数热敏电阻在环境温度为25℃、相对湿度为45%~80%、大气压为 $0.087\sim0.107\text{MPa}$ 的条件下，长期连续负荷所允许的耗散功率。

5. 耗散系数 δ

耗散系数 δ 是负温度系数热敏电阻流过电流消耗的热功率（W）与自身温升值（$T-T_0$）之比，单位为 W℃$^{-1}$。

$$\delta = \frac{W}{T-T_0} \tag{2-20}$$

当流过热敏电阻的电流很小，不足以使之发热时，电阻值只决定于环境温度，用于环境温度测量时误差很小。当流过热敏电阻的电流达到一定值时，热敏电阻自身温度会明显升高，测量环境温度时，要注意消除由于热敏电阻自身的温升而带来的测量误差。

6. 热时间常数 τ

负温度系数热敏电阻在零功率条件下放入环境温度中，不可能立即变为与环境温度相同的温度。热敏电阻本身的温度在放入环境温度之前的初始值和达到与环境温度相同温度的最终值之间改变63.2%所需的时间叫作热时间常数，用 τ 表示。

2.5 半导体温度传感器

2.5.1 二极管温度传感器

半导体二极管正向电压与温度的特性曲线如图 2-17 所示，图中 IN457 为硅二极管、IN270 为锗二极管。利用这种特性可将温度转换成电压，完成温度传感器的功能。

图 2-18 是采用硅二极管温度传感器的温度监测电路，其输出端电压值随温度而变化，温度每变化 1℃。输出电压变化量为 0.1V。

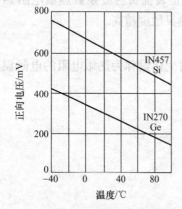

图 2-17 二极管正向电压与温度的特性曲线

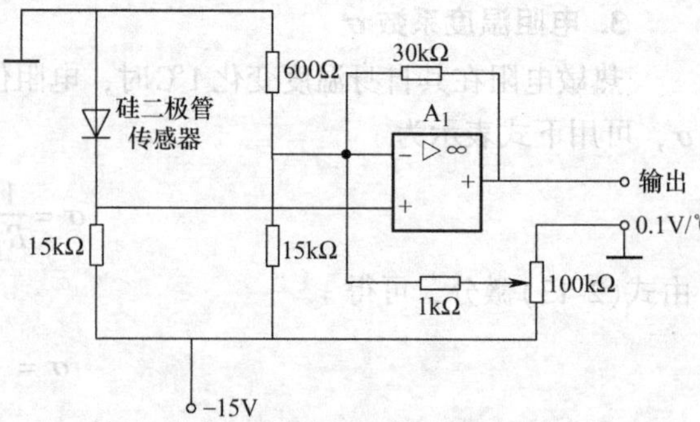

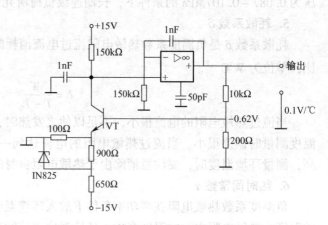

图 2-18 硅二极管温度传感器的温度监测电路

2.5.2 晶体管温度传感器

NPN 型热敏晶体管在 I_c 恒定时，硅晶体管 U_{be}（基极-发射极间电压）随温度变化曲线如图 2-19 所示。利用这种关系，可把温度变化转换成电压进行温度测量。图 2-20 为晶体管温度传感器的温度测量电路，温度每变化 1℃，输出电压变化量为 0.1V。

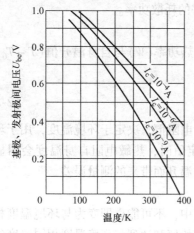

图 2-19 硅晶体管 U_{be} 随温度变化曲线

图 2-20 晶体管温度传感器的温度测量电路

2.6 集成温度传感器

集成温度传感器具有体积小、线性好、反应灵敏等优点，因此应用十分广泛。集成温度传感器是把感温元件(常为PN结)与有关的电子电路集成在很小的硅片上封装而成。由于PN结不能耐高温，所以集成温度传感器通常测量150℃以下的温度。

表2-3给出了集成温度传感器与其他温度传感器的性能比较。

表2-3　集成温度传感器与其他温度传感器的性能比较

传感器类型	温度范围/℃	精度/℃	线性	重复性/℃	灵敏度
热电偶	−200 ~1600	0.5 ~3.0	较差	0.3 ~1.0	不高
铂丝电阻	−200 ~600	0.3 ~1.0	差	0.3 ~1.0	不高
热敏电阻	−50 ~300	0.2 ~2.0	不良	0.2 ~2.0	高
半导体管	−40 ~150	1.0	良	0.2 ~1.0	高
集成温度传感器	−55 ~150	1.0	优	0.3	高

集成温度传感器按输出量不同可分为电流型、电压型和频率型3大类。电流型输出阻抗很高，可用于远距离精密温度遥感和遥测，而且不用考虑接线引入损耗和噪声。电压型输出阻抗低，易于同信号处理电路连接。频率输出型易与微型计算机连接。

2.6.1 集成温度传感器基本工作原理

图2-21为集成温度传感器原理示意图。其中 VT_1、VT_2 为差分对管，由恒流源提供的 I_1、I_2 分别为 VT_1、VT_2 的集电极电流，则 ΔU_{be} 为

$$\Delta U_{be} = \frac{kT}{q}\ln\left(\frac{I_1}{I_2}\gamma\right) \qquad (2-21)$$

式中，k 为玻耳兹曼常数；q 为电子电荷量；T 为热力学温度；γ 为 VT_1 和 VT_2 发射极面积之比。

由式(2-21)可知，只要 I_1/I_2 为恒定值，则 ΔU_{be} 与温度 T 为单值线性函数关系。这就是集成温度传感器的基本工作原理。

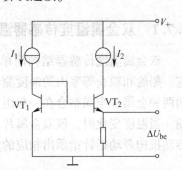

图2-21　集成温度传感器基本原理图

2.6.2 电压输出型集成温度传感器

图2-22所示电路为电压输出型温度传感器。VT_1 和 VT_2 为差分对管，调节电阻 R_1，可使 $I_1 = I_2$，当对管 VT_1 和 VT_2 的 β 值≥1时，电路输出电压 U_0 为

$$U_0 = I_2 R_2 = \frac{\Delta U_{be}}{R_1} R_2$$

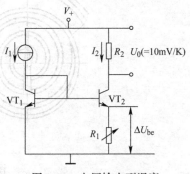

图2-22　电压输出型温度
传感器原理电路图

由此可得

$$\Delta U_{be} = \frac{U_0 R_1}{R_2} = \frac{kT}{q}\ln\gamma \qquad (2\text{-}22)$$

由式(2-22)可知，若 R_1 和 R_2 不变，则 U_0 与 T 呈线性关系。若 $R_1 = 940\Omega$、$R_2 = 30k\Omega$、$\gamma = 37$，则电路输出温度系数为 10mV/K。

2.6.3 电流输出型集成温度传感器

电流输出型集成温度传感器原理电路如图2-23所示。对管 VT_1 和 VT_2 作为恒流源负载，VT_3 和 VT_4 作为感温元器件，VT_3 和 VT_4 发射极面积之比为 γ，此时电流源总电流 I_T 为

$$I_T = 2I_1 = \frac{2\Delta U_{be}}{R} = \frac{2kT}{qR}\ln\gamma \qquad (2\text{-}23)$$

由式(2-23)可得知，当 R 和 γ 为恒定量时，I_T 与 T 呈线性关系。若 $R = 358\Omega$ 和 $\gamma = 8$，则电路输出温度系数为 $1\mu A/K$。

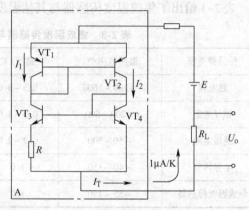

图 2-23　电流输出型集成温度传感器原理电路图

2.7 温度传感器应用实例

2.7.1 双金属温度传感器温度计

双金属温度传感器结构简单、价格便宜、刻度清晰、使用方便、耐振动。常用于驾驶室、船舱和粮仓等室内的温度测量。图 2-24 为盘旋形双金属温度计，它采用膨胀系数不同的两种金属片牢固粘合在一起组成的双金属片作为感温元器件，其一端固定，另一端为自由端。当温度变化时，该双金属片由于两种金属膨胀系数不同而产生弯曲，自由端的位移通过传动机构带动指针指示出相应的温度。

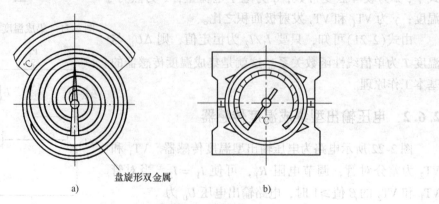

图 2-24　盘旋形双金属温度计

2.7.2 热电偶用于电加热炉温度控制

AD594 ~ AD597 为热电偶信号放大和参考端线性补偿单片集成电路，AD594 和 AD596 选配 J 型热电偶，AD595 和 AD597 选配 K 型热电偶。热电偶测温数显电加热炉温度控制器如图 2-25 所示。图中，AD597 配 K 型热电偶，7 脚接电源，电压范围为 +5 ~ +30V，6 脚输出电压 $V_o = V_{OK} \times 245.46\text{mV}$。其中 V_{OK} 为热电偶输出电压，由 8 脚输入。2 脚 HYS 调节 AD597 输入输出回差电压，未用。

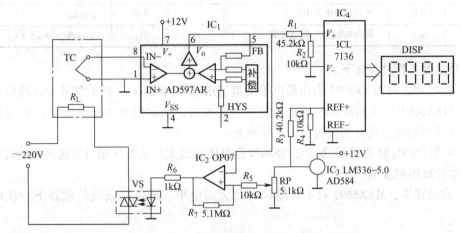

图 2-25 热电偶测温数显电加热炉温度控制器

输出电压一路输入 ICL7136 驱动 $3\frac{1}{2}$ 位 LCD 显示器显示温度值，一路送入运算放大器 OP07 的反相输入端，与正相输入端的参考电压进行比较，若低于参考电压，则输出高电平，固态继电器 VS 导通，电加热炉继续通电加热；若高于参考电压，则输出低电平，固态继电器 VS 断开，电加热炉断电停止加热。当温度下降低于预定值时，又自动开始加热。正反馈电阻 R_7 调整正反馈量，用于设定回差电压。

LM336 – 5.0 为 +5V 精密并联稳压二极管，AD584 为 +5V 稳压集成电路，可以互换代用。ICL7136 是手持式数字表使用最多的一种 LCD 显示器驱动芯片，相同功能的有 CH7106 和 DG7126。

2.7.3 热敏电阻 4 通道温度测量电路

热敏电阻 4 通道温度测量电路如图 2-26 所示。图中 MAX6691 为 MAXIM (美信)公司研制的 10 引脚 μMAX(小型)封装集成电路，工作电压 V_{CC} 为 3.0 ~ 5.5V，电流典型值为 300μA，最大为 600μA，睡眠状态电流为 3.5μA。内部电路包含一个基准电压源、一个输入放大器、一个脉宽调制器(PWM)和一个场效应晶体管漏极开路的 I/O 端口，可与各种类型的

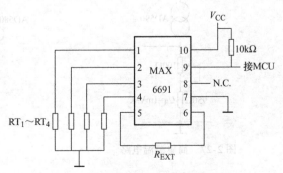

图 2-26 热敏电阻 4 通道温度测量电路

微处理器 I/O 端口相接。MAX6691 引脚功能如表 2-4 所示。RT$_1$ ~ RT$_4$ 引脚可连接 4 个 NTC 或 PTC 热敏电阻，测量 4 个不同位置的气体或液体温度。测量温度范围为 −55 ~ 125℃。

表 2-4 MAX6691 引脚功能

引脚序号	引脚名称	引脚功能	引脚序号	引脚名称	引脚功能
1	RT$_1$	外接热敏电阻 RT$_1$	6	R +	基准电压输出端，外接 R_{EXT}
2	RT$_2$	外接热敏电阻 RT$_2$	7	GND	电源地
3	RT$_3$	外接热敏电阻 RT$_3$	8	N. C.	空脚
4	RT$_4$	外接热敏电阻 RT$_4$	9	I/O	I/O 端口
5	R −	固定电阻 R_{EXT} 低电位端	10	V_{CC}	正电源(3.0 ~ 5.5V)

测量温度工作过程如下。

1）微处理器向 MAX6691 发出低电平测量请求脉冲(≥5μs)，然后释放 I/O 端口。

2）MAX6691 在收到微处理器发出的测量请求后，依次测量 4 个热敏电阻两端的电压值，以脉宽调制的方式分别调制在 4 个脉冲上。

3）4 个 PWM(脉宽调制)脉冲，经场效应晶体管放大后从 I/O 端口发送到微处理器，由微处理器计算出温度值。

4）发送完毕，MAX6691 将 I/O 端口释放为高电平，准备接收微处理器下一次的测量请求。

2.7.4 集成温度传感器的应用

1. AD590 集成温度传感器应用电路

AD590 是应用广泛的一种集成温度传感器，在它内部有放大电路，再配上相应的外电路，可方便地构成各种应用电路。

图 2-27 为一简单测温电路。AD590 在 25℃(298.2K)时，理想输出电流为 298.2μA，但实际上存在一定误差，可以在外电路中进行修正，即将 AD590 串联一个可调电阻，在已知温度下调整电阻值，使输出电压 U_R 满足 1mV/K 的关系(如 25℃时，U_R 应为 298.2mV)。调整好以后，固定可调电阻，即可由输出电压 U_R 读出 AD590 所处的热力学温度。

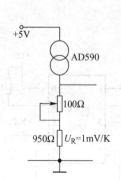

图 2-27 简单测温电路

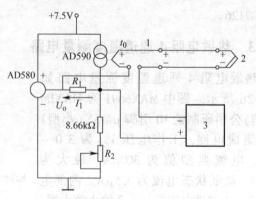

图 2-28 热电偶参考端补偿电路

1—参考端 2—测量端 3—指示仪表

集成温度传感器还可用于热电偶参考端的补偿电路，如图2-28所示，AD590应与热电偶参考端处于同一温度下。AD580是一个三端稳压器，其输出电压 $U_o = 2.5\text{V}$。当电路进行工作时，调整电阻 R_2 使得

$$I_1 = t_0 \times 10^{-3}$$

式中，I_1 的单位为 mA，这样在电阻 R_1 上产生一个随参考端温度 t_0 变化的补偿电压 $U_1 = I_1 R_1$。

若热电偶参考端温度为 t_0，则补偿时使 U_1 与 $E_{AB}(t_0, 0℃)$ 近似相等即可。不同分度号的热电偶，R_1 的阻值亦不同。这种补偿电路灵敏、准确、可靠和调整方便。

2. LM26 集成温度传感器的应用

LM26 是美国国家半导体公司生产的电压输出型微型模拟温度传感器，其输出可驱动开关管，带动继电器和电风扇等负载。LM26 为5引脚 SOT—23（Small Outline Transistor Package）封装，工作电压 +2.7 ~ 5.5V，测量温度范围为 −55 ~ 110℃。4脚接电源正极，2脚接地，3脚为温度传感输出，输出电压与温度的关系为

$$U_0 = [-3.479 \times 10^{-6} \times (t-30)^2]\text{V} + [-1.082 \times 10^{-2} \times (t-30)]\text{V} + 1.8015\text{V}$$

式中，t 为测量温度，单位为℃。在25℃时输出电压为 1855mV，温度升高，输出电压降低。

按芯片内部的控制温度基准电平设定（例如85℃），5脚输出高、低（1、0）电平信号，可直接驱动负载。LM26 有 A、B、C、D 共4种序号，A、C 为高于控制温度关断 5 脚输出信号（输出低电平）；B、D 为低于控制温度关断 5 脚输出信号。其中 LM26A 型内部电路结构如图2-29a 所示。

图2-29b 为用 LM26A 控制的风扇自动控制电路，可用于计算机、笔记本电脑、音响设备功率放大器、工厂采暖通风系统。当高于设定的控制温度时，LM26A 的 5 脚输出低电平信号，P 沟道场效应晶体管 NDS356P 导通，风扇通电运转，进行降温。LM26

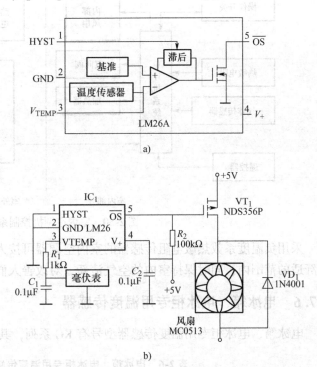

图 2-29 LM26A 型温度传感器自动控制风扇电路
a) LM26A 内部电路结构 b) 用 LM26A 控制的风扇自动控制电路

具有温度滞后特性（1脚接地滞后10℃，接 V_+ 滞后5℃），不会在阈值温度上下造成风扇反复开和关。

2.7.5 家用空调专用温度传感器

家用空调专用温度传感器产品型号为 KC 和 KH 系列，其主要技术指标如表2-5所示。

表 2-5   家用空调专用温度传感器主要技术指标

产 品 型 号	标称电阻值 /kΩ	B 值 /K	工作温度 范围/℃	封装形式	时间常数 /s	耗散系数 /(mW/℃)
KC502G327□	$R_{25} = 5.0(1 \pm 2\%)$	$B_{25/50} = 3275(1 \pm 1\%)$	$-30 \sim 100$	环氧树脂	约 5	约 2.5
KC103F410F□	$R_{25} = 10.0(1 \pm 1\%)$	$B_{25/50} = 4100(1 \pm 1\%)$	$-30 \sim 100$	塑料壳	约 5	约 3.3
KH204J343GM	$R_{25} = 200(1 \pm 5\%)$	$B_{25/50} = 3437(1 \pm 2\%)$	$-40 \sim 150$	铜壳	约 5	约 2.5

注：时间常数在水中测得，耗散系数均在静止空气中测得。

目前，较先进的室内空调器大都采用由传感器检测并用单片机进行控制的模式，其组成如图 2-30 所示。在空调器的控制系统中，室内部分安装有热敏电阻和气体传感器；室外部分安装有热敏电阻。室内空调器通过负温度系数热敏电阻和单片机，可快速完成室内室外的温差、冷房控制、冬季热泵除霜控制等功能。室内的 SnO_2 气体传感器用于测量室内空气的污染程度，当室内空气达到标准的污染程度时，通过空调器的换气装置可自动进行换气。

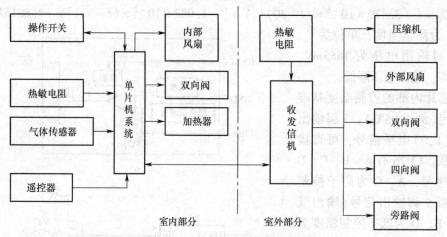

图 2-30   室内空调机控制系统

采用负温度系数热敏电阻传感器的室内空调器可按人们的要求，将室内的温度保持在一个舒适的范围内，同时保持室内的空气清新，对改善人们的居住条件起到了重要的作用。

2.7.6   电冰箱、电冰柜专用温度传感器

电冰箱、电冰柜专用温度传感器型号有 KC 系列，其主要技术指标如表 2-6 所示。

表 2-6   电冰箱、电冰柜专用温度传感器技术指标

产 品 型 号	标称电阻值 /kΩ	B 值 /K	工作温度范围 /℃	封装形式	时间常数 /s	耗散系数 /(mW/℃)
KC222J337FP	$R_{25} = 6.0(1 \pm 3\%)$	$B_{25/50} = 3370(1 \pm 1\%)$	$-40 \sim 90$	塑料壳	约 20	约 2.5
KC103J395FE	$R_{25} = 10.0(1 \pm 5\%)$	$B_{25/50} = 3950(1 \pm 1\%)$	$-40 \sim 90$	环氧树脂	约 20	约 2.5

注：时间常数在水中测得，耗散系数均在静止空气中测得。

电冰箱、电冰柜热敏电阻式温控电路如图 2-31 所示。当电冰箱接通电源时，由 R_4 和 R_5

分压后给 A_1 的同相输入端加上一固定基准电压,由温度调节电路 RP_1 输出一设定温度电压加给 A_2 的反相输入端,这样就由 A_1 组成开机检测电路,由 A_2 组成关机检测电路。当电冰箱内的温度高于设定温度时,由于传感器 RT 和 R_3 的分压升高而大于 A_1 的同相输入端和 A_2 反相输入端电压,A_1 输出低电平,而 A_2 输出高电平。由 IC_2 组成的 RS 触发器的输出端输出高电平,使 VT 导通,继电器工作,其常开触点闭合,接通压缩机电动机电路,压缩机开始制冷。

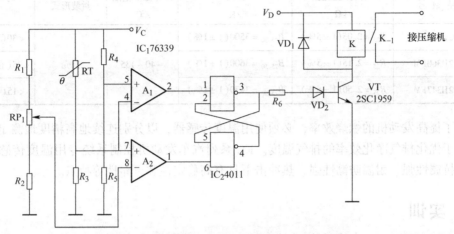

图 2-31　电冰箱、电冰柜热敏电阻式温控电路

在压缩机工作一定时间后,电冰箱内温度下降,当到达设定温度时,温度传感器阻值增大,使 A_1 的反相输入端和 A_2 的同相输入端电压下降,A_1 的输出端变为高电平,而 A_2 的输出端变为低电平,RS 触发器的工作状态翻转,其输出为低电平,从而使 VT 截止,继电器 K 停止工作,触点 K_{-1} 被释放,压缩机停止运转。

在电冰箱停止制冷一段时间后,电冰箱内温度会慢慢升高,此时开机检测电路 A_1、关机检测电路 A_2 及 RS 触发器又翻转一次,使压缩机运转重新开始制冷。这样周而复始地工作,就达到控制电冰箱内温度的目的。

2.7.7　热水器专用温度传感器

热水器专用温度传感器有 KC、KG 系列产品,其主要技术指标如表 2-7 所示。

表 2-7　热水器专用温度传感器技术指标

产品型号	标称电阻值 /kΩ	B 值 /K	工作温度范围 /℃	封装形式	时间常数 /s	耗散系数 /(mW/℃)
KC503H395FM	$R_{25}=50.5(1\pm3\%)$	$B_{25/50}=3950(1\pm1\%)$	−30~100	金属壳	2	2~3
KG503H424GM	$R_{25}=50.5(1\pm3\%)$	$B_{25/50}=4240(1\pm2\%)$	−40~120	金属壳	2	2~3
KG104H416GM	$R_{25}=100.0(1\pm3\%)$	$B_{25/50}=4164(1\pm2\%)$	−40~120	金属壳	2	2~3

注:时间常数在水中测得,耗散系数均在静止空气中测得。

热水器温控电路结构与电冰箱、电冰柜温控电路结构类似,只不过热水器温控电路用于高温,且要配置触电保护电路和防干烧电路。用于热水器温控电路的 KC 和 KG 系列热敏电阻传感器产品具有耐温度性强、耐湿防潮性好、可靠性好和速度反应快等特点,可在高温多湿和冷热变化剧烈的环境下长期使用。

2.7.8 汽车发动机控制系统专用温度传感器

汽车发动机控制系统专用温度传感器有 KC 系列，其技术指标如表2-8 所示。

表2-8 汽车发动机控制系统专用温度传感器技术指标

产品型号	标称电阻值 /kΩ	B 值 /K	工作温度范围 /℃	封装形式	时间常数 /s
KC202H350FM	$R_{25} = 2.05(1 \pm 5\%)$	$B_{25/50} = 3500(1 \pm 1\%)$			<30（在油中）
KC212H360FM	$R_{25} = 2.15(1 \pm 5\%)$	$B_{25/50} = 3600(1 \pm 1\%)$	$-40 \sim 135$	铜壳	<35（在空气中）
KC252H347FM	$R_{25} = 2.50(1 \pm 5\%)$	$B_{25/50} = 3470(1 \pm 1\%)$			<15（在水中）

为了提高发动机的燃烧效率，必须使用温度传感器，以分别连续地高精度地测定进气温度和用于优化排气净化效率的排气温度。KC 系列汽车发动机控制系统专用温度传感器有精度高、抗震性强、耐温防潮性强、热冲击下具有高稳定性和可靠性等特点。

2.8 实训

2.8.1 熟悉集成温度传感器的性能指标

表2-9 列出了几种常用的集成温度传感器的性能。熟悉集成温度传感器性能指标，考虑如何根据性能指标选择使用集成温度传感器。

表2-9 几种常用的集成温度传感器的性能

型 号	输出形式	使用温度/℃	温度系数	引 脚
AN6701S		$-40 \sim 125$	10mV/℃	4
UPC616A、SC616A		$-10 \sim 80$	$105 \sim 113$mV/℃	8
UPC616C、SL616C		$-25 \sim 85$		8
LX5600	电压型	$-55 \sim 85$		4
LX5700		$-55 \sim 85$	10mV/℃	4
LM3911		$-25 \sim 85$		4、8
LM134、LS134M		$-55 \sim 125$		
LM334	电流型	$0 \sim 70$	1μA/℃	3
AD590、LS590		$-55 \sim 155$		

2.8.2 电冰箱温度超标指示电路的装配与调试

电冰箱冷藏室温度一般都保持在5℃以下，利用负温度系数热敏电阻制成的电冰箱温度超标指示器，可在温度超过5℃时，提醒用户及时采取措施。

电冰箱温度超标指示器电路如图2-32 所示。电路由热敏电阻 RT 和作比较器用的运放 IC 等元器件组成。运放 IC 反相输入端加有 R_1 和热敏电阻 RT 的分压电压。该电压随电冰箱冷藏室温度的变化而变化。在运放 IC 同相输入端加有基准电压，此基准电压的数值对应于电冰箱冷藏室最高温度的预定值，可通过调节电位器 RP 来设定电冰箱冷藏室最高温度的预定值。当电冰箱冷藏室的温度上升时，负温度系数热敏电阻 RT 的阻值变小，加于运放 IC 反相输入端的分压电压随之减小。当分压电压减小至设定的基准电压时，运放 IC 输出端呈现高电平，使 VL 指示灯点亮报警，表示电冰箱冷藏室温度已超过 5℃。

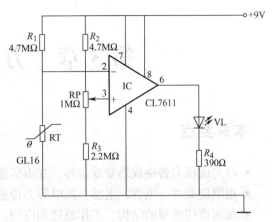

图 2-32　电冰箱温度超标指示器电路

制作印制电路板或利用面包板装调该电路的过程如下。

1）准备电路板和元器件，认识元器件。
2）电路装配调试。
3）电路各点电压测量。
4）记录实验过程和结果。
5）调节电位器 RP 于不同值，观察和记录报警温度，进行电路参数和实验结果分析。
思考该电路的扩展用途。

2.9　习题

1. 用 K 型（镍铬-镍硅）热电偶测量炉温时，自由端温度 $t_0 = 30℃$，由电子电位差计测得热电动势 $E(t, 30℃) = 37.724\text{mV}$，求炉温 t。

2. 热电偶主要分几种类型？各有何特点？我国统一设计型热电偶有哪几种？

3. 利用分度号 Pt_{100} 铂电阻测温，求测量温度分别为 $t_1 = -100℃$ 和 $t_2 = 650℃$ 时的铂电阻 R_{t1} 和 R_{t2} 值。

4. 利用分度号 Cu_{100} 的铜电阻测温，当被测温度为 50℃ 时，问此时铜电阻 R_t 值为多大？

5. 画出用 4 个热电偶共用一台仪表分别测量 T_1、T_2、T_3 和 T_4 的测温电路。若用 4 个热电偶共用一台仪表测量 T_1、T_2、T_3 和 T_4 的平均温度，则电路又应怎样连接？

6. 硅二极管测温电路如图 2-18 所示。当被测温度 t 为 30℃ 时，输出电压为 5V，当输出电压为 10V 时，问被测温度为多大？

7. 利用如图 2-27 所示集成温度传感器测量温度，如果被测温度为 30℃ 时，输出电压为 303mV，问被测温度为 120℃ 时，输出电压 U_R 为多少？

8. 分析图 2-28 所示热电偶参考端温度补偿电路工作原理。

9. 正温度系数热敏电阻和负温度系数热敏电阻各有什么特性？各有哪些用途？哪一种热敏电阻可以做"可恢复熔丝"？

10. 参照冰箱热敏电阻温控电路，用热水器专用温度传感器设计热水器温度控制电路。

11. 燃气灶意外熄火保护，可以通过热电偶控制关闭燃气阀来实现。试设计该电路。

第3章 力传感器

本章要点

- 将力或压力转换成形变或位移，并由传感器转换为电信号的弹性元件。
- 电阻应变片、电容、电感、压电等力传感器的结构、工作原理和应用。
- 加速度传感器的结构、工作原理和应用。

力是基本物理量之一，因此测量各种动态、静态力的大小是十分重要的。力的测量需要通过力传感器间接完成，力传感器是将各种力学量转换为电信号的器件。图 3-1 为力传感器的测量示意框图。

图 3-1　力传感器的测量示意框图

力传感器有许多种，从力-电变换原理来看有电阻式（电位器式和应变片式）、电感式（自感式、互感式和涡流式）、电容式、压电式、压磁式和压阻式等，其中大多需要弹性敏感元件或其他敏感元件的转换。力传感器在生产、生活和科学实验中广泛用于测力和称重。

3.1　弹性敏感元件

弹性敏感元件把力或压力转换成应变或位移，然后再由传感器将应变或位移转换成电信号。弹性敏感元件是一个非常重要的传感器部件，应具有良好的弹性、足够的精度，应保证在长期使用和温度变化时的稳定性。

3.1.1　弹性敏感元件的特性

1. 刚度

刚度是弹性敏感元件在外力作用下变形大小的量度，一般用 k 表示

$$k = \frac{\mathrm{d}F}{\mathrm{d}x} \tag{3-1}$$

式中，F 为作用在弹性敏感元件上的外力；x 为弹性敏感元件产生的变形。

2. 灵敏度

灵敏度是指弹性敏感元件在单位力作用下产生变形的大小，在弹性力学中称为弹性元件的柔度。它是刚度的倒数，用 K 表示

$$K = \frac{\mathrm{d}x}{\mathrm{d}F} \tag{3-2}$$

在测控系统中希望 K 是常数。

3. 弹性滞后

实际的弹性敏感元件在加/卸载的正反行程中变形曲线是不重合的，这种现象称为弹性滞后现象，它会给测量带来误差。产生弹性滞后的主要原因是：弹性敏感元件在工作过程中分子间存在内摩擦。当比较两种弹性材料时，应都用加载变形曲线或都用卸载变形曲线，这样才有可比性。

4. 弹性后效

当载荷从某一数值变化到另一数值时，弹性敏感元件变形不是立即完成相应的变形，而是经一定的时间间隔逐渐完成变形的，这种现象称为弹性后效。由于弹性后效的存在，弹性敏感元件的变形始终不能迅速地跟上力的变化，所以在动态测量时将引起测量误差。造成这一现象的原因是由于弹性敏感元件中的分子间存在内摩擦。

5. 固有振荡频率

弹性敏感元件都有自己的固有振荡频率 f_0，它将影响传感器的动态特性。传感器的工作频率应避开弹性敏感元件的固有振荡频率，往往希望 f_0 较高。

实际选用或设计弹性敏感元件时，若遇到上述特性矛盾的情况，则应根据测量的对象和要求综合考虑。

3.1.2 弹性敏感元件的分类

弹性敏感元件在形式上可分为两大类，即力转换为应变或位移的变换力的弹性敏感元件和压力转换为应变或位移的变换压力的弹性敏感元件。

1. 变换力的弹性敏感元件

这类弹性敏感元件大都采用等截面圆柱式、圆环式、等截面薄板式、悬臂梁式及轴状等结构。图 3-2 所示为几种常见变换力的弹性敏感元件结构。

(1) 等截面圆柱式

等截面圆柱式弹性敏感元件，根据截面形状可分为实心圆截面形状及空心圆截面形状等，如图 3-2a 和 b 所示。它们结构简单，可承受较大的载荷，便于加工。实心圆柱形的可测量大于 10kN 的力，而空心圆柱形的只能测量 1~10kN 的力。

(2) 圆环式

圆环式弹性敏感元件比圆柱式输出的位移量大，因而具有较高的灵敏度，适用于测量较小的力。但它的工艺性较差，加工时不易得到较高的精度。由于圆环式弹性敏感元件各变形部位应力不均匀，所以当采用应变片测力时，应将应变片贴在其应变最大的位置上。圆环式弹性敏感元件的形状如图 3-2c 和 d 所示。

(3) 等截面薄板式

等截面薄板式弹性敏感元件如图 3-2e 所示。由于它的厚度比较小，故又称它为膜片。当膜片边缘被固定、膜片的一面受力时，膜片产生弯曲变形，因而产生径向和切向应变。在应变处贴上应变片，就可以测出应变量，从而可测得作用力 F 的大小。也可以利用它变形产生的挠度组成电容式(或电感式)力或压力传感器。

(4) 悬臂梁式

如图 3-2f 和 g 所示，它一端固定一端自由，结构简单，加工方便，应变和位移较大，适用于测量 1～5kN 的力。

图 3-2f 所示为等截面悬臂梁式，其上表面受拉伸，下表面受压缩。由于其表面各部位的应变不同，所以应变片要贴在合适的部位，否则将影响测量的精度。

图 3-2g 所示为变截面等强度悬臂梁式，它的厚度相同，但横截面不相等，因而沿梁长度方向任一点的应变都相等，这给贴放应变片带来了方便，也提高了测量精度。

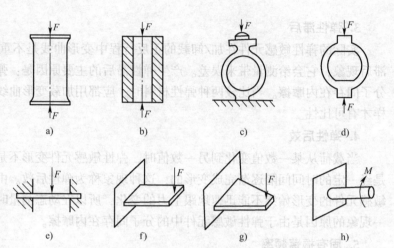

图 3-2　几种常见变换力的弹性敏感元件结构

a) 实心圆截面形　b) 空心圆截面形　c) 等截面圆环形　d) 变截面圆环形
e) 等截面薄板式　f) 等截面悬臂梁式　g) 等强度悬臂梁式　h) 扭转轴

(5) 扭转轴。扭转轴是一个专门用来测量扭矩的弹性元件，如图 3-2h 所示。扭矩是一种力矩，其大小用转轴与作用点的距离和力的乘积来表示。扭转轴弹性敏感元件主要用来制作扭矩传感器，它利用扭转轴弹性体把扭矩变换为角位移，再把角位移转换为电信号输出。

2. 变换压力的弹性敏感元件

这类弹性敏感元件常见的有弹簧管、波纹管、波纹膜片、膜盒和薄壁圆筒等，它可以把流体产生的压力变换成位移量输出。

(1) 弹簧管

弹簧管又叫布尔登管，它是弯成各种形状的空心管，但使用最多的是 C 形薄壁空心管，管子的截面形状有许多种。弹簧管的结构如图 3-3 所示。

C 形弹簧管的一端封闭但不固定，成为自由端，另一端连接在管接头上且被固定。在流体压力通过管接头进入弹簧管后，在压力 F 的作用下，弹簧管的横截面力图变成圆形截面，截面的短轴力图伸长。这种截面形状的改变导致弹簧管趋向伸直，一直伸展到管弹力与压力的作用相平衡为止。这样弹簧管自由端便产生了位移。

弹簧管的灵敏度取决于管的几何尺寸和管子材料的弹性模量。与其他压力弹性元件相比，弹簧管的灵敏度要低一些，因此常用作测量较大的压力。C 形弹簧管往往和其他弹性元器件组成的压力弹性敏感元件一起使用。

使用弹簧管时应注意以下两点：

1）静止压力测量时，不得高于最高标称压力的 2/3，变动压力测量时，要低于最高标称压力的 1/2。

2）对于腐蚀性流体等特殊测量对象，要了解弹簧管使用的材料能否满足使用要求。

(2) 波纹管

波纹管是有许多同心环状皱纹的薄壁圆管，其外形如图 3-4 所示。波纹管的轴向在流体压力作用下极易变形，有较高的灵敏度。在形变允许范围内，管内压力与波纹管的伸缩力成正比，利用这一特性，可以将压力转换成位移量。

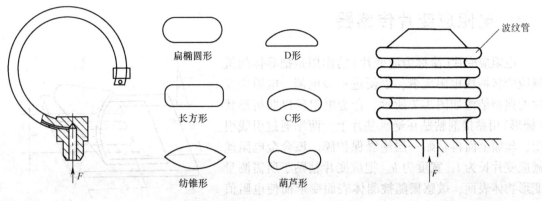

图 3-3 弹簧管的结构   图 3-4 波纹管的外形

波纹管主要用做测量和控制压力的弹性敏感元件,其灵敏度高,在小压力和压差测量中使用较多。

(3) 波纹膜片和膜盒

平膜片在压力或力作用下位移量小,因而常把平膜片加工制成具有环状同心波纹的圆形薄膜,这就是波纹膜片。其波纹形状有正弦形、梯形和锯齿形,如图 3-5 所示。膜片的厚度为 0.05~0.3mm,波纹的高度为 0.7~1mm。

波纹膜片中心部分留有一个平面,可焊上一块金属片,便于同其他部件连接。当膜片两面受到不同的压力作用时,膜片将弯向压力低的一面,其中心部分产生位移。

为了增加位移量,可以把两个波纹膜片圆形边缘焊接在一起组成膜盒,它的挠度位移量是单个的两倍。由于安装方便,膜盒应用比波纹膜片广泛。

波纹膜片和膜盒多用做动态压力测量的弹性敏感元件。

(4) 薄壁圆筒

薄壁圆筒弹性敏感元件的结构如图 3-6 所示。圆筒的壁厚一般小于圆筒直径的1/20,当筒内腔受流体压力时,筒壁均匀受力,并均匀地向外扩张,所以在筒壁的轴线方向产生拉伸力和应变。

薄壁圆筒弹性敏感元件的灵敏度取决于圆筒的半径和壁厚,与圆筒长度无关。

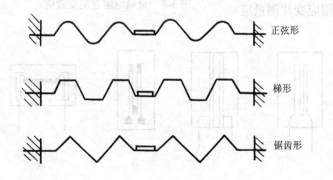

图 3-5 波纹膜片波纹的形状

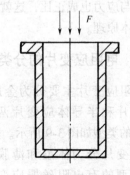

图 3-6 薄壁圆筒弹性敏感元件的结构

3.2 电阻应变片传感器

电阻应变片(简称为应变片)的作用是把导体的机械应变转换成电阻应变,以便进一步电测。电阻应变片的典型结构如图3-7所示。合金电阻丝以曲折形状(栅形)用黏接剂粘贴在绝缘基片上,两端通过引线引出,丝栅上面再粘贴一层绝缘保护膜。该合金电阻丝栅应变片长为 l,宽度为 b。把应变片粘贴于所需测量变形物体表面,敏感栅随被测体表面变形而使电阻值改变,测量电阻的变化量便可得知变形大小。由于应变片具有体积小、使用简便、测量灵敏度高,可进行动、静态测量,精度符合要求,因此广泛用于应力、力、压力、力矩、位移和加速度等的测量。随着材料

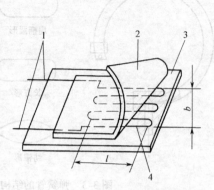

图3-7 电阻应变片的典型结构
1—引线 2—覆盖层 3—基片
4—电阻丝式敏感栅

和工艺技术的发展,超小型、高灵敏度、高精度的电阻应变片式传感器不断出现,测量范围不断扩大,已成为非电量电测技术中十分重要的手段。

3.2.1 电阻应变片的工作原理

金属和半导体材料的电阻值随它承受的机械变形大小而发生变化的现象称为应变效应。电阻应变片式传感器是利用了金属和半导体材料的"应变效应"而制作的。

设电阻丝长度为 L,截面积为 S,电阻率为 ρ,则电阻值 R 为

$$R = \frac{\rho L}{S} \tag{3-3}$$

金属电阻丝应变效应如图3-8所示。当电阻丝受到拉力 F 时,其阻值发生变化。材料电阻值的变化,一是受力后材料几何尺寸变化;二是受力后材料的电阻率也发生了变化。大量实验表明,在电阻丝拉伸极限内,电阻的相对变化与应变成正比,而应变与应力也成正比,这就是利用应变片测量应力的基本原理。

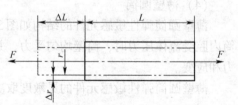

图3-8 金属电阻丝应变效应

3.2.2 电阻应变片的分类

电阻应变片主要分为金属电阻应变片和半导体应变片两类。应变片的类型如图3-9所示。金属电阻应变片分为体型和薄膜型。属于体型的有电阻丝栅应变片、箔式应变片和应变花。

丝式应变片如图3-9a和b所

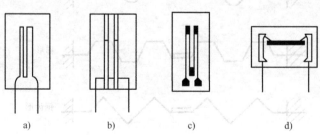

图3-9 应变片的类型
a)丝式(U形)应变片 b)短接式(H形)应变片
c)箔式应变片 d)半导体应变片

示，它分为回绕式应变片（U 形）和短接式应变片（H 形）两种。其优点是粘贴性能好，能保证有效地传递变形，性能稳定，且可制成满足高温、强磁场、核辐射等特殊条件使用的应变片。缺点是 U 形应变片的圆弧形弯曲段呈现横向效应，H 形应变片因焊点过多，可靠性下降。

箔式应变片如图 3-9c 所示。它是用照相制版、光刻、腐蚀等工艺制成的金属箔栅。优点是黏合情况好、散热能力较强、输出功率较大、灵敏度高等。在工艺上可按需要制成任意形状，易于大量生产，成本低廉，在电测中获得广泛应用。尤其在常温条件下，箔式应变片已逐渐取代了丝式应变片。薄膜型是在薄绝缘基片上蒸镀金属制成。

半导体应变片是用锗或硅等半导体材料作为敏感栅。图 3-9d 给出了 P 型单晶硅半导体应变片结构示意图。半导体应变片灵敏系数大、机械滞后小、频率响应快、阻值范围宽（可从几欧到几十千欧），易于做成小型和超小型；但热稳定性差，测量误差较大。

在平面力场中，为测量某一点上主应力的大小和方向，常需测量该点上两个或 3 个方向的应变。为此需要把两个或 3 个应变片逐个粘结成应变花，或直接通过光刻技术制成。应变花分互呈 45°的直角形应变花和互呈 60°的等角形应变花两种基本形式，如图 3-10 所示，加工和使用比较方便。

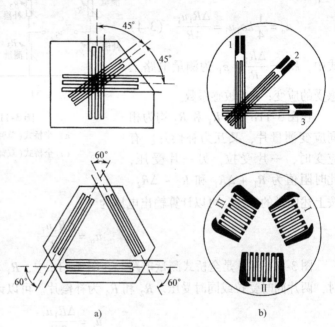

图 3-10　应变花的两种基本形式

a）互呈 45°和 60°的丝式应变花　b）互呈 45°和 60°的箔式应变花

除上述各种应变片外，还有一些具有特殊功能和特种用途的应变片。如大应变量应变片、温度自补偿应变片和锰铜应变片等。

3.2.3　电阻应变片的测量电路

弹性元器件表面的应变传递给电阻应变片的敏感丝栅，使其电阻发生变化。测量出电阻变化的数值，便可知应变（被测量）大小。测量时，可直接测单个应变片阻值变化；也可将应变片通以恒流而测量其两端的电压变化。但由于温度等各种原因，所以单片测量结果误差较大。选用电桥测量，不仅可以提高检测灵敏度，而且可以获得较为理想的补偿效果。基本电桥测量电路如图 3-11 所示。

图 3-11a 和 b 为半桥式测量电路。在图 3-11a 中，R_1 为测量片，R_2 为补偿片，R_3、R_4 为固定电阻。补偿片起温度补偿的作用，当环境温度改变时，补偿片与测量片阻值同比例改变，使桥路输出不受影响。下面分析电路工作原理。

无应变时，$R_1 = R_2 = R_3 = R_4 = R$，则桥路输出电压为

$$u_o = \frac{u_i R_1}{R_1 + R_2} - \frac{u_i R_4}{R_3 + R_4} = 0$$

有应变时，$R_1 = R_1 + \Delta R_1$

$$u_o = \frac{u_i (R_1 + \Delta R_1)}{R_1 + \Delta R_1 + R_2} - \frac{u_i R_4}{R_3 + R_4}$$

代入 $R_1 = R_2 = R_3 = R_4 = R$，由 $\Delta R_1 / (2R) \ll 1$ 可得

$$u_o = \frac{1}{4} k \varepsilon_1 u_i = \frac{\Delta R_1 u_i}{4R} \quad (3\text{-}4)$$

式中，$k \varepsilon_1 = \frac{\Delta R_1}{R}$；$\varepsilon_1$ 为测量电路上感受的应变；k 为敏感系数。

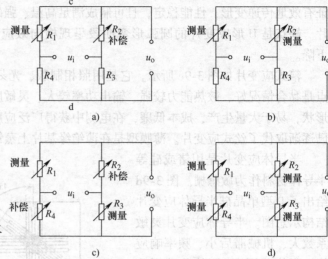

图 3-11 基本电桥测量电路
a) 半桥式（单臂工作） b) 半桥式（双臂工作）
c) 全桥式（双臂工作） d) 全桥式（四臂工作）

在图 3-11b 中，R_1 和 R_2 均为相同应变测量片，又互为补偿片。有应变时，一片受拉，另一片受压，此时阻值为 $R_1 + \Delta R_1$ 和 $R_2 - \Delta R_2$，按上述同样的方法，可以计算输出电压为

$$u_o = \frac{\Delta R_1 u_i}{2R} \quad (3\text{-}5)$$

图 3-11c 和 d 是全桥式测量电路。在图 3-11c 中，R_1 和 R_3 为相同应变测量片，有应变时，两片同时受拉或同时受压。R_2 和 R_4 为补偿片。可以计算输出电压为

$$u_o = \frac{\Delta R_1 u_i}{2R} \quad (3\text{-}6)$$

图 3-11d 是 4 个桥臂均为测量片的电路，且互为补偿，有应变时，必须使相邻两个桥臂上的应变片一个受拉，另一个受压。可以计算输出电压为

$$u_o = \frac{\Delta R_1 u_i}{R} \quad (3\text{-}7)$$

3.3 压电传感器

压电传感器在力的测量中应用也十分广泛。当某些晶体受一定方向外力作用而发生机械变形时，相应地会在一定的晶体表面产生符号相反的电荷，在外力去掉后，电荷消失。当力的方向改变时，电荷的符号也随之改变，这种现象称为压电效应（正压电效应）。具有压电效应的晶体称为压电晶体，也称为压电材料或压电元器件。

压电材料还具有与此效应相反的效应，即当晶体带电或处于电场中时，晶体的体积将产生伸长或缩短的变化，这种现象称为电致伸缩效应或逆压电效应。因此，压电效应属于可逆效应。

用于传感器的压电材料或元器件可分两类，一类是单晶压电晶体(如石英晶体)；另一类是极化的多晶压电陶瓷，如钛酸钡、锆钛酸钡等。

3.3.1 石英晶体的压电效应

石英晶体呈正六边形棱柱体，其结构及压电效应如图3-12所示。棱柱为基本组织，如图3-12a所示。有3个互相垂直的晶轴，通过晶体两顶端的轴线称为光轴(z轴)；与光轴垂直且与晶体横截面六边形各条边垂直的3条轴线称为机械轴(y轴)；x轴称为电轴。

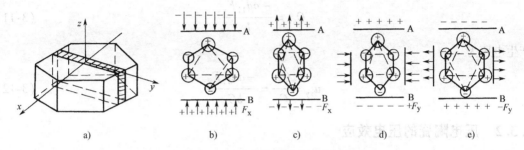

图3-12 石英晶体结构及压电效应

a) 石英晶体结构　b) 在 x 轴施加压力　c) 在 x 轴施加拉伸力　d) 在 y 轴施加压力　e) 在 y 轴施加拉伸力

在正常情况下，晶格上的正、负电荷中心重合，表面呈电中性。当在 x 轴向施加压力时，如图3-12b所示，各晶格上的带电粒子均产生相对位移，正电荷中心向B面移动，负电荷中心向A面移动，因而B面呈现正电荷，A面呈现负电荷。当在 x 轴向施加拉伸力时，如图3-12c所示，晶格上的粒子均沿 x 轴向外产生位移，但硅离子和氧离子向外位移大，正负电荷中心拉开，B面呈现负电荷，A面呈现正电荷。在 y 方向施加压力时，如图3-12d所示，晶格离子沿 y 轴被向内压缩，A面呈现正电荷，B面呈现负电荷。沿 y 轴施加拉伸力时，如图3-12e所示，晶格离子在 y 向被拉长，x 向缩短，B面呈现正电荷，A面呈现负电荷。

通常把沿电轴 x 方向作用产生电荷的现象称为"纵向压电效应"，而把沿机械轴 y 方向作用产生电荷的现象称为"横向压电效应"。在光轴 z 方向加力时不产生压电效应。

从晶体上沿轴线切下的薄片称为"晶体切片"。图3-13所示是垂直于电轴 x 切割的石英晶体切片，长为 a、宽为 b、高为 c。在与 x 轴垂直的两面覆以金属，并沿 x 方向施加作用力 F_x 时，在与电轴垂直的表面上产生电荷 Q_{xx} 为

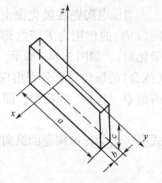

图3-13 垂直于电轴 x 切割的石英晶体切片

$$Q_{xx} = d_{11}F_x \qquad (3\text{-}8)$$

式中，d_{11} 为石英晶体的纵向压电系数(2.3×10^{-12}C/N)。

在覆以金属极面间产生的电压为

$$u_{xx} = \frac{Q_{xx}}{C_x} = \frac{d_{11}F_x}{C_x} \qquad (3\text{-}9)$$

式中，C_x 为晶体覆以金属极面间的电容。

如果在同一切片上，沿机械轴 y 方向施加作用力 F_y 时，则在与 x 轴垂直的平面上产生电荷为

$$Q_{xy} = \frac{ad_{12}F_y}{b} \qquad (3\text{-}10)$$

式中，d_{12} 为石英晶体的横向压电系数。

根据石英晶体的轴对称条件可得 $d_{12} = -d_{11}$，所以

$$Q_{xy} = \frac{-ad_{11}F_y}{b} \qquad (3\text{-}11)$$

产生电压为

$$u_{xy} = \frac{Q_{xy}}{C_x} = \frac{-ad_{11}F_y}{bC_x} \qquad (3\text{-}12)$$

3.3.2 压电陶瓷的压电效应

压电陶瓷具有与铁磁材料磁畴结构类似的电畴结构。在压电陶瓷极化处理后，陶瓷材料内部存有很强的剩余场极化。当陶瓷材料受到外力作用时，电畴的界限发生移动，引起极化强度变化，产生了压电效应。经极化处理的压电陶瓷具有非常高的压电系数，约为石英的几百倍，但机械强度比石英差。

当压电陶瓷在极化面上受到沿极化方向（z 向）的作用力 F_z 时（即作用力垂直于极化面），如图 3-14a 所示，则在两个镀银（或金）的极化面上分别出现正负电荷，电荷量 Q_{zz} 与力 F_z 成比例，即

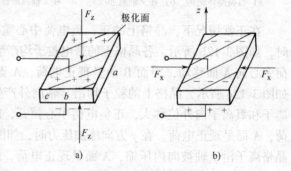

图 3-14 压电陶瓷的压电效应
a) z 向施力 b) x 向施力

$$Q_{zz} = d_{zz}F_z \qquad (3\text{-}13)$$

式中，d_{zz} 为压电陶瓷的纵向压电系数。输出电压为

$$u_{zz} = \frac{d_{zz}F_z}{C_z} \qquad (3\text{-}14)$$

式中，C_z 为压电陶瓷片电容。

当沿 x 轴方向施加作用力 F_x 时，如图 3-14b 所示，在镀银极化面上产生电荷 Q_{zx} 为

$$Q_{zx} = \frac{S_z d_{z1} F_x}{S_x} \qquad (3\text{-}15)$$

同理

$$Q_{zy} = \frac{S_z d_{z2} F_y}{S_y} \qquad (3\text{-}16)$$

上两式中的 d_{z1}、d_{z2} 是压电陶瓷在横向力作用时的压电系数，且均为负值。由于极化压电陶瓷平面各向同性，所以 $d_{z2} = d_{z1}$。式(3-15)和式(3-16)中 S_z、S_x、S_y 是分别垂直于 z 轴、x 轴、y 轴的晶片面积。

另外，用电量除以晶片的电容 C_z 可得输出电压。

3.3.3 压电元器件的并联和串联

图 3-15a 所示的两片压电片负极都集中于中间电极上，正极在上下两面电极上。这种接法称为并联，其输出电容 C_a' 为单片电容的两倍(若为 n 片并联，则 $C_a' = nC_a$)，但输出电压 $U_a' = U_a$，极板上电荷量 q' 为单片电荷量的两倍(若为 n 片并联，则 $q' = nq$)。

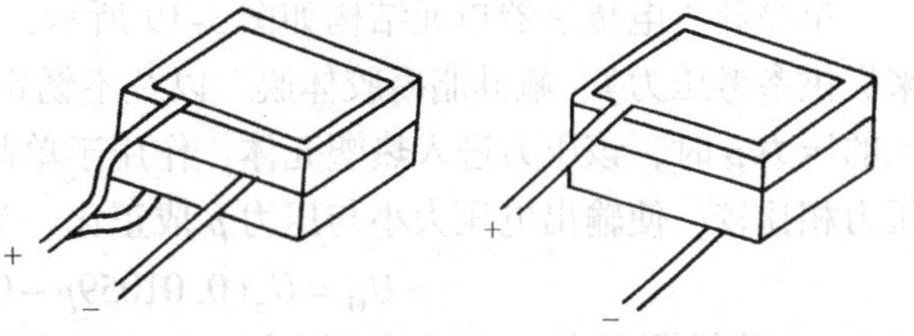

在图 3-15b 中的接法是上极板为正

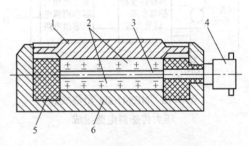

图 3-15 压电元器件的并联与串联
a) 压电元器件并联 b) 压电元器件串联

电荷，下极板为负电荷，而中间极板上，上片产生的负电荷与下片产生的正电荷抵消。这种接法称为串联。由图 3-15 可知，$q' = q$，$U_a' = 2U_a$，$C_a' = \dfrac{C_a}{2}$。

在这两种接法中，并联接法输出电荷量大，本身电容也大，因此时间常数大($\tau = C_a' R$)。

3.3.4 压电测力传感器结构

压电测力传感器的结构通常为荷重垫圈式。图 3-16 所示为 YDS-781 型压电式单向力传感器结构，它由底座、传力上盖、片式电极、石英晶片、绝缘件及电极引出插头等组成。当外力作用时，上盖将力传递到石英晶片，石英晶片实现力-电转换，电信号由电极传送到插头后输出。

图 3-16 YDS-781 型压电式单向力传感器结构
1—传力上盖 2—压电片 3—片式电极
4—电极引出插头 5—绝缘材料 6—底座

3.3.5 单片集成硅压力传感器

单片集成硅压力传感器(Integrated Silicon Pressure, ISP)采用单晶硅晶体制成。其内部除传感器单元外，还有信号放大、温度补偿和压力修正电路。

美国 Motorola 公司生产的单片集成硅压力传感器，主要有 MPX2100、MPX4100A、MPX5100 和 MPX5700 等型号。该传感器特别适合测量管道中流体的绝对压力。

各个型号单片集成硅压力传感器内部结构相同，区别在于测量压力的范围及芯片封装形式不同。例如，MPX4100A 测量压力范围为 15~115kPa，温度补偿范围为 $-40 \sim +125$℃，电源电压为 +4.85~ +5.35V，电源电流为 7.0mA。

MPX4100A 型有多种封装形式，如图 3-17 所示。6 个引脚从左到右依次为输出端(U_O)、公共地(GND)、电源(U_S)，其余为空脚。

MPX4100A 型内部电路由 3 部

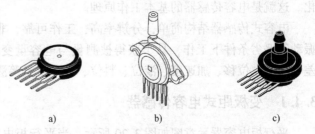

图 3-17 MPX4100A 型集成硅压力传感器封装形式
a) CASE867 封装(MPX4100A) b) CASE867B 封装(MPX4100AP)
c) CASE867E 封装(MPX4100AS)

分组成，即单晶硅压电传感器单元、薄膜温度补偿器和第一级放大器以及第二级放大器和模拟电压输出电路，如图 3-18 所示。

单晶硅压电传感器单元结构如图 3-19 所示，热塑壳体中有基座、管心、密封真空室(用来提供参考压力)、氟硅脂凝胶体膜，以及不锈钢帽和引线。在管道内，当它受到垂直方向上的压力 p 时，该压力进入热塑壳体，作用于单晶硅压电传感器管心，与密封真空室的参考压力相比较，使输出电压大小与压力 p 成正比，为

$$U_O = U_S(0.01059p - 0.01518 \pm \alpha p_\gamma)$$

式中，p 为被测压力；U_S 为电源电压，α 为温度误差系数，p_γ 为压力误差。

在 0~85℃ 范围内，$\alpha = 1$；在 -45℃ 或 +125℃ 时，$\alpha = 3$。在 20~105kPa 的测量范围内，p_γ 为 ±1.5kPa。

输出电压经 A - D 转换成数字量后，可由微处理器计算出被测压力值。

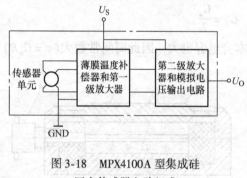

图 3-18 MPX4100A 型集成硅
压力传感器电路组成

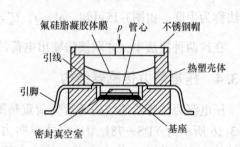

图 3-19 单晶硅压电传感器
单元结构

3.4 电容式传感器

对一个平行板电容器，如果不考虑其边缘效应，则电器的容量为

$$C = \frac{\varepsilon S}{d} \tag{3-17}$$

式中，ε 为电容器极板间介质的介电常数，$\varepsilon = \varepsilon_0 \varepsilon_r$；$S$ 为两平行板所覆盖的面积；d 为两平行板之间的距离。

由式(3-17)可知，当 S、d 或 ε 改变时，则电容量 C 也随之改变。如果保持其中两个参数不变，而通过被测量的变化改变其中一个参数，就可把被测量的变化转换为电容量的变化。这就是电容传感器的基本工作原理。

电容式传感器结构简单，分辨率高，工作可靠，非接触测量，并能在高温、辐射、强烈振动等恶劣条件下工作，易于获得被测量与电容量变化的线性关系，可用于力、压力、压差、振动、位移、加速度、液位、料位、成分含量等测量。

3.4.1 变极距式电容传感器

平行板电容器示意图如图 3-20 所示。当平行板电容器的 ε 和 S 不变，而只改变电容器两极板之间距离 d 时，电容器的容量 C 则发生变化。利用电容器的这一特性制作的传感器，称为变极距式电容传感器。该类型传感器常用于压力的测量。

设 ε_r 和 S 不变，当初始状极距为 d_0 时，电容器容量 C_0 为

$$C_0 = \frac{\varepsilon S}{d_0}$$

变极距式电容传感元件原理图如图 3-21 所示。若电容器受外力作用，极距减小 Δd，则电容器容量改变为

$$C_1 = C_0 + \Delta C = \frac{\varepsilon S}{d_0 - \Delta d} = \frac{C_0}{1 - \frac{\Delta d}{d_0}} = \frac{C_0 \left(1 + \frac{\Delta d}{d_0}\right)}{1 - \frac{\Delta d^2}{d_0^2}} \tag{3-18}$$

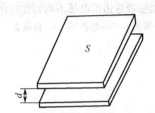

图 3-20　平行板电容器示意图

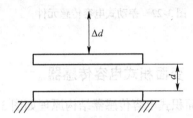

图 3-21　变极距式电容传感元件原理图

若 $\frac{\Delta d}{d_0} \ll 1$，则 $1 - \left(\frac{\Delta d}{d_0}\right)^2 \approx 1$，式 (3-18) 可简化为

$$C_1 = C_0 + \Delta C = C_0 + \frac{C_0 \Delta d}{d_0} \tag{3-19}$$

电容值相对变化量为

$$\frac{\Delta C}{C_0} = \frac{\Delta d}{d_0}$$

此时 C_1 与 Δd 的关系呈线性关系。

同理，若电容器受外力作用，极距增加 Δd，则电容器容量近似为

$$C_2 = C_0 - \Delta C = C_0 - \frac{C_0 \Delta d}{d_0}$$

电容值相对变化量为

$$\frac{\Delta C}{C_0} = \frac{\Delta d}{d_0}$$

此时 C_2 与 Δd 的关系也是呈线性关系。

为了提高传感器灵敏度，减小非线性误差，实际应用中大都采用差动式结构。差动式电容传感元件如图 3-22 所示（1 为动片、2 为定片），当中间电极不受外力作用时，由于 $d_1 = d_2 = d_0$，所以 $C_1 = C_2$，则两电容差值 $C_1 - C_2 = 0$。中间电极若受力向上位移 Δd，则 C_1 容量增加，C_2 容量减小，两电容差值为

$$\Delta C = C_1 - C_2 = C_0 + \frac{C_0 \Delta d}{d_0} - C_0 + \frac{C_0 \Delta d}{d_0} = \frac{2C_0 \Delta d}{d_0}$$

$$\frac{\Delta C}{C_0} = \frac{2\Delta d}{d_0}$$

可见，在电容传感器做成差动型之后，灵敏度提高一倍。

以上分析均忽略了极板的边缘效应，即极板边沿电场的不均匀性。为消除其影响，可采

用消除极板边沿电场不均匀性的保护环(如图 3-23 所示)。保护环与极板 1 具有同一电位，这就把电极板间的边缘效应移到了保护环与极板 2 的边缘，使极板 1 与极板 2 之间的场强分布变得均匀了。

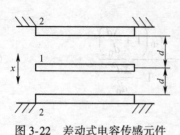

图 3-22 差动式电容传感元件

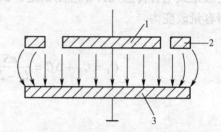

图 3-23 消除极板边沿电场不均匀性的保护环
1—极板 1　2—保护环　3—极板 2

3.4.2 变面积式电容传感器

变面积式电容传感器结构原理如图 3-24 所示。

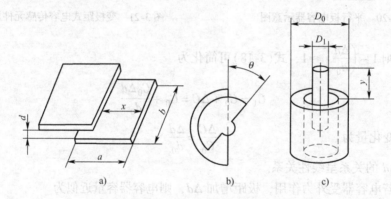

a)　　　　　　b)　　　　　　c)

图 3-24 变面积式电容传感器结构原理图
a) 平板形电容　b) 旋转形电容　c) 圆柱形电容

在如图 3-24a 所示的平板形电容极板位移 x 后，电容量由 $C_0 \left(\text{容量为} \dfrac{\varepsilon ab}{d} \right)$ 变为 C_x

$$C_x = \frac{\varepsilon(a-x)b}{d} = \left(1 - \frac{x}{a}\right)C_0$$

电容量变化为

$$\Delta C = C_x - C_0 = -\frac{xC_0}{a} \tag{3-20}$$

灵敏度为

$$K_x = \frac{\Delta C}{x} = -\frac{\varepsilon b}{d} \tag{3-21}$$

对于旋转形电容角位移传感器，设两片极板全重合($\theta = 0$)时的电容量为 C_0，动片转动角度 θ 后，电容量变为 C_θ

$$C_\theta = C_0 - \frac{\theta C_0}{\pi}$$

电容量变化

$$\Delta C_\theta = -\frac{\theta C_0}{\pi} \qquad (3\text{-}22)$$

灵敏度为

$$k_\theta = \frac{\Delta C_\theta}{\theta} = -\frac{C_0}{\pi} \qquad (3\text{-}23)$$

对于圆柱形电容式位移传感器，设内外电极长度为 L，起始电容量为 C_0，动极向上位移 y 后，电容量变为 C_y

$$C_y \approx C_0 - \frac{y}{L}C_0$$

电容量变化

$$\Delta C_y = -\frac{y}{L}C_0 \qquad (3\text{-}24)$$

灵敏度为

$$k_y = \frac{\Delta C_y}{y} = -\frac{C_0}{L} \qquad (3\text{-}25)$$

由以上分析可知，变面积式电容传感器的电容变化是线性的，灵敏度 k 为一常数。

图 3-25 所示是变面积式差动电容结构原理图，传感器输出和灵敏度均提高一倍。

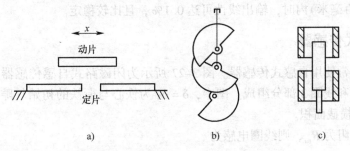

图 3-25　变面积式差动电容结构原理图

a）平板形差动电容　b）旋转形差动电容　c）圆柱形差动电容

3.4.3　变介电常数式电容传感器

变介质介电常数位移式电容传感器结构原理如图 3-26 所示。介质 ε_1 没进入电容器时（$x=0$），电容量为

$$C_0 = \frac{\varepsilon_0 ab}{d_0 + d_1} \qquad (3\text{-}26)$$

式中，a 为极板长度，b 为极板宽度。

介质 ε_1 进入电容器 x 后，电容量为

$$C_x = C_A + C_B \qquad (3\text{-}27)$$

式中

$$C_A = \frac{bx}{\dfrac{d_1}{\varepsilon_1} + \dfrac{d_0}{\varepsilon_0}} \qquad (3\text{-}28)$$

$$C_B = \frac{\varepsilon_0 (a-x) b}{d_1 + d_0} \qquad (3-29)$$

由式(3-27)~式(3-29)，并利用式(3-26)整理可得

$$C_x = C_0 + \frac{\left(1 - \frac{\varepsilon_0}{\varepsilon_1}\right) C_0 x}{\frac{\varepsilon_0}{\varepsilon_1} + \frac{d_0}{d_1}} \qquad (3-30)$$

即电容变化与位移 x 为线性关系。选择介电常数 ε_1 较大的介质，适当增大充入介质的厚度 d_1，可使灵敏度提高。

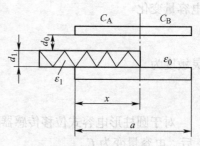

图 3-26　变介质介电常数位移式电容传感器结构原理图

3.5　电感式传感器

电感传感器的基本原理是电磁感应原理。利用电磁感应将被测非电量(如压力、位移等)转换成电感量的变化输出。常用的有自感式和互感式两类。电感式压力传感器大都采用变隙式电感作为检测元器件，它和弹性敏感元器件组合在一起构成电感式压力传感器。其结构简单，工作可靠，测量力小，分辨力高，在压力或位移造成的变隙在一定范围(最小几十微米,最大可达数百毫米)内时，输出线性可达 0.1%，且比较稳定。

3.5.1　自感式传感器

压力测量经常使用自感式传感器。图 3-27 所示为闭磁路式自感传感器原理结构图，主要由铁心、衔铁和线圈 3 部分组成。图中，$\delta = \delta_0$ 为铁心与衔铁的初始气隙长度；N 为线圈匝数；S 为铁心横截面积。

设磁路总磁阻为 R_m，则线圈电感为

$$L = \frac{N^2}{R_m} \qquad (3-31)$$

磁路总磁阻是由两部分组成，即导磁体磁阻 R_{m1} 和气隙磁阻 R_{m0}，由此上式可写成

$$L = \frac{N^2}{R_{m1} + R_{m0}} \qquad (3-32)$$

由于 $R_{m1} \ll R_{m0}$，所以上式又可写成

$$L \approx \frac{N^2}{R_{m0}} \qquad (3-33)$$

而气隙磁阻 R_{m0} 为

$$R_{m0} = \frac{2\delta_0}{\mu_0 S_0} \qquad (3-34)$$

式(3-34)中，S_0 为气隙有效导磁截面积。
则电感量 L 为

$$L = \frac{N^2 \mu_0 S_0}{2\delta_0} \qquad (3-35)$$

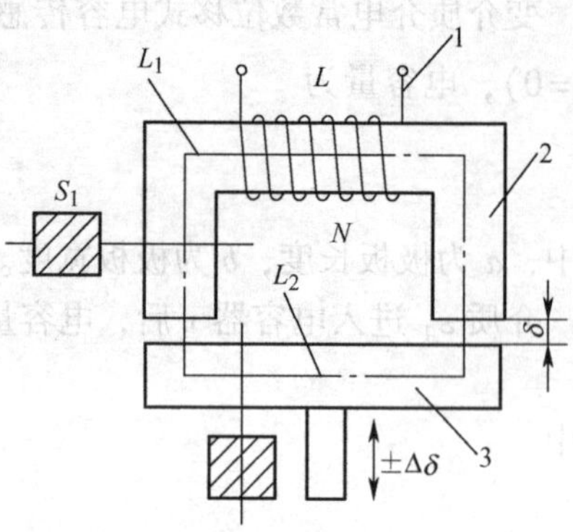

若衔铁受外力作用使气隙厚度减小 $\Delta\delta$，则线圈电感

图 3-27　闭磁路式自感传感器原理结构
1—线圈　2—铁心(定铁心)　3—衔铁(动铁心)

也发生变化，为

$$L_x = \frac{N^2 \mu_0 S_0}{2(\delta_0 - \Delta\delta)} \qquad (3\text{-}36)$$

电感的相对变化量

$$\frac{\Delta L}{L} = \frac{L_x - L}{L} = \frac{L_x}{L} - 1 \qquad (3\text{-}37)$$

把式(3-35)和式(3-36)代入上式，有

$$\frac{\Delta L}{L} = \frac{\Delta\delta}{\delta_0 - \Delta\delta} \qquad (3\text{-}38)$$

当 $\Delta\delta \ll \delta_0$ 时，上式可近似为

$$\frac{\Delta L}{L} = \frac{\Delta\delta}{\delta_0}$$

其灵敏度为

$$K_0 = \frac{\dfrac{\Delta L}{L}}{\Delta\delta} \approx \frac{1}{\delta_0} \qquad (3\text{-}39)$$

由式(3-38)和式(3-39)可以看出，气隙变化量 $\Delta\delta$ 越小，非线性失真越小；气隙 δ_0 越小，灵敏度越高。因此，该类传感器只适于微小位移，即 $\Delta\delta_{max} < 1/5\delta_0$。实际应用中常用差动变隙式自感传感器。如图 3-28 所示，差动变隙式自感传感器由两个相同的电感线圈Ⅰ、Ⅱ和磁路组成。测量时，衔铁通过导杆与被测位移量相连。当被测体上下移动时，导杆带动衔铁也以相同的位移上下移动，使两个磁回路中磁阻发生大小相等、方向相反的变化，导致一个线圈的电感量增加，另一个线圈的电感量减小，形成差动工作形式。

图 3-29 所示为第二类对称接法交流电桥测量电路(图中输入输出端口交换为第一类)，把传感器的两个线圈作为电桥的两个桥臂 Z_1 和 Z_2，另外两个相邻的桥臂用纯电阻代替，对于高 Q 值($Q = \omega L/R_0$)的差动式电感传感器，其输出电压为

$$U_o = \frac{U_{AC}\Delta Z_1}{Z_1} = \frac{U_{AC}j\omega\Delta L}{(R_0 + j\omega L_0)} \approx \frac{U_{AC}\Delta L}{L_0} = \frac{U_{AC}\Delta\delta}{\delta_0} \qquad (3\text{-}40)$$

式中，L_0 为衔铁在中间位置时单个线圈的电感；ΔL 为单个线圈电感的变化量。

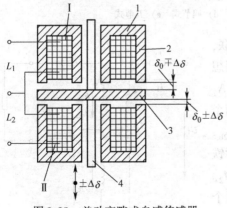

图 3-28　差动变隙式自感传感器

1—线圈　2—铁心　3—衔铁　4—导杆

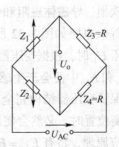

图 3-29　交流电桥测量电路

3.5.2 互感式传感器

互感式传感器本身就是变压器，有一次绕组和二次绕组。在一次侧接入激励电源后，二次侧将因互感而产生电压输出。当绕组间互感随被测量变化时，输出电压将产生相应的变化。这种传感器二次绕组一般有两个，接线方式又是差动的，故又称为差动变压器。

差动变压器结构形式较多，有变隙式、变面积式和螺线管式等，但其工作原理基本一样。在非电量测量中，应用最多的是螺线管式差动变压器，它可以测量 1~100mm 的机械位移，并且具有测量精度高、灵敏度高、结构简单和性能可靠等优点。

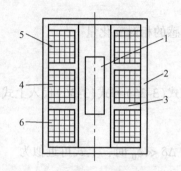

图 3-30　螺线管式差动变压器结构
1—活动衔铁　2—导磁外壳
3—骨架　4—匝数为 N_1 的一次绕组
5—匝数为 N_{2a} 的二次绕组
6—匝数为 N_{2b} 的二次绕组

1. 工作原理

螺线管式差动变压器结构如图 3-30 所示，它由一次绕组、两个二次绕组和插入绕组中央的圆柱形铁心等组成。

螺线管式差动变压器按绕组排列方式的不同，可分为一节式、二节式、三节式、四节式和五节式等类型，如图3-31所示。一节式灵敏度高，三节式零点残余电压较小，通常采用的是二节式和三节式两类。

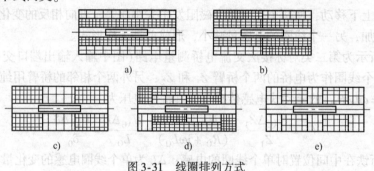

图 3-31　线圈排列方式
a) 一节式　b) 二节式　c) 三节式　d) 四节式　e) 五节式

差动变压器即传感器中两个二次绕组反向串联，并且在忽略铁损、导磁体磁阻和绕组分布电容的理想条件下，其等效电路如图 3-32 所示。当一次绕组 N_1 加以激励电压 U_1 时，根据变压器的工作原理，在两个二次绕组 N_{2a} 和 N_{2b} 中便会产生感应电动势 E_{2a} 和 E_{2b}。如果工艺上保证变压器结构完全对称，则当活动衔铁处于初始平衡位置时，必然会使两互感系数 $M_1 = M_2$。根据电磁感应原理，将有 $E_{2a} = E_{2b}$。由于变压器两个二次绕组反向串联，因而 $U_2 = E_{2a} - E_{2b} = 0$，即差动变压器输出电压为零。实际上衔铁处于初始平衡位置

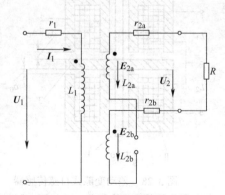

图 3-32　差动变压器等效电路

时输出电压并不等于零，而是一个很小的电压值，称为零点残余电压。如上所述，三节式零点残余电压较小，在具体测量电路中可予以消除。

当活动衔铁向上移动时，由于磁阻的影响，N_{2a} 中磁通将大于 N_{2b}，使 $M_1 > M_2$，因而 E_{2a} 增加，而 E_{2b} 减小。反之，E_{2b} 增加，E_{2a} 减小。因为 $U_2 = E_{2a} - E_{2b}$，所以当 E_{2a}、E_{2b} 随着衔铁位移 x 变化时，U_2 也必将随 x 变化。

2. 差动变压器输出电压

差动变压器等效电路如图 3-32 所示。当二次侧开路时

$$I_1 = \frac{U_1}{r_1 + j\omega L_1} \tag{3-41}$$

式中，ω 为激励电压的角频率；U_1 为一次绕组激励电压；I_1 为一次绕组激励电流；r_1、L_1 为一次绕组损耗电阻和电感。

二次侧连通后，分 3 种情况进行分析。

1）活动衔铁处于中间位置时

$$M_1 = M_2 = M$$

故 $U_2 = 0$。

2）活动衔铁向上移动时

$$M_1 = M + \Delta M \qquad M_2 = M - \Delta M$$

故 $U_2 = 2\omega \Delta M U_1 / [\, r_1^2 + (\omega L_1)^2 \,]^{1/2}$，与 E_{2a} 同极性。

3）活动衔铁向下移动时

$$M_1 = M - \Delta M \qquad M_2 = M + \Delta M$$

故 $U_2 = -2\omega \Delta M U_1 / [\, r_1^2 + (\omega L_1)^2 \,]^{1/2}$，与 E_{2b} 同极性。

3.6 加速度传感器

3.6.1 加速度传感器的组成

加速度传感器可应用于环境监视、工程测振、地质勘探等仪器仪表中，也可以用于物体移动和倾倒的报警和保护。加速度传感器有多种形式，用电容传感器做成的加速度传感器结构如图 3-33a 所示。

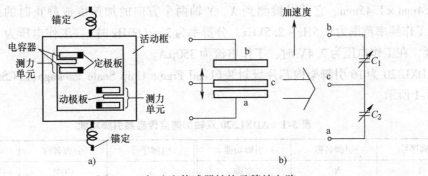

图 3-33　加速度传感器结构及等效电路
a）结构　b）等效电路

由图 3-33a 可见，加速度传感器有两个测力单元(也称重力传感器)。测力单元为差动式结构的变极距电容传感器。上下两块极板 a 和 b 为固定极板，与加速度传感器壳体固定成一体。中间极板 c 是活动的，与活动框连成一体，经弹簧锚定在壳体上。

加速度传感器壳体可以沿水平方向固定在被测设备上，测被测设备的水平方向加速度，也可以沿竖直方向固定在被测设备上，测被测设备的竖直方向加速度(重力加速度以外)或静止时受到的地球引力(重力)。

图 3-33b 所示为加速度传感器壳体沿竖直方向固定在被测设备上时，一个测力单元的等效电路。被测设备竖直方向加速度(重力加速度以外，重力加速度会使整体一起移动)或静止时受到的地球引力(重力)，会使活动框连带中间极板上下移动。当向下移动时，C_2 电容量增大，C_1 减小；当向上移动时，C_1 电容量增大，C_2 减小。C_1、C_2 与外接电阻 R_1、R_2 组成差动式电容传感器电桥测量电路，如图 3-34 所示。

如果 C_1、C_2 电容量变化，电桥电路输出电压 u_o 就会发生变化。测出 u_o 的变化量，可计算加速度(重力加速度以外)或静止时的地球引力(重力)。

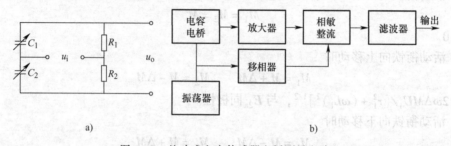

图 3-34　差动式电容传感器电桥测量电路

加速度传感器有单轴和双轴两种，单轴加速度传感器的两个测力单元是同方向的，两个测力单元电容变化相叠加，可增加输出信号强度。双轴加速度传感器的两个测力单元分别为 X 和 Y 方向，两个测力单元电容变化量相减，不仅可以测出加速度或静止时地球引力的大小，而且可以测出方向。

加速度传感器输出信号很小，一般要加放大器，做成集成电路。

3.6.2　ADXL320 双轴加速度传感器

ADXL320 为美国 ANALOG DEVICES 公司生产的超小型 ±5g 双轴加速度传感器，体积为 4mm×4mm×1.45mm。它可以检测到 X、Y 轴两个方向的加速度或静止时的地球引力(重力)，工作频率范围为 0.5Hz~2.5kHz，分辨率为 2mg(60Hz 时)，工作电压为 2.4~5.25V，低功耗，在工作电压为 2.4V 时，工作电流为 350μA。

ADXL320 为 16 引脚架构芯片级封装(Lead Frame Chip Scale Package，LFCSP)，引脚功能如表 3-1 所示。

表 3-1　ADXL320 双轴加速度传感器引脚功能

引脚序号	引脚名称	引脚功能	引脚序号	引脚名称	引脚功能
1	NC	空脚	3	COM	接地
2	ST	Self-test	4	NC	空脚

引脚序号	引脚名称	引脚功能	引脚序号	引脚名称	引脚功能
5	COM	接地	11	NC	空脚
6	COM	接地	12	X_{OUT}	X 轴电压输出
7	COM	接地	13	NC	空脚
8	NC	空脚	14	V_S	电源
9	NC	空脚	15	V_S	电源
10	Y_{OUT}	Y 轴电压输出	16	NC	空脚

当 ADXL320 集成电路平面处于水平方向时, $X_{OUT} = 1.500V$, $Y_{OUT} = 1.500V$; 当 ADXL320 集成电路平面处于垂直方向作 360° 内旋转时, 受地球引力(重力)作用, X_{OUT} 和 Y_{OUT} 输出电压在 1.326 ~ 1.674V 变化。ADXL320 受地球引力作用端口输出电压响应如图3-35所示。

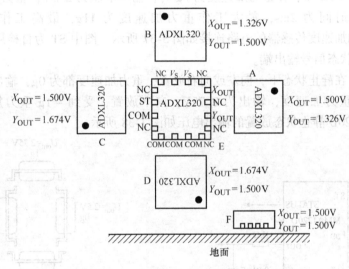

图 3-35　ADXL320 受地球引力作用端口输出电压响应

3.6.3　物体移动或倾倒报警电路

用 ADXL320 设计的物体移动或倾倒报警电路如图 3-36 所示。图中 X_{OUT} 和 Y_{OUT} 端口外接的电容容量为 0.01 ~ 4.7μF, 相应选择加速度计的带宽为 500 ~ 1Hz。当将 ADXL320 按图中所示方向放置时, $X_{OUT} = 1.500V$, $Y_{OUT} = 1.674V$, 分别接电压比较器 A_1 和 A_2。V_a 和 V_b 电压可设为 1.550V 和 1.650V。当物体移动或倾倒时, X_{OUT} 和 Y_{OUT} 端口输出电压变化, 一旦高于 V_a 或低于 V_b 时, A_1 和 A_2 就会输出高电平, 经 VD_1 和 VD_2 隔离及 A_3 放大后, 输出高电平起动报警器报警。

3.6.4　MMA1220D 单轴加速度传感器

MMA1220D 为 Motorola 公司生产的单轴加速度传感器, 由一个测力单元(重力传感器)和放大器、滤波器组成, 16 脚减小空间的表面贴片(Small Outline Integrated Circuit, SOIC)封装, 体积为 10.45mm × 7.6mm × 3.55mm, 工作电压为 4.75 ~ 5.25V, 电流为 3 ~ 6mA, 工作

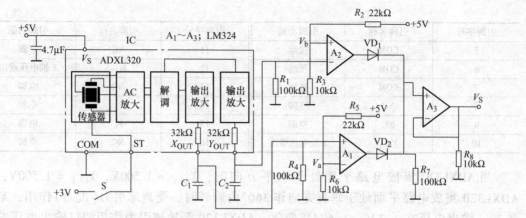

图 3-36　用 ADXL320 设计的物体移动或倾倒报警电路

温度为 $-40℃ \sim +125℃$，在重力加速度为 0g 时，输出电压为 2.5V，重力加速度灵敏度为 250mV/g，响应时间为 2ms，最大工作重力加速度为 11g，最高工作频率为 200Hz。MMA1220D 单轴加速度传感器的电路连接如图 3-37 所示。图中 ST 为自检启动信号输入端，STATUS 为内部状态信号输出端。

MMA1220D 在静止状态下，向左或向右放置，重力加速度都为 0g，输出为 2.5V；向上放置，受到 1g 重力加速度，输出为 2.75V；向下放置，受到 $-1g$ 重力加速度，输出为 2.25V。MMA1220D 静止状态放置的输出电压如图 3-38 所示。

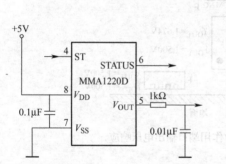

图 3-37　MMA1220D 单轴加速度传感器的电路连接

图 3-38　MMA1220D 静止状态放置的输出电压

现在常用的智能手机有移动事件识别功能，用户选中屏幕菜单，再摇晃或移动手机，就可以产生对事件的识别。其原理是在手机摇晃、移动或手握方向变化时，手机上安装的加速度计和陀螺仪的输出电压发生变化，从而启动手机配置的有关应用程序响应和处理。

3.7　力传感器应用实例

3.7.1　燃气灶压电晶体点火器

燃气灶的点火方式有压电晶体式点火和电脉冲式点火两种。压电晶体式点火装置如图 3-39 所示，使用者将开关向内

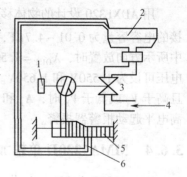

图3-39　燃气灶压电晶体式点火装置
1—手动开关　2—燃烧盘　3—气阀
4—气源　5—压电晶体　6—高压线

压时，打开燃气阀，同时旋转开关，则使弹簧往左压，此时，弹簧有一个很大的力撞击压电晶体，压电晶体表面产生电荷，通过导线引到燃烧盘，产生电火花从而点燃燃气。压电晶体式点火器不需要安装电池。

电脉冲式点火器需要安装电池。使用者扭动按钮把燃气阀打开的同时，电子电路产生振荡电压，经变压器升压为高压，通过导线引到燃烧盘，产生电火花从而点燃燃气。

3.7.2　带温度补偿的压力电子开关

用 MPX2100P 压力传感器和 NTC 热敏电阻构成的带温度补偿的压力电子开关电路如图 3-40 所示。MPX2100P 压力传感器将压力转换成电信号，经 A_1 和 A_2 两级放大，将输出信号送比较器 A_3 反相输入端，将由 NTC 热敏电阻 RT 降压后的参考电压加到比较器 A_3 同相输入端。

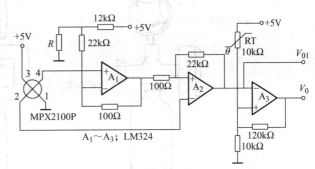

图 3-40　带温度补偿的压力电子开关电路

当压力传感电压大于参考电压时，A_3 输出低电平，触发执行器电路工作。当温度降低时，压力传感电压减小。由于温度降低使 NTC 热敏电阻值增大，降压增大，参考电压降低，所以保持 A_3 输出低电平，起到温度补偿的作用。

3.7.3　电阻应变片称重传感器

利用电阻应变片变形时电阻值也会随之改变的原理，可以做成电阻应变片称重传感器。电阻应变片称重传感器结构如图 3-41 所示。电阻应变片称重传感器主要由弹性元件、电阻应变片、测量电路和传输电缆部分组成。电阻应变片贴在弹性元件上，当弹性元件受力变形时，电阻应变片随之变形，并导致电阻值改变。测量电路测出电阻值的变化并转换为电信号输出。校准电阻器用来调整输出电信号的大小，电信号经处理后以数字形式显示出被测物体的重量。

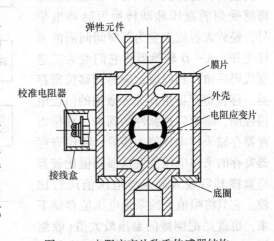

图 3-41　电阻应变片称重传感器结构

电阻应变片称重传感器的称重范围为 300g 至数千千克，结构简单，可靠性较高，计量准确度为 (1/10000)～(1/1000)，大部分电子衡器均使用这种传感器。电阻应变片称重传感器有柱形、箱型、悬臂梁型、剪切梁型、圆环形和轮辐型等多种类型。

3.7.4　指套式电子血压计

指套式电子血压计是利用放在指套上的压力传感器，把手指的血压变为电信号，由电子检测电路处理后直接显示出血压值的一种微型测量血压装置。图3-42是指套式电子血压计的外形图，它由指套、电子电路及压力源3部分组成。指套的外圈为硬性指环，中间为柔性气囊。它直接与压力源相连，当旋动调节阀门时，柔性气囊便会被充入气体，使产生的压力作用到手指的动脉上。

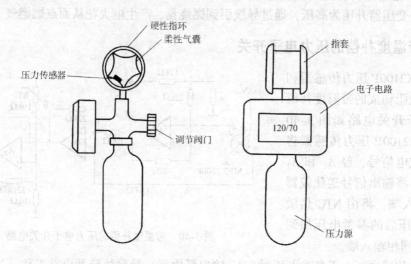

图 3-42　指套式电子血压计外形图

指套式电子血压计的电路框图如图 3-43 所示。当手指套进指套进行血压测量时，将开关 S 闭合，压电传感器将感受到的血压脉动转换为脉冲电信号，经放大器放大变为等时间间隔的采样电压，A - D 转换器将它们变为二进制代码后输入到幅度比较器和移位寄存器。移位寄存器由开关 S 激励的门控电路控制，随着门控脉冲的到来，移位寄存器存储采样电压值。接着，移位寄存器寄存的采样电压值又送回幅值比较器与紧接其后输入的采样电压值进行比较。它只将幅值大的采样电压值存储下来，也就是把测得的血压最大值(收缩压)存储下来，并通过 BCD 七段译码/驱动器在显示器上显示。

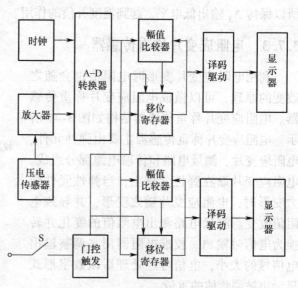

图 3-43　指套式电子血压计电路框图

测量舒张压的过程与收缩压相似，只不过由另一路幅值比较器等电路来完成，将幅值小的一个采样电压存储在移位寄存器中，即舒张压的采样电压值，最后由显示器显示出来。

3.7.5　CL - YZ - 320 型力敏传感器

CL - YZ - 320 型力敏传感器是以金属棒为弹性梁的测力传感器。在弹性梁的圆柱面上沿轴向均匀粘贴 4 只半导体应变计，两个对臂分别组成半桥，两个半桥分别用于每个轴向的分力测量。当外力作用于弹性梁的承载部位时，弹性梁将产生一个应变值，通过半导体应变计将此应变值转换成相应的电阻变化量，传感器随之输出相应的电信号。

该传感器采用力敏电阻作为敏感元件，体积小，灵敏度高，广泛用于飞机、坦克、机载等军事及民用领域中的手动操作部件的控制。其主要技术指标如表 3-2 所示。

表 3-2　CL-YZ-320 型力敏传感器的主要技术指标

性能特性	量程	±1.5kg
	工作温度	-55 ~ 80℃
	供电电源	DC ±6V
	随机振动	20 ~ 2000Hz；0.04g^2/Hz
电气特性	零电压电阻	350 ~ 5000Ω
	零电压电阻一致性	±10%
静态特征	零点电压输出	≤0.2V 或 ≥ -0.2V
	满量程输出	+0.7V 或 -0.7V
	过载能力	≥120%
	零点漂移	≤0.2%F · S/h
	热零点漂移	≤0.1%F · S/℃
	非线性	≤1%
环境性能	高温、低温、随机振动、冲击、稳态湿热、加速器	执行 GJB 150A—2009、GJB 360B—2009 中相关标准

CL-YZ-320 型力敏传感器的外形如图 3-44 所示，结构如图 3-45 所示（图中单位：mm）。

 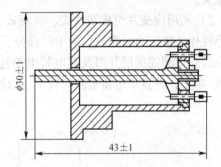

图 3-44　CL-YZ-320 型力敏传感器外形　　　　图 3-45　CL-YZ-320 型力敏传感器结构

3.7.6　手机和平板电脑的横竖显示转换

ADXL320 双轴加速度传感器可用于手机和平板电脑屏幕的横竖显示方向自动转换，称为手机和平板电脑的 G-Sensor 重力感应功能。电路如图 3-46 所示。

当纵向（X 方向）拿着手机时，X_{OUT} 端口和 Y_{OUT} 端口的输出电压分别为 X_{OUT} = 1.500V 和 Y_{OUT} = 1.326V，分别接比较器 A 的正相输入端和反相输入端，比较器 A 输出高电平，送入微处理器中，以控制扫描电路进行 X 方向扫描和信号显示。

将手机转为横向（Y 方向）时，X_{OUT} 端口和 Y_{OUT} 端口的输出电压变为 X_{OUT} = 1.326V 和 Y_{OUT} = 1.500V，比较器 A 输出变为低电平，送入微处理器中，微处理器控制扫描电路改为 Y

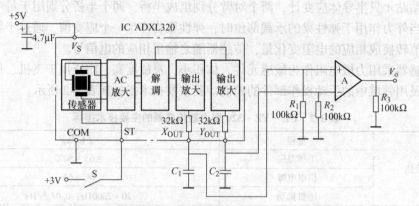

图 3-46 手机和平板电脑屏幕的横竖显示方向自动转换电路

方向扫描和信号显示。

平板电脑的侧面有屏幕旋转锁,起动时,重力感应功能不起作用,横竖方向旋转将不改变屏幕显示方式。

3.8 实训

3.8.1 电阻应变片力传感器的装配与调试

1) 查阅《传感器手册》,了解力传感器的种类,熟悉力传感器的性能技术指标及其表示的意义。

2) 利用应变片组成圆柱式、圆筒式力传感器(如图 3-47 所示),将应变片对称地粘贴在弹性体外壁应力分布均匀的中间部分,以减小使用时顶端载荷偏心和弯矩的影响。应变片贴在圆柱或圆筒面展开图及其电桥电路连接图分别如图 3-47c、d 所示,R_1 和 R_3 串接,R_2 和 R_4 串接,并置于电桥电路对臂上,以减小弯矩影响,横向贴片作温度补偿用。

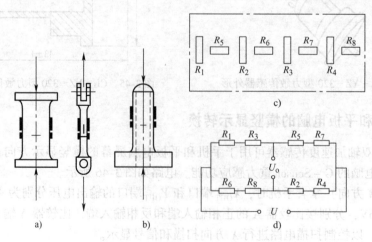

图 3-47 圆柱(筒)式力传感器

a) 圆柱形 b) 圆筒形 c) 圆柱(筒)面展开图 d) 电桥电路连接图

制作印制电路板或利用面包板装调该力传感器及电路，过程如下：

① 准备电路板和元器件，认识元器件。

② 力传感器和电路装配。

③ 顶端加力前后电桥电路输出测量。

④ 记录实验过程和结果。

3）思考：若用题中的传感器和电路做成电子秤，则如何定标。

3.8.2　LED 条图显示压力计电路的装配与调试

LED 条图显示器是把一串发光二极管排列成条状，旁边再配以刻度尺，根据发光线段的长度或发光点在刻度尺上的位置，来确定被测压力的大小和变化趋势。它具有亮度高、响应速度快、色彩绚丽以及便于晚上观察等优点。

LM3914 是美国国家半导体公司生产的 LED 条图驱动器，采用 DIP – 18 封装，电源电压范围为 3 ~ 25V。其内部电路组成如图 3-48 所示，包括 + 1.25V 基准电压源 E_0、10 个电压比较器、由 10 个 1kΩ 电阻组成的分压器以及缓冲放大器和模式选择放大器等电路。1.25V 的基准电压 E_0 分压为参考电压 U_1 ~ U_{10}，电压值依次为 0.125V、0.25V、…、1.25V，依次相差 0.125V，加于电压比较器同相输入端，作为比较电压。

MPX5100 为压力传感器，压力测量电压由 U_{IN} 端输入，经缓冲放大器放大后加于电压比较器的反相输入端，与电压比较器所加的参考电压进行比较，高于参考电压时，电压比较器输出电压为低电平，外接的 LED 被点亮。

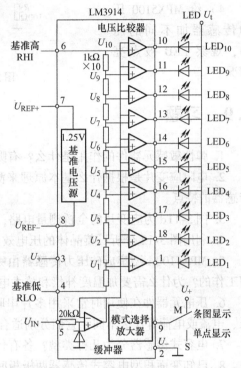

图 3-48　LM3914LED 条图驱动器内部电路组成

模式选择器用于选择显示模式，9 脚接电源电压 U_+ 时为条图显示模式，电压比较器输出电压为负的一串 LED 被点亮；9 脚开路时为单点显示模式，仅仅最上面的一只 LED 被点亮。

图 3-49 所示为 10 段 LED 条图显示压力计电路，测量范围是 0 ~ 100kPa，分辨率为 10kPa。LM3914 的 U_{REF+} 端与基准电压源高端 RHI 连接，基准低端 RLO 接电位器 RP_1。RP_1 上有 + 5V 产生的电压降，由此将基准 U_{REF+} 端电压抬高，高于 1.25V；将基准 U_{REF-} 端电压抬高，高于 0V。抬高电压量由电位器 RP_1 确定，起到压力测量零点调节的作用。

当被测压力为 0 时，调 RP_1 使第 1 个电压比较器的输出为高电平，LED 全部不亮。RP_2 用于满量程调节，当被测压力为 100kPa 时，调 RP_2 使第 10 个电压比较器的输出为低电平，LED 全部被点亮。

1）备齐元器件和多功能电路板，进行电路装配。

2）检查电路装配无误后，加上电源电压，调 RP₁ 使 LED 全部不亮。

3）给 MPX5100 压力传感器加压力 100kPa，调 RP₂ 使 LED 全部被点亮。

4）给 MPX5100 压力传感器加不同的压力，观察 LED 被点亮情况。

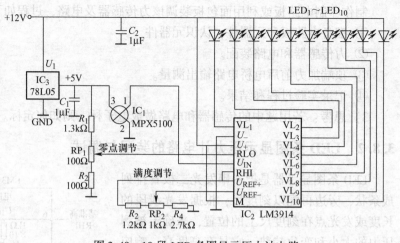

图 3-49　10 段 LED 条图显示压力计电路

3.9　习题

1. 弹性敏感元器件的作用是什么？有哪些弹性敏感元器件？如何使用？

2. 电阻应变片是根据什么基本原理来测量应力的？简述图 3-9 所示的不同类型应变片传感器的特点。

3. 图 3-11d 为应变片的全桥测量电路，试推导其输出电压 U_o 的表达式。

4. 利用图 3-12 分析石英晶体的压电效应。

5. MPX4100A 型集成硅压力传感器由哪几部分电路组成？单晶硅压电传感器单元是如何工作的？为什么需要加温度补偿和放大电路？

6. 压电元器件在使用时常采用多片串联或并联的结构形式。试问：不同接法的输出电压、电流或电荷有什么不同？它们分别适合哪一种应用场合？

7. 电容式传感器分为几种类型？各有什么特点？适用于什么场合？

8. 已知变面积型电容式传感器两极板间的距离为 10mm，介电常数 $\varepsilon = 50\mu F/m$，两极板几何尺寸一样，均为 $30mm \times 20mm \times 5mm$，在外力作用下，动极板向外移动了 10mm，试求电容量变化 ΔC 和灵敏度 K_x。

9. 利用图 3-22 分析差动式电容传感器提高灵敏度的原理。

10. 如图 3-29 所示交流电桥测量电路，静态时，$Z_1 = Z_2$，电感量都是 100mH，$u_O = 0V$；动态时，电感最大变化量 $\Delta L = 10mH$，若 $U_{AC} = 2\sin\omega t$（单位为 V），求动态最大输出电压 U_o。

11. 差动变隙式电感传感器是如何工作的？差动变压器式传感器又是如何工作的？两种电感传感器工作原理有什么异同？

12. 如何用两个测力单元(重力传感器)组成加速度传感器？如何用加速度传感器测物体的垂直运动加速度和水平运动加速度？

13. 手机和平板电脑的重力感应屏幕横竖显示方向转换是如何实现的？

14. 用 2S5M 压力传感器和运算放大器设计一个压力测量电路。

58

第 4 章 光电式传感器

本章要点

- 以光电效应为基础，将光信号转换为电信号的传感器。
- 光电器件、红外线传感器、光纤传感器的工作原理。
- 应用光传感器的测量和控制电路。

4.1 光电效应

光电元器件的理论基础是光电效应。光可以认为是由一定能量的粒子(光子)所形成，每个光子具有的能量 $h\gamma$ 正比于光的频率 γ(h 为普朗克常数)。光的频率越高，其光子的能量就越大。用光照射某一物体，可以看作物体受到一连串能量为 $h\gamma$ 的光子所轰击，组成该物体的材料吸收光子能量而发生相应电效应的物理现象称为光电效应。通常把光电效应分为 3 类，即外光电效应、内光电效应和光生伏打效应。根据这些光电效应可制成不同的光电转换器件(光电元器件)，如光电管、光电倍增管、光敏电阻、光电晶体管及光电池等。下面对 3 种光电效应分别加以介绍，用其制成的相应器件将在下一节中介绍。

4.1.1 外光电效应

光照射于某一物体上，使电子从这些物体表面逸出的现象称为外光电效应，也称为光电发射。逸出来的电子称为光电子。外光电效应可由爱因斯坦光电方程来描述为

$$\frac{1}{2}mv^2 = h\gamma - A \tag{4-1}$$

式中，m 为电子质量；v 为电子逸出物体表面时的初速度；h 为普朗克常数，$h = 6.626 \times 10^{-34} \text{J} \cdot \text{s}$；$\gamma$ 为入射光频率；A 为物体逸出功。

根据爱因斯坦假设，一个光子的能量只能给一个电子，因此一个单个的光子把全部能量传给物体中的一个自由电子，使自由电子能量增加 $h\gamma$，这些能量一部分用于克服逸出功 A，另一部分作为电子逸出时的初动能 $mv^2/2$。

由于逸出功与材料的性质有关，在材料选定后，要使物体表面有电子逸出，入射光的频率 γ 有一最低的限度，当 $h\gamma < A$ 时，即使光通量很大，也不可能有电子逸出，这个最低限度的频率称为红限频率，相应的波长称为红限波长。在 $h\gamma > A$(入射光频率超过红限频率)的情况下，光通量越大，逸出的电子数目越多，电路中光电流也越大。

4.1.2 内光电效应

光照射于某一物体上，使其导电能力发生变化，这种现象称为内光电效应，也称为光电

导效应。许多金属硫化物、硒化物及碲化物等半导体材料，如硫化镉、硒化镉、硫化铅及硒化铅等在受到光照时均会出现电阻下降的现象。另外，电路中反偏的 PN 结在受到光照时也会在该 PN 结附近产生光生载流子(电子-空穴对)，从而对电路造成影响。利用上述现象可制成光敏电阻、光电二极管、光电晶体管以及光敏晶闸管等光电转换器件。

4.1.3 光生伏打效应

在光线作用下，物体产生一定方向电动势的现象称为光生伏打效应。具有该效应的材料有硅、硒、氧化亚铜、硫化镉、砷化镓等。例如在一块 N 型硅上，用扩散的方法掺入一些 P 型杂质，而形成一个大面积的 PN 结，由于 P 层做得很薄，所以光线能穿透到 PN 结上。当一定波长的光照射 PN 结时，就产生电子-空穴对，在 PN 结内电场的作用下，空穴移向 P 区，电子移向 N 区，从而使 P 区带正电，N 区带负电，于是 P 区和 N 区之间产生电压，即光生电动势。利用该效应可制成各类光电池。

4.2 光电器件

利用上节所介绍的 3 种光电效应可制成各种光电转换器件，即光电式传感器。

4.2.1 光电管和光电倍增管

光电管和光电倍增管同属于用外光电效应制成的光电转换器件。

1. 光电管

一种常见的光电管外形如图 4-1 所示。金属阳极 A 和阴极 K 封装在一个玻璃壳内，当入射光照射在阴极时，光子的能量传递给阴极表面的电子，当电子获得的能量足够大时，就有可能克服金属表面对电子的束缚(称为逸出功)而逸出金属表面而形成电子发射，这种电子称为光电子。在光照频率高于阴极材料红限频率的前提下，溢出电子数决定于光通量，光通量越大，则溢出电子越多。当在光电管阳极与阴极间加适当正向电压(数十伏)时，从阴极表面溢出的电子被具有正向电压的阳极所吸引，在光电管中形成电流，称为光电流。光电流 I_{Φ} 正比于光电子数，而光电子数又正比于光通量。光电管电路符号及测量电路如图 4-2 所示。

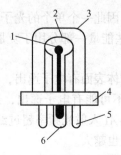

图 4-1　一种常见的光电管外形
1—阳极 A　2—阴极 K　3—玻璃外壳
4—管座　5—电极引脚　6—定位销

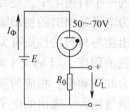

图 4-2　光电管电路符号及测量电路

2. 光电倍增管

光电倍增管有放大光电流的作用，灵敏度非常高，信噪比大，线性好，多用于微光测量。图4-3所示是光电倍增管结构及工作原理示意图。

从图4-3中可以看到光电倍增管也有一个阴极K、一个阳极A。与光电管不同的是，在它的阴极和阳极间设置许多二次发射电极 D_1、D_2、D_3、…，它们又称为第一倍增极、第二倍增极、…，相邻电极间通常加上100V左右的电压，其电位逐级升高，阴极电位最低，阳极电位最高，两者之差一般在 $600 \sim 1200V$。

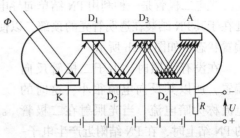

图4-3　光电倍增管结构及工作原理示意图

当微光照射阴极K时，从阴极K上逸出的光电子被第一倍增极 D_1 所加速，以很高的速度轰击 D_1，入射光电子的能量传递给 D_1 表面的电子，使它们由 D_1 表面逸出，这些电子称为二次电子，一个入射光电子可以产生多个二次电子。D_1 发射出来的二次电子被 D_1、D_2 间的电场加速，射向 D_2，并再次产生二次电子发射，得到更多的二次电子。这样逐级前进，一直到最后达到阳极A为止。若每级的二次电子发射倍增率为 δ，共有 n 级（通常可达 $9 \sim 11$ 级），则光电倍增管阳极得到的光电流比普通光电管大 δ^n 倍，因此光电倍增管灵敏度极高，其光电特性基本上是一条直线。

4.2.2　光敏电阻

光敏电阻的工作原理是基于内光电效应。在半导体光敏材料两端装上电极引线，将其封装在带有透明窗的管壳里就构成了光敏电阻，其原理图如图4-4a所示。为了增加灵敏度，两电极常做成梳状，光敏电阻外形图如图4-4b所示，图形符号如图4-4c所示。

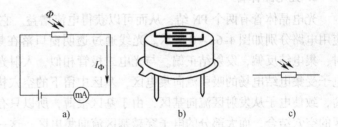

图4-4　光敏电阻原理图、外形图及图形符号
a) 原理图　b) 外形图　c) 图形符号

构成光敏电阻的材料有金属硫化物、硒化物、碲化物等半导体材料。例如，硫化镉（CdS）、硒化镉（CdSe）等。半导体的导电能力完全取决于半导体内载流子数目的多少。当光敏电阻受到光照时，若光子能量 $h\gamma$ 大于该半导体材料的禁带宽度，则价带中的电子吸收一个光子能量后跃迁到导带，就产生一个电子—空穴对，使电阻率变小。光照愈强，电阻值愈低。入射光消失，电子—空穴对逐渐复合，电阻也逐渐恢复原值。光敏电阻无光照时的暗电阻一般大于 $1500k\Omega$，在有光照时，其亮电阻为几千欧，两者差别较大。

对可见光敏感的硫化镉光敏电阻是最有代表性的一种光敏电阻。

光敏电阻的光照响应速度较慢。例如：硫化镉光敏电阻的响应时间约为100ms，硒化镉光敏电阻的响应时间约为10ms。所以，光敏电阻通常都工作于直流或低频状态下。

4.2.3 光电二极管和光电晶体管

1. 光电二极管

光电二极管是一种利用 PN 结单向导电性的结型光电器件，与一般半导体二极管不同之处在于其 PN 结装在透明管壳的顶部，以便接受光照，如图4-5a 所示。它在电路中处于反向偏置状态，如图4-5b 所示。

在没有光照时，由于二极管反向偏置，所以其反向电流很小，这时的电流称为暗电流。当光照射在二极管的 PN 结上时，在 PN 结附近产生电子-空穴对，并在外电场的作用下，漂移越过 PN 结，产生光电流。若入射光的照度增强，则光产生的电子-空穴对数量随之增加，光电流也相应增大。光电流与光照度成正比。

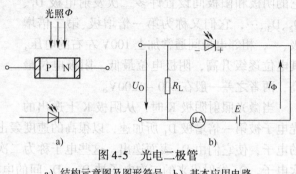

图 4-5 光电二极管
a）结构示意图及图形符号 b）基本应用电路

目前还研制出一种雪崩式光电二极管（APD）。由于 APD 利用了二极管 PN 结的雪崩效应（工作电压在 100V 左右），所以灵敏度极高，响应速度极快，可达数百兆赫兹，可用于光纤通信及微光测量。

2. 光电晶体管

光电晶体管有两个 PN 结，从而可以获得电流增益。它的结构、等效电路、图形符号及应用电路分别如图4-6a ~ d 所示。光线通过透明窗口落在集电结上，当电路按图4-6d 连接时，集电结反偏，发射结正偏。与光电二极管相似，入射光在集电结附近产生电子-空穴对，电子受集电结电场的吸引流向集电区，基区中留下的空穴构成"纯正电荷"，使基区电压升高，致使电子从发射区流向基区，由于基区很薄，所以只有一小部分从发射区来的电子与基区的空穴结合，而大部分的电子穿越基区流向集电区，这一段过程与普通晶体管的放大作用相似。集电极电流 I_c 是原始光电流的 β 倍，因此光电晶体管比光电二极管灵敏度高许多倍。有时生产厂家还将光电晶体管与一只普通晶体管制作在同一个管壳内，连接成复合管型式，称为达林顿型光电晶体管，如图4-6e 所示。它的灵敏度更大（$\beta = \beta_1 \beta_2$）。但是达林顿光电晶体管的漏电（暗电流）较大，频响较差，温漂也较大。

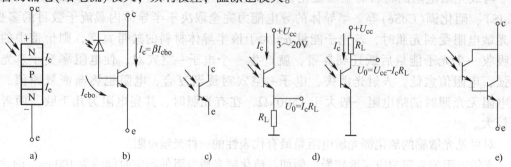

图 4-6 光电晶体管
a）结构 b）等效电路 c）图形符号 d）应用电路 e）达林顿型光电晶体管

4.2.4 光电池

光电池的工作原理是基于光生伏打效应。当光照射在光电池上时，可以直接输出电动势及光电流。

图4-7a所示是硅光电池结构示意图。通常是在N型衬底上制造一薄层P型区作为光照敏感面。当入射光子的数量足够大时，P型区每吸收一个光子就产生一对光生电子-空穴对，光生电子-空穴对的浓度从表面向内部迅速下降，形成由表及里扩散的自然趋势。PN结的内电场使扩散到PN结附近的电子-空穴对分离，电子被拉到N型区，空穴被拉到P型区，故N型区带负电，P型区带正电。如果光照是连续的，经短暂的时间（μs数量级），在新的平衡状态被建立后，PN结两侧就有一个稳定的光生电动势输出。

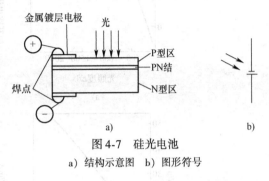

图4-7 硅光电池
a）结构示意图 b）图形符号

光电池的种类很多，有硅、砷化镓、硒、氧化铜、锗、硫化镉光电池等。其中应用最广的是硅光电池，这是因为它有一系列优点，如性能稳定、光谱范围宽、频率特性好、传递效率高、能耐高温辐射和价格便宜等。砷化镓光电池是光电池中的后起之秀，它在效率、光谱特性、稳定性、响应时间等多方面均有许多长处，今后会逐渐得到推广应用。

大面积的光电池组按功率和电压的要求进行串、并联，组成方阵，可以做成太阳能电池电源，在航空、通信、交通等领域得到了广泛应用。

4.2.5 光电元器件的特性

1. 光照特性

当光电元器件上加上一定电压时，光电流 I 与光电元器件上光照度 E 之间的对应关系，称为光照特性。一般可表示为

$$I = f(E) \tag{4-2}$$

对于光敏电阻，因其灵敏度高而光照特性呈非线性，一般在自动控制中用作开关元器件。其光照特性如图4-8a所示。

光电池的开路电压 U 与照度 E 呈对数关系，如图4-8b曲线所示，在2000lx的照度下趋于饱和。因此，光电池用作测量元器件时不宜作为电压源使用。在负载电阻远小于光电池内阻时，光电池输出的光电流称为短路电流 I_{sc}，它与照度呈线性关系，如图4-8b直线所示。光电池的内阻很大，只要用小负载电阻，光电流就可以与照度呈线性关系，所以，光电池作为测量元器件时多作为电流源使用。但要注意，光电池的内阻是随着照度的增加而减小的，因此在高照度时，要选用更小的负载电阻，以使光电流与照度保持线性关系。

光电二极管的光照特性为线性，适于作为检测元器件，其特性如图4-8c所示。

光电晶体管的光照特性呈非线性，如图4-8d所示。但由于其内部具有放大作用，所以其灵敏度较高。

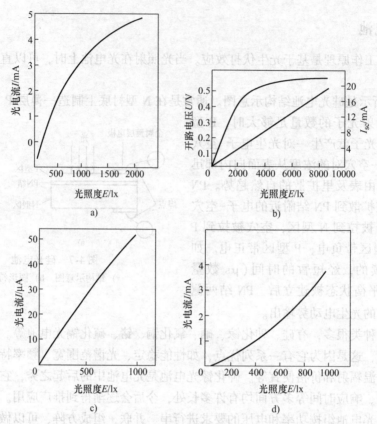

图 4-8 光照特性图

a）光敏电阻 b）光电池 c）光电二极管 d）光电晶体管

2. 光谱特性

在光敏元器件上加上一定的电压，这时如有一单色光照射到光敏元器件上，如果入射光功率相同，光电流会随入射光波长的不同而变化。入射光波长与光敏器件相对灵敏度或相对光电流间的关系即为该元器件的光谱特性。各种光敏元器件的光谱特性如图 4-9 所示。

由图 4-9 可见，元器件材料不同，所能响应的峰值波长也不同。因此，应根据光谱特性来确定光源与光电器件的最佳匹配。在选择光敏元器件时，应使其最大灵敏度在需要测量的光谱范围内，才有可能获得最高灵敏度。

目前已研制出的几种光敏材料光谱峰值波长示于表 4-1 中，而表 4-2 则列出了光的波长与颜色的关系。

表 4-1 几种光敏材料的光谱峰值波长

材 料 名 称	GaAsP	GaAs	Si	HgCdTe	Ge	GaInAsP	AlGaSb	GaInAs	InSb
光谱峰值波长 / μm	0.6	0.65	0.8	1 ~ 2	1.3	1.3	1.4	1.65	5.0

表 4-2 光的波长与颜色的关系

颜 色	紫外	紫	蓝	绿	黄	橙	红	红外
光波长 / μm	10^{-4} ~ 0.39	0.39 ~ 0.46	0.46 ~ 0.49	0.49 ~ 0.58	0.58 ~ 0.60	0.60 ~ 0.62	0.62 ~ 0.76	0.76 ~ 1000

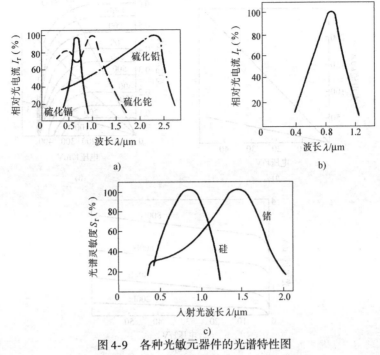

图4-9 各种光敏元器件的光谱特性图

a) 光敏电阻 b) 硅光电二极管 c) 光电晶体管

3. 伏安特性

在一定照度下，光电流 I 与光敏元器件两端电压 V 的对应关系，称为伏安特性。各种光敏元器件的伏安特性如图4-10所示。

同晶体管的伏安特性一样，借助光敏元器件的伏安特性，可以确定光敏元器件的负载电阻，设计应用电路。

在图4-10a中的曲线1和2分别表示照度为零和某一照度时光敏电阻的伏安特性。光敏电阻的最高使用电压由它的耗散功率确定，而耗散功率又与光敏电阻的面积、散热情况有关。图4-10b中画有3条负载线，负载电阻越小，输出电流越大，光电转换效率则越高。

光电晶体管在不同照度下的伏安特性与一般晶体管在不同基极电流下的输出特性相似，如图4-10c所示。

4. 频率特性

在相同的电压和同样幅值的光照下，当入射光以不同频率的正弦频率调制时，光敏元器件输出的光电流 I 和灵敏度 S 会随调制频率 f 而变化，它们的关系为

$$I = F_1(f) \tag{4-3}$$

或

$$S = F_2(f) \tag{4-4}$$

称为频率特性，如图4-11所示。以光生伏打效应原理工作的光敏元器件频率特性较差，以内光电效应原理工作的光敏元器件(如光敏电阻)频率特性更差。

光敏电阻的频率特性差，是由于存在光电导的弛豫现象的缘故。

光电池的 PN 结面积大，又工作在零偏置状态，所以极间电容较大。响应速度与结电容

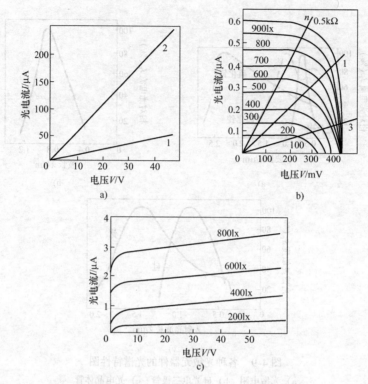

图 4-10 各种光敏元器件的伏安特性

a) 光敏电阻 b) 硅光电池 c) 光电晶体管

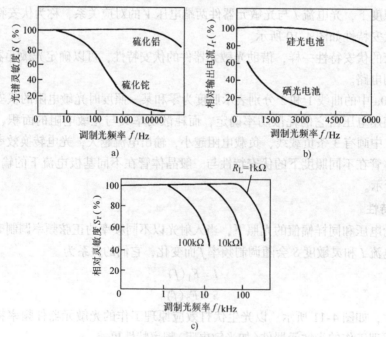

图 4-11 各种光敏元器件的频率响应

a) 光敏电阻 b) 光电池 c) 光电二极管

和负载电阻的乘积有关，要想改善频率特性，可以减小负载电阻或减小结电容。

光电二极管的频率特性是半导体光敏元器件中最好的。由等效电路可以看出，光电二极管结电容和杂散电容与负载电阻并联，工作频率越高，分流作用越强，频率特性越差。想要改善频率响应可采取减小负载电阻的办法，另外也可采用 PIN 光电二极管。PIN 光电二极管由于中间 I 层的电阻率很高，起到电容介质的作用。当加上相同的反向偏压时，PIN 光电二极管耗尽层比普通 PN 结光电二极管宽很多，从而减少了结电容。

光电晶体管由于集电极结电容较大，基区渡越时间长，所以它的频率特性比光电二极管差。

5. 温度特性

部分光敏元器件输出受温度影响较大。如光敏电阻，当温度上升时，暗电流增大，灵敏度下降，因此常常需要进行温度补偿。再如光电晶体管，温度变化对暗电流影响非常大，并且是非线性的，给微光测量带来较大误差。由于硅管的暗电流比锗管小几个数量级，所以在微光测量中应采用硅管，并用差动的办法来减小温度的影响。

光电池受温度的影响主要表现在开路电压随温度增加而下降，短路电流随温度上升缓慢增加，其中，电压温度系数较大，电流温度系数较小。当光电池作为检测元器件时，也应考虑温度漂移的影响，采取相应措施进行补偿。

6. 响应时间

不同光敏元器件的响应时间有所不同，如光敏电阻较慢，为 $10^{-1} \sim 10^{-3}$ s，一般不能用于要求快速响应的场合。工业用的硅光电二极管的响应时间为 $10^{-5} \sim 10^{-7}$ s，光电晶体管的响应时间比二极管约慢一个数量级，因此在要求快速响应或入射光、调制光频率较高时应选用硅光电二极管。

4.2.6 光耦合器件

将发光器件与光敏元器件集成在一起便可构成光耦合器件，图 4-12 所示为其典型结构示意图。图 4-12a 为窄缝透射式，可用于片状遮挡物体的位置检测或码盘、转速测量中；图 4-12b 为反射式，可用于反光体的位置检测，对被测物不限制厚度；图 4-12c 为全封闭式，用于电路的隔离。除第三种封装形式为不受环境光干扰的电子器件外，第一和第二种本身还可作为传感器使用。若必须严格防止环境的光干扰，则透射式和反射式都可选红外波段的发光元器件和光敏元器件。

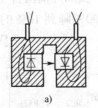 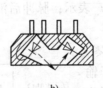 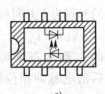

　　　　a)　　　　　　　　　　b)　　　　　　　　　　c)

图 4-12　光耦合器件典型结构示意图

a) 窄缝透射式　b) 反射式　c) 全封闭式

一般来说，目前常用的光耦合器里的发光元器件多数采用发光二极管，而光敏元器件多为光电二极管和光电晶体管，少数采用光电达林顿管或光敏晶闸管。

光耦合器的封装形式除双列直插式外，还有金属壳体封装及大尺寸的块状器件。

对于光耦合器的特性,应注意以下各项参数。

1. 电流传输比

在直流工作状态下,光耦合器的输出电流(若为光电晶体管,输出电流就是I_c)与发光二极管的输入电流I_F之比,称为电流传输比,用符号β表示。

必须提醒注意的是,光耦合器的输出端若不是达林顿管或晶闸管的话,则一般其β值总是小于1,它的任务并不在于放大电流而在于隔离,这和普通晶体管不一样。

通常在0℃以下时,β值随环境温度升高而增大,但在0℃以上时,β值随环境温度升高而减小。

2. 输入/输出间的绝缘电阻

光耦合器在电子电路中常用于隔离,因而也有光隔离器之称,显然发光和光敏两电路之间的绝缘电阻是十分重要的指标。

一般这一绝缘电阻在$10^9 \sim 10^{18}\,\Omega$,它比普通小功率变压器的一次侧和二次侧间的电阻大得多,所以隔离效果较好。此外,光耦合器还比变压器体积小,损耗小,频率范围宽,对外无交变磁场干扰。

3. 输入/输出间的耐压

在通常的电子电路里并无高电压,但在特殊情况下要求输入输出两电路间承受高压,这就必须把发光元器件和光敏元器件间的距离加大,但是这往往会使电流传输比β值下降。

4. 输入/输出间的寄生电容

在高频电路里,希望这一电容尽可能小,尤其是为了抑制共模干扰而用光电隔离时。倘若这一寄生电容过大,就起不到隔离作用。

一般光耦合器输入/输出间的寄生电容只有几个皮法,中频以下不会有明显影响。

5. 最高工作频率

在恒定幅值的输入电压之下改变频率,当频率提高时,输出幅值会逐渐下降,当下降到原值的0.707时,所对应的频率就称为光耦合器的最高工作频率(或称截止频率)。

当负载电阻减小时,截止频率增高,而且截止频率的大小与光敏元器件上反向电压的高低有关,也与输出电路的接法有关,一般可达数百千赫兹。

6. 脉冲上升时间和下降时间

当输入方波脉冲时,光耦合器的输出波形总会有些失真,其脉冲前沿自0升高到稳定值的90%所经历的时间为上升时间,用t_r表示;脉冲后沿自100%降到10%的时间为下降时间,用t_f表示。一般$t_r > t_f$。

光耦合器的t_r和t_f都不可能为零,经过光隔离以后的电脉冲相位滞后于输入波形,而且波形变差,在电源电压为5V时尤为明显,这是必须注意的。

图4-13所示为采用双光耦合器件TLP521的光隔离放大器电路,实现前、后两级运算放大器的电气隔离。两光耦合器本身是非线性的,由于非线性程度

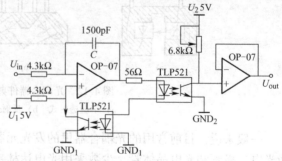

图4-13 光隔离放大器电路

68

相同，所以采用负反馈（用分流输入信号实现负反馈）的方法相互抵消，改善了线性。电容 C 用于防止运算放大器的自激振荡。

4.3 红外线传感器

4.3.1 概述

凡是存在于自然界的物体(例如人体、火焰甚至于冰)都会放射出红外线，只是其发射的红外线的波长不同而已。人体的温度为 $36 \sim 37℃$ ，所放射的红外线波长为 $9 \sim 10\mu m$ (属于远红外线区)。加热到 $400 \sim 700℃$ 的物体，其放射出的红外线波长为 $3 \sim 5\mu m$ (属于中红外线区)。红外线传感器可以检测到这些物体发射出的红外线，用于测量、成像或控制。

用红外线作为检测媒介来测量某些非电量，比可见光作为媒介的检测方法要好。其优越性表现在以下几方面。

1. 可昼夜测量

红外线(指中、远红外线)不受周围可见光的影响，故在昼夜都可进行测量。$0.5 \sim 3\mu m$ 波长的近红外线接近可见光，易受周围可见光影响，使用较少。

2. 不必设光源

由于待测对象发射出红外线，故不必设光源。

3. 适用于遥感技术

大气对某些特定波长范围的红外线吸收甚少($2 \sim 2.6\mu m$ 、$3 \sim 5\mu m$ 、$8 \sim 14\mu m$ 这 3 个波段称为"大气窗口")，故适用于遥感技术。

红外线检测技术广泛应用于工业、农业、水产、医学、土木建筑、海洋、气象、航空、宇航等领域。红外线应用技术从无源传感发展到有源传感(利用红外激光器)。红外图像技术，从以宇宙为观察对象的卫星红外遥感技术，发展到观察很小的物体(如半导体器件)的红外显微镜，应用非常广泛。

红外线传感器按其工作原理可分为热型及量子型两类。

热型红外线光敏元器件的特点是，灵敏度较低，响应速度较慢，响应的红外线波长范围较宽，价格比较便宜，能在室温下进行工作。量子型红外线光敏元器件的特性则与热型正好相反，一般必须在冷却(77K)条件下使用。这里仅介绍热型中的热释电型的应用，它是目前应用最广的红外线传感器，也称为被动式红外探测器。

4.3.2 热释电型红外传感器

1. 热释电效应

若使某些强介电常数物质的表面温度发生变化，随着温度的上升或下降，则在这些物质表面上就会产生电荷的变化，这种现象称为热释电效应，是热电效应的一种。这种现象在钛酸钡一类的强介电常数物质材料上表现得特别显著。

在钛酸钡一类的晶体上，上下表面设置电极，在上表面加以黑色膜。若有红外线间歇地照射，则其表面温度上升 ΔT ，其晶体内部的原子排列将产生变化，引起自发极化电荷 ΔQ 。

设元器件的电容为 C，则在元器件两电极上产生的电压为

$$U = \frac{\Delta Q}{C} \tag{4-5}$$

另外要指出的是，热释电效应产生的电荷不是永存的，只要它出现，很快便被空气中的各种离子所结合。因此，用热释电效应制成传感器，往往会在它的元器件前面加机械式的周期性遮光装置，以使此电荷周期性地出现。只有当测移动物体时，才有可能不用该周期性遮光装置。

2. 热释电红外线光敏元器件的材料

热释电红外线光敏元器件的材料较多，其中以陶瓷氧化物及压电晶体用得最多。例如钛酸铅（$PbTiO_3$），该陶瓷材料性能较好，用它制成的红外传感器已用于人造卫星地平线检测及红外辐射温度检测。钽酸锂（$LiTaO_3$）、硫酸三甘肽（LATGS）及钛锆酸铅（PZT）制成的热释电红外传感器目前用得极广。

近年来开发的具有热释电性能的高分子薄膜聚偏二氟乙烯（PVF_2），已用于红外成像器件、火灾报警传感器等。

3. 热释电红外传感器

热释电红外传感器（压电陶瓷及陶瓷氧化物）的基本结构及其等效电路如图 4-14 和图 4-15 所示。传感器的敏感元器件是 PZT（钛锆酸铅）或其他热释电效应材料，在上下两面做上电极，并在表面上加一层黑色氧化膜以提高其转换效率。它的等效电路是一个在负载电阻上并联一个电容的电流发生器，其输出阻抗极高，而且输出电压信号又极其微弱，故在管内附有场效应晶体管 FET 放大器（即图 4-15 中的 VF）及厚膜电阻，以达到阻抗变换的目的。在顶部设有滤光镜（TO-5 封装），而树脂封装的滤光镜则设在侧面。

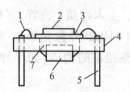

图 4-14 热释电红外传感
器的基本结构
1—内接线 2—氧化膜 3—PZT 元器件
4—铝件 5—引脚 6—场效应晶体管 FET 7—空洞

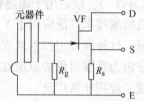

图 4-15 热释电红外传感器的等效电路
注：R_s 为负载电阻，有的传感器内无 R_s（需外接）。

4. PVF_2 热释电红外传感器

PVF_2 是聚偏二氟乙烯的缩写，是一种经过特殊加工的塑料薄膜。它具有压电效应，同时也具有热释电效应，是一种新型传感器材料。它的热释电系数虽然比钽酸锂、硫酸三甘肽等要低，但它具有不吸湿、化学性质稳定、柔软、易加工及成本低的特点，是制造红外线监测报警装置的好材料。

5. 菲涅耳透镜

菲涅耳透镜是一种由塑料制成的特殊设计的光学透镜，它用来配合热释电红外线传感器，以达到提高接收灵敏度的目的。由实验证明，传感器不加菲涅耳透镜，其检测

距离仅为2m(检测人体走过)左右，而加菲涅耳透镜后，其检测距离增加到10m以上，甚至更远。

透镜的工作原理是利用当移动物体或人发射的红外线进入透镜时产生的一个交替"盲区"和"高灵敏区"，从而形成了光脉冲。透镜由很多"盲区"和"高灵敏区"组成，当物体或人体移动时，就会产生一系列的光脉冲进入传感器，从而提高了接收灵敏度。物体或人体移动的速度越快，灵敏度就越高。目前一般配上透镜可检测10m左右，而采用新设计的双重反射型，则其检测距离可达20m以上。

菲涅耳透镜呈圆弧状，其透镜的焦距正好对准传感器的敏感元器件中心。菲涅耳透镜的应用如图4-16所示。

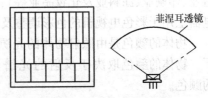

图 4-16 菲涅耳透镜的应用

6. 热释电红外探测模块

热释电红外探测模块由菲涅尔透镜、热释电红外传感器、放大器、基准电压源、比较器、驱动放大电路、继电器或晶闸管组成，其结构如图4-17所示。

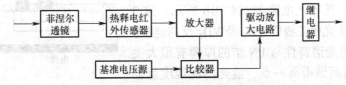

图 4-17 热释电红外探测模块结构

热释电红外传感器产生的微弱电信号经放大器放大，然后与预置的基准电压信号比较，若大于基准电压信号，则输出高电平，经驱动放大后，控制继电器动作。其中放大器、基准电压源、比较器等电路已有专用集成电路，型号有 BISS0001、HT7600、CS9803GP、KC778B、TWH9511、TWH9512、TWH9601 等。

通常将热释电红外传感器和全部电路安装在一个小印制电路板上，然后将其装入一个带有菲涅尔透镜的 ABS 工程塑料外壳内，做成一个组件，对外仅有电源接线和两根信号引线，使用很方便。表4-3为几种热释电红外传感器组件的功能和主要参数，其中GH608型具有无线电发射输出功能，热释电红外传感器探测产生的电信号调制在315MHz高频信号上发射输出，发射持续时间为3s，间隔为8s，持续反复。无线发射信号作用距离为100m，接收机接收解调后用于远距离探测设备。

表 4-3 热释电红外传感器组件的功能和主要参数

型 号	工作电压/V	延迟时间/s	探测角度	探测距离/m	输出方式
BH9402	DC 5	2～5	120°	5	高电平
TWH9241A	DC 12	10	80°	7	继电器
GH608	DC 9	3	110°	12	315MHz 信号
HT807	AC 220	50	110°	5	晶闸管

4.4 色彩传感器

色彩传感器是由单晶硅和非单晶态硅制成的半导体器件。它应用于生产自动化检测装置、图像处理领域，也逐渐发展到用于医疗及家用电器设备。色彩传感器在工业生产中(制造业、印刷业、涂料业及化妆品业等)，主要用于色差管理、颜色识别、调整及测定。在家用电器上用于彩色电视机的色彩调整及数码照相机、摄像机的白色平衡器。

物体的颜色是由照射物体的光源和物体本身的光谱反射率决定的。在光源一定的条件下，物体的颜色取决于反射的光谱(波长)，能测定物体反射的波长，就可以测定物体的颜色。

目前，较成熟的半导体色彩传感器有双 PN 结光电二极管(简称为双结型)及非晶态集成色彩传感器两种。

1. 双结型色彩传感器

在一块单晶硅基片上做了两个 PN 结的 3 层结构，如图 4-18a 所示，其等效电路如图 4-18b 所示。这 3 层 PNP 形成的两个光电二极管 VD_1 及 VD_2 反向连接。

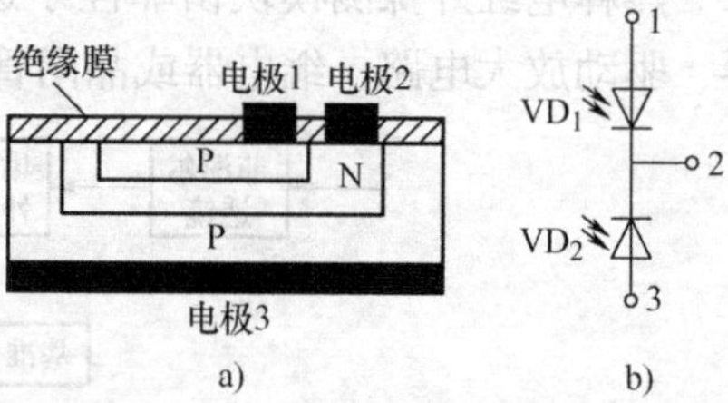

光电二极管的光谱特性与 PN 结的厚薄有很大关系。只要 PN 结的面做得薄一点，蓝光的灵敏度就会提高。VD_1 与 VD_2 的厚薄不同，所以光谱特性也不同，如图 4-19 所示。

由图 4-18 可知 VD_1 接近表面，所以对蓝光(波长 430~460nm)、绿光(波长 490~570nm)有较高的灵敏度，而 VD_2 则对红光(波长 650~760nm)及红外线有较高的灵敏度。如果分别测 VD_1 及 VD_2 的短路电流 I_{Sc1}、I_{Sc2}，并求出其比值 I_{Sc2}/I_{Sc1}，就可得出如图 4-20 所示的短路电流比与波长特性。

图 4-18 双结型色彩传感器的
结构与等效电路

a) 两个 PN 结的 3 层结构 b) 等效电路

根据色彩传感器检测的短路电流比，按照图 4-20 的特性可以求出对应的波长，即可分辨出不同的颜色。并且由图 4-20 可以知道在不同的温度下，其特性有所变动，因此在做精密测量时要在电路上加温度补偿，或者在计算机中用软件进行补偿。

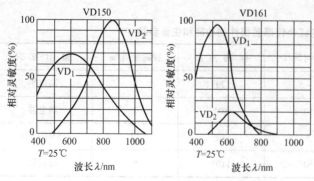

图 4-19 双结型色彩传感器的光谱特性

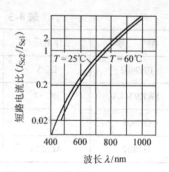

图 4-20 短路电流比与波长特性

72

2. 非晶态集成色彩传感器

在非晶态的硅基片上，并排做了 3 个光电二极管，并在各个光电二极管上分别加上红（R）、绿（G）、蓝（B）滤色镜，将来自物体的反射光分解为 3 种颜色。根据 R、G、B 的短路电流输出大小，通过电子电路及计算机，可以识别 12 种以上的颜色。非晶态集成色彩传感器的结构原理如图 4-21a 所示，其等效电路如图 4-21b 所示。

AM3301 系列集成色彩传感器的三色相对灵敏度与波长特性如图 4-22 所示。

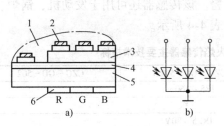

图 4-21 非晶态集成色彩传感
器的结构原理图及其等效电路
1—树脂 2—引线 3—非晶态硅
4—导电膜 5—玻璃板 6—滤色镜

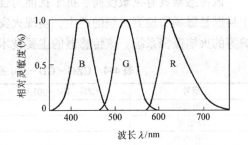

图 4-22 三色相对灵敏度与波长特性

当传感器上有入射光时，输出端若连接小负载电阻，则所输出的电流称为短路电流；当输出端开路时，其两端间的电压为开路电压。通常色彩传感器是以短路电流的大小来识别的。

非晶态集成色彩传感器的输出电压与入射光照度的关系如图 4-23 所示。在负载电阻为 100kΩ 时，其照度与输出电压采用对数刻度时具有良好的线性度，并且其斜率几乎为 1。若将负载电阻接成 1MΩ 以上时，则几乎成开路状态，其输出电压与光照度关系呈非线性，并进入饱和状态。因此传感器上有时并联一个 100kΩ 电阻，以保证良好的线性度。其放大电路如图 4-24 所示，其短路输出电流与并联电阻 100kΩ 时的输出电流几乎无差别。

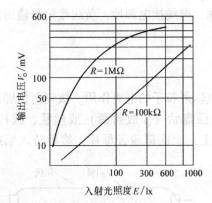

图 4-23 非晶态集成色彩传感器输出电压与
入射光照度的关系

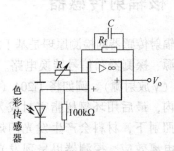

图 4-24 非晶态集成色彩传感器
放大电路(仅一路)

4.5　CZG‑GD‑500 系列紫外火焰传感器

CZG‑GD‑500 系列紫外火焰传感器的敏感元器件为紫外光电管，它由管壳、充入的气体、阳极和光阴极组成。在火焰中的远紫外线照射下，光阴极中的电子吸收了入射远紫外光子的能量而逸出光阴极表面，在电场的作用下向阳极运动，产生电信号输出，从而达到检测火焰的目的。

该传感器具有灵敏度高、抗干扰能力强、监视范围广、功耗低、寿命长等特点，主要用于易燃易爆场所检测火焰的产生，实现火灾自动报警。该传感器还可用于发动机、锅炉、窑炉等的火焰报警系统。该传感器的主要技术指标如表 4-4 所示。

表 4-4　CZG‑GD‑500 系列紫外火焰传感器主要技术指标

型号	CZG‑GD‑501A	CZG‑GD‑501B	CZG‑GD‑502
光谱范围	185 ~ 260nm		
灵敏度	一级		
工作电压	DC 5 ~ 30V		
工作电流	<2mA		
监视范围	120°圆锥夹角		
信号输出	高低电平或按用户要求输出电流信号		
工作温度	0 ~ 60℃	−20 ~ 60℃	−20 ~ 125℃
工作湿度	<98% RH(40℃ ±2℃)		
防爆标志	iaⅡCT5		

该传感器的外形如图 4-25 所示，结构如图 4-26 所示(单位为 mm)。

图 4-25　紫外火焰传感器外形

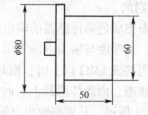

图 4-26　紫外火焰传感器结构

该传感器通过三芯电缆与外界连接，红线接电源，黑线接电源地，黄线接信号输出。

4.6　核辐射传感器

核辐射传感器的检测原理是基于放射性同位素核辐射粒子的电离作用。核辐射传感器包括放射源、探测器和信号转换电路。放射源一般为圆盘状（β 放射源）或丝状、圆柱状、圆片状（γ 放射源）。例如将 Ti204（铊）镀在铜片上，上面覆盖云母片，然后装入铝或不锈钢壳内，最后用环氧树脂密封成为放射源。在放射线照射下，材料会产生发光闪烁效应，气体会产生电离效应。探测器以呈现发光闪烁现象或电离现象来探测放射线。常用的探测器有电离室、盖格计数管和闪烁计数管，半导体探测器也已使用。图 4-27 所示为盖格计数管的结构组成，金属

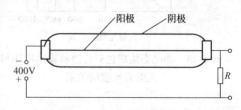

图 4-27　盖格计数管结构组成

圆筒为阴极，钨丝或钼丝为阳极，管内充以氩、氦气体。放射线照射气体电离，在 $1\mathrm{M}\Omega$ 电阻 R 上产生几伏到几十伏的电压，由信号转换电路转换为数字显示。

探测器可以单独使用，如测量天然本底计数（太阳辐射和宇宙辐射），检查局部辐射污染，还可检查石材、瓷器、珠宝等的有害放射性。

探测器也可以与放射源、信号转换电路组合，进行多种物理量的检测。其中，α 粒子能量大，电离作用最强，常用于气体成分分析和压力检测；β 粒子在气体中的射程可达 20m，易于散射、行程弯曲，可测量材料厚度、密度；γ 射线在气体中的射程可达几百米，能穿透几十厘米厚的固体物质，常用于金属探伤和厚度、密度、速度、物位测量。

4.7　光纤传感器

光纤传感器是近年来异军突起的一项新技术。光纤传感器具有一系列传统传感器无可比拟的优点，如：灵敏度高、响应速度快、抗电磁干扰、耐腐蚀、电绝缘性好、防燃防爆、适于远距离传输、便于与计算机连接以及可与光纤传输系统组成遥测网等。目前已研制出测量位移、速度、压力、液位、流量及温度等各种物理量的传感器。

光纤传感器按照光纤的使用方式可分为功能型传感器和非功能型传感器。功能型传感器是利用光纤本身的特性随被测量发生变化的特性，例如，若将光纤置于声场中，则光纤纤芯的折射率在声场作用下发生变化，将这种折射率的变化引起光纤中光的相位变化检测出来，就可以知道声场的强度。由于功能型传感器是利用光纤作为敏感元器件，所以又称为传感型光纤传感器。非功能型传感器是利用其他敏感元器件来感受被测量变化，光纤仅作为光的传输介质，因此也称为传光型光纤传感器或称混合型光纤传感器。

4.7.1　光纤传感元器件

光导纤维是用比头发丝还细的石英玻璃制成的，每根光纤由一个圆柱形的纤芯和包层组成。纤芯的折射率略大于包层的折射率。

众所周知，空中光是直线传播的。然而入射到光纤中的光线却能限制在光纤中，而且随着光纤的弯曲而走弯曲的路线，并能传送到很远的地方去。当光纤的直径比光的波长大很多时，可以用几何光学的方法来说明光在光纤中的传播。当光从光密物质射向光疏物质、而入射角大于临界角时，光线产生全反射，即光不再离开光密介质。光纤由于其圆柱形纤芯的折射率 n_1 大于包层的折射率 n_2，因此如图 4-28 所示，在角 2θ 之间的入射光，除了在玻璃中吸收和散射之外，大部分在界面上产生多次反射，而以锯齿形的线路在光纤中传播。在光纤的末端以入射角相等的出射角射出光纤。

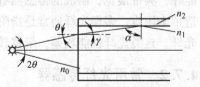

图 4-28　光导纤维中光的传输特性

光纤的主要参数和类型如下。

1. 数值孔径

数值孔径反映纤芯吸收光量的多少，是标志光纤接收性能的重要参数。其意义是：无论光源发射功率有多大，只有 2θ 张角之内的光功率能被光纤接收。角 2θ 与光纤内心和包层材料的折射率有关，我们将 θ 的正弦定义为光纤的数值孔径(NA)

$$NA = \sin\theta = (n_1^2 - n_2^2)^{1/2} \tag{4-6}$$

一般希望有大的数值孔径，以利于耦合效率的提高，但数值孔径越大，光信号畸变就越严重，所以要适当选择。

2. 光纤模式

光纤模式简单地说就是光波沿光纤传播的途径和方式。在光纤中传播的模式很多，这对信息的传播是不利的，如果同一光信号采用很多模式传播，就会使这一光信号分裂为不同时间到达接收端的多个小信号，从而导致合成信号畸变。因此希望模式数量越少越好，尽可能在单模方式下工作。阶跃型的圆筒波导（光纤）内传播的模式数量可简单表示为

$$v = \frac{\pi d (n_1^2 - n_2^2)^{1/2}}{\lambda_0} \tag{4-7}$$

式中，d 为纤芯直径；λ_0 为真空中入射光的波长。希望 v 小，d 则不能太大，一般取几微米；另外 n_1 和 n_2 之差要很小，不大于1%。

3. 传播损耗

由于光纤纤芯材料的吸收、散射以及光纤弯曲处的辐射损耗等影响，所以光信号在光纤的传播不可避免地会有损耗。

假设从纤芯左端输入一个光脉冲，其峰值强度（光功率）为 I_0，当它通过光纤时，其强度通常按指数式下降，即光纤中任一点处的光强度为

$$I(L) = I_0 e^{-\alpha L} \tag{4-8}$$

式中，I_0 为光进入纤芯始端的初始光强度；L 为光沿光纤的纵向长度；α 为强度衰减系数。

4. 光纤类型

光导纤维按折射率变化可分为阶跃型光纤和渐变型光纤。阶跃型光纤的纤芯与包层间的折射率是突变的，渐变型光纤在横截面中心处折射率 n_1 最大，其值逐步由中心向外变小，到纤芯边界时，变为外层折射率 n_2。通常折射率变化为抛物线形式，即在中心轴附近有更陡的折射率梯度，而在接近边缘处折射率减小得非常缓慢，以保证传递的光束集中在光纤轴附近前进。因为这类光纤有聚焦作用，所以也称自聚焦光纤。

光导纤维按其传输模式多少分为单模光纤与多模光纤。单模光纤通常是指阶跃光纤中纤芯尺寸很小，因而光纤传播的模式很少，原则上只能传递一种模式的光纤。这类光纤传输性能好，频带很宽，制成的传感器有更好的线性、灵敏度及动态范围。但纤芯直径太小，给制造带来困难。多模光纤通常是指阶跃光纤中，纤芯尺寸较大，因而光纤内可传输模式很多的光纤。这类光纤性能较差，带宽较窄，但制造工艺容易。

4.7.2 常用光纤传感器

光纤传感器的种类很多，工作原理也各不相同，但都离不开光的调制和解调两个环节。光调制就是把某一被测信息加载到传输光波上，这种承载了被测量信息的调制光再经光探测系统解调，便可获得所需检测的信息。原则上说，只要能找到一种途径，把被测信息叠加到光波上并能解调出来，就可构成一种光纤传感器。

常用的光调制有强度调制、相位调制、频率调制及偏振调制等几种。为了便于说明，下面将结合典型传感器实例介绍这些方法。

1. 光纤压力传感器

在光纤传感器中，光强度调制的基本原理可简述为以被测对象所引起的光强度变化，来实现对被测对象的检测。

图4-29所示为一种按光强度调制原理制成的光纤压力传感器结构。这种压力传感器的工作原理如下。

1）被测力作用于膜片，膜片感受到被测力向内弯曲，使光纤与膜片间的气隙减小，使棱镜与光吸收层之间的气隙发生改变。

2）气隙发生改变引起棱镜界面上全内反射的局部破坏，造成一部分光离开棱镜的上界面，进入吸收层并被吸收，致使反射回接收光纤的光强减小。

3）接收光纤内反射光强度的改变可由桥式光接收器检测出来。

4）桥式光接收器输出信号的大小只与光纤和膜片间的距离和膜片的形状有关。

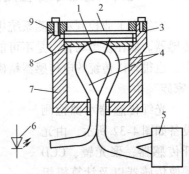

图4-29 光纤压力传感器结构
1—膜片 2—光吸收层 3—垫圈
4—光导纤维 5—桥式光接收线路
6—发光二极管 7—壳体
8—棱镜 9—上盖

光纤压力传感器的响应频率相当高，如直径为2mm、厚度为0.65mm的不锈钢膜片，其固有频率可达128kHz。因此在动态压力测量中也是比较理想的传感器。

光纤压力传感器在工业中具有广泛的应用前景。它与其他类型的压力传感器相比，除不受电磁干扰、响应速度快、尺寸小、质量轻及耐热性好等优点外，还没有导电元器件，特别适合于有防爆要求的场合使用。

2. 光纤血流传感器

光波具有多普勒效应，观察者和目标有相对运动时，观察者接收到的光波频率会发生变化：相向运动则频率增高，相背运动则频率降低。光纤血液传感器正是利用了光波的多普勒效应制成的，光纤只起传输作用。光纤血流传感器如图4-30所示，激光器发出的激光束

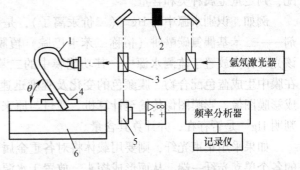

图4-30 光纤血流传感器
1—光纤探针 2—频移器 3—分束器
4—托座 5—光电二极管 6—动脉血管

频率为f，激光束由分束器分为两束，一束作为测量光通过光纤探针送到被测动脉血管血液中，流动的血液对光产生散射，其中一部分光按原路返回，但血流速度已对其产生了多普勒频移$f + \Delta f$。另一束作为参考光送入移频器，由移频器对其产生$-f_1$频移，参考光频率变为$f - f_1$。测量光和参考光由光电二极管转换为光电流，送入频率分析仪进行混频，输出光电流频率为$f_1 + \Delta f$，由记录仪显示的多普勒频移谱如图4-31所示。图中，I表示输出的光电流，

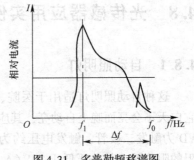

图4-31 多普勒频移谱图

f_0 表示最大频移，f_1 为参考光频移，由频移 Δf 大小和正负可以测算血流速度和方向。

4.7.3 光纤传感器水源检测设备

在很多工业控制和监测系统中，人们发现，有时很难用或根本不能用以电为基础的传统传感器。如在易爆场合，是不可能用任何可能产生电火花的仪表设备的；在强磁电干扰环境中，也很难以传统的电传感器精确测量弱电磁信号。光纤传感器以其特有性能出现在传感器"家族"中。

光纤传感器水源检测设备如图 4-32 所示，由光纤传感器、聚光镜、CCD图像传感器以及计算机组成。利用载体将对重金属离子特别敏感的试剂覆膜于光纤的一端形成探头，探头放置于监测水源中。照进水源的太阳光线经探头进入光纤，被探头覆膜颜色调制的光线由光纤传

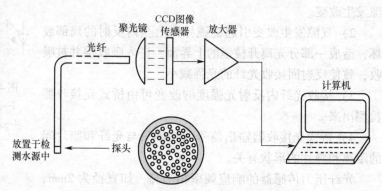

图 4-32　光纤传感器水源检测设备

输至高清晰度 CCD 图像传感器成像，图像传输至计算机，进行与所存储的参照图像比较匹配，判定重金属种类和含量。

例如，识别水源中的 Hg^{2+}（二价汞离子），是利用硅烷醇和一种对 Hg^{2+} 特别敏感的试剂——二苯基偶氮碳酰肼（俗称二苯卡巴腙）覆膜于光纤一端，形成 Hg^{2+} 识别光纤探头。该光纤探头放置于监测水源中，其功能膜中的二苯卡巴腙与水源中的 Hg^{2+} 发生配合反应，在膜中生成蓝色配合物。膜颜色的变化及程度迅速由光线通过光纤传至 CCD 图像传感器生成彩膜图像。彩膜图像传输至计算机，通过与原来存储在计算机中标准样本图像比较匹配，判明 Hg^{2+} 是否存在，并计算其含量。

如果采用集束光纤，则要用载体将对各重金属离子特别敏感的各种试剂覆膜于集束光纤的各个单支光纤一端，从而形成探头，放置于水源中接收光线。集束光纤的另一端传输至高清晰度 CCD 图像传感器成像，再由计算机处理成可对比图像，通过与原来存储在计算机中的标准样本图像比较匹配，即可同时检测水源中重金属的种类及其含量。

4.8　光传感器应用实例

4.8.1　自动照明灯

这种自动照明灯适用于医院、学生宿舍及公共场所。它白天不会亮而晚上自动亮，其应用电路如图 4-33 所示。VD 为触发二极管，触发电压约为 30V。在白天，光敏电阻的阻值低，其分压低于 30V（A 点），触发二极管截止，

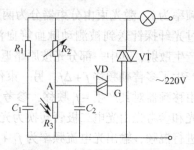

图 4-33　自动照明灯应用电路

双向晶闸管无触发电流，呈断开状态。晚上天黑，光敏电阻阻值增加，A 点电压大于 30V，触发极 G 导通，双向晶闸管呈导通状态，电灯亮。R_1、C_1 为保护双向晶闸管的电路。

4.8.2　物体长度及运动速度的检测

在工业生产中，经常需要检测工件的运动速度。图4-34是利用光敏元器件检测运动物体速度的示意图。

图中，当物体自左向右运动时，首先遮断光源 A（发光二极管 VL_A）的光线，光敏元器件 VD_A 输出低电平，触发 RS 触发器，使其置"1"，与非门打开，高频脉冲可以通过，计数器开始计数。当物体经过设定的 S_0 距离而遮挡光源 B（发光二极管 VL_B）的光线时，光敏元器件 VD_B 输出低电平，RS 触发器置"0"，与非门关闭，计数器停止计数。设高频脉冲的频率 $f = 1\,MHz$，周期 $T = 1\,\mu s$，计数器所计脉冲数为 n，可判断出物体通过已知距离 S_0 所经历的时间为 $t_v = nT = n$（单位为 μs），则运动物体的平均速度为

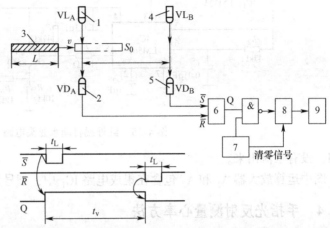

图 4-34　利用光敏元器件检测运动物体速度（长度）的示意图
1—光源 A　2—光敏元器件 VD_A　3—运动物体　4—光源 B　5—光敏元器件 VD_B
6—RS 触发器　7—高频脉冲信号源　8—计数器　9—显示器

$$\bar{v} = \frac{S_0}{t_v} = \frac{S_0}{nT} = \frac{S_0}{n} \tag{4-9}$$

应用上述原理，还可以测量出运动物体的长度 L，请读者自行分析。

4.8.3　红外线自动水龙头

红外线自动水龙头属无接触式自动水龙头，在公共场所使用，起到节约用水的作用，还可以避免人群中病菌的交叉传播。红外线自动水龙头电路如图 4-35 所示。

音调解码器 LM567 的振荡信号频率由 5、6 脚外接的 R_2、C_1 确定。

$$f = 1/(1.1R_2C_1) \tag{4-10}$$

所产生的振荡信号由 5 脚输出，经运算放大器 A_1 和 VT_1 放大，驱动红外发光二极管 VL_1 发光向外发射。红外光线经人手反射，由红外光电二极管 VD_2 接收，经运算放大器 A_2 放大后，由 3 脚输入到 LM567 音调解码器中。音调解码器把输入信号与内部振荡信号进行比较，若两者频率相等，则 8 脚输出低电平。型号为 8550 的晶体管 VT_2 饱和导通，集电极变为高电平，使晶闸管 BT139 导通，接通电磁阀 R_L 的电源，电磁阀打开，放出水来。

若没有人手的反射，则红外光电二极管 VD_2 没有接收信号，LM567 音调解码器 3 脚没有输入信号，8 脚输出就为高电平。VT_2 截止，集电极变为低电平，晶闸管不导通，电磁阀

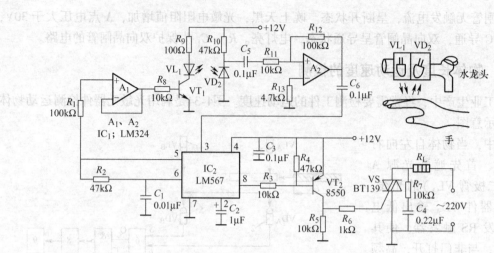

图 4-35　红外线自动水龙头电路

关闭，没有水流出来。

图中运算放大器 A_1 和 A_2 包含在集成电路 IC_1 中，型号为 LM324。

4.8.4　手指光反射测量心率方法

手指光反射测量心率方法示意图如图 4-36 所示。光发生器向手指发射光，光检测器放在手指的同一边，接收手指反射的光。医学研究表明，当脉搏跳动时，血流流经血管，人体生物组织的血液量会发生变化，该变化会引起生物组织传输和反射光的性能发生变化。手指反射的光的强度及其变化会随血液脉搏的变化而变化，由光检测器检测到手指反射的光，并对其强度变化速率进行记数，即可测得被测人的心率。

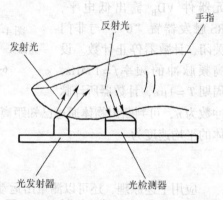

图 4-36　手指光反射测量心率方法示意图

手指光反射测量心率电路组成如图 4-37 所示。光发生器采用超亮度 LED 管，光检测器使用光敏电阻。将它们安装在一个小长条的绝缘板上，两元器件相距 10.5mm，组成光传感器。当食指前端接触光传感器时，从光传感器输出

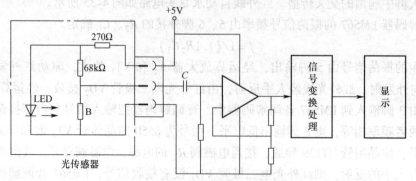

图 4-37　手指光反射测量心率电路组成

可得到约 $100\mu V$ 的电压变化，该信号经电容器 C 加到放大器的输入端，经放大、信号变换处理，便可从显示器上直接看到心率的测量结果。

4.8.5 条形码与扫描笔

现在商品外包装上都印有条形码符号。条形码是由一组规则排列的条、空组成的编码。"条"指对光线反射率较低的深色(最好是黑色)部分，"空"指对光线反射率较高的浅色(最好是白色)部分，不同的条和空宽度带有国家、厂家、商品、型号、规格、价格等信息，能够用扫描笔识读。

扫描笔的前方为光电读入头，它由一个发光二极管和一个光电晶体管组成，如图4-38所示。当扫描笔头在条形码上移动时，若遇到黑色线条，则发光二极管发出的光线将被黑线吸收，光电晶体管接受不到反射光，呈现高阻抗，处于截止状态。当遇到白色间隔时，发光二极管所发出的光线，被反射到光电晶体管的基极，光电晶体管就会产生光电流而导通。

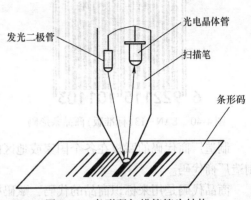

图 4-38　条形码扫描笔笔头结构

整个条形码被扫描笔扫过之后，光电晶体管将条形码变成了一个个电脉冲信号，该信号经放大、整形后便形成了脉冲列，脉冲列的宽窄与条形码线的宽窄及间隔成对应关系，如图4-39所示。脉冲列再经计算机处理后，完成对条形码信息的识读。

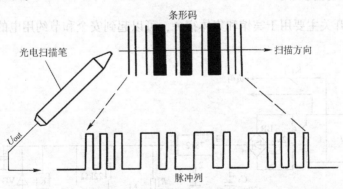

图 4-39　扫描笔输出的脉冲列

为了人工能直接识读或通过键盘能向计算机输入，在条形码的下方，标有对应的阿拉伯数字字符。计算机数据库建立有条形码与商品信息的对应关系，当条形码数据传到计算机上时，由计算机应用程序对该商品信息进行操作处理。

世界上常用的条形码制式有 EAN 条形码、UPC 条形码、二五条形码、交叉二五条形码、库德巴条形码、三九条形码和 128 条形码等。商品上最常使用的是 EAN 商品条形码。EAN 商品条形码亦称通用商品条形码，分为 EAN - 13（标准版）和 EAN - 8（缩短版）两种。EAN - 13 共 13 位，只能用来表示数字资源，从左到右由前缀码（1~3 位）、制造厂商代码（4~8 位）、商品代码（9~12 位）和校验码（13 位）组成，为了扫描识读定位需要，还有左空白区、左起始符、中心分隔符、右终止符和右空白区，如图4-40所示。

前缀码是用来标识国家或地区的代码，赋码权在国际物品编码协会，例如00~09代表美国、加拿大，30~37代表法国，45、49代表日本，46代表俄罗斯，50代表英国，69代表中国大陆，880代表韩国，955代表马来西亚。

图书和期刊作为特殊的商品也采用EAN-13码，如图4-41所示。前缀码978用于图书号ISBN，977用于期刊号ISSN。

图4-40　EAN-13(标准版)商品条形码

图4-41　EAN-13(标准版)图书和期刊条形码

制造厂商代码的赋权在各个国家或地区的物品编码组织，中国由国家物品编码中心赋予制造厂商代码。

商品代码是用来标识商品的代码，赋码权由产品生产企业自己行使。

商品条形码最后1位为校验码，用来校验条形码第1~12数字识读的正确性。校验由计算机或扫描笔中配置的微处理器完成。

4.8.6　插卡式电源开关

插卡式电源开关主要用于宾馆和集体宿舍，可以起到安全和节约用电的作用。其电路如图4-42所示。

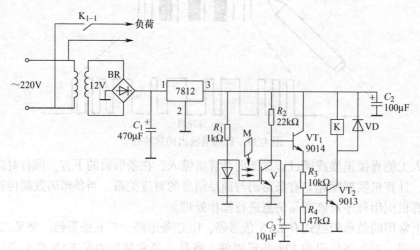

图4-42　插卡式电源开关电路

当住宿人员回到房间时，把住宿卡插入该电源开关，接通房间总电源，然后才能打开房间内的所有电气设备开关。住宿人员外出，取走住宿卡，切断房间总电源，房间内的所有电气设备都打不开。

7812 为三端直流稳压集成电路，输出电压 +12V，作为插卡式电源开关的工作电源。光断路器由光耦合器担任，光耦合器由发光二极管和光电晶体管组成。住宿卡插入光断路器的凹槽内，正好挡住光线，光电晶体管截止，光断路器输出高电平，使 VT$_1$ 和 VT$_2$ 导通，继电器 K 工作，接通房间内的总电源。

住宿人员外出，取走住宿卡，光线无阻挡，光电晶体管导通，光断路器输出低电平，使 VT$_1$ 截止。但 VT$_2$ 截止要等 C_3 上充的电放完以后，正好起了延时的作用，延时时间取决于 C_3 值的大小。C_3 上充的电放完后，VT$_2$ 截止，继电器 K 断开，切断房间总电源。

4.8.7 虚拟现实三维空间跟踪球

虚拟现实（Virtual Reality，VR）技术，又称灵境技术，是从真实存在的现实社会环境中，用照相、录像、绘画等方法，采集几个方向必要的数据，输入计算机，经过计算机的计算补插处理，模拟生成三维虚拟环境。使用者通过传感器技术手段和计算机三维软件，感触和融入该虚拟环境，对虚拟世界对象（例如：园林、建筑、设备、零件、人物、服饰、医疗、游戏等）进行可视化操作，实现人机交互，获得设计、模拟和仿真。头戴 VR 显示器是用两个显示器分别向两只眼睛显示两幅图像，两幅图像有细小差别，类似于人的双眼视差，从而给人以三维沉浸感。

对计算机显示器或头戴 VR 显示器显示的三维虚拟现实对象，进行可视化操作的传感器，有光电、电磁波、超声波、机械力等多种类型，其中虚拟现实三维空间跟踪球是一种可以提供 6 自由度控制的光电传感器，是一种简单实用、应用较多的桌面控制设备。

虚拟现实三维空间跟踪球如图 4-43 所示，跟踪球被安装在一个小型平台上，可以扭转、挤压、下按、上拉、摇摆。球的中心是固定的，球面与半球形凹洞之间留有间隙，半球形凹洞均匀装有 6 个发光二极管，球面相对位置安装有 6 个光敏传感器。当使用者以不同方式施加外力作用于跟踪球时，6 个光敏传感器接收光的强度不同，产生不同强度的电信号，通过无线或 USB 接口送入计算机。计算机根据这 6 个不同的电信号计算出虚拟对象平移和旋转运动的量值，根据这些量值改变显示器上显示的虚拟对象的运动状态。

图 4-43　虚拟现实三维空间跟踪球

4.9　实训

4.9.1　熟悉常用光敏元器件的性能指标

在众多的光传感器中，最为成熟且应用最广的是可见光和近红外光传感器，如 CdS、Si、Ge、InGaAs 光传感器，已广泛应用于工业电子设备的光电子控制系统、光纤通信系统、雷达系统、仪器仪表、电影电视及摄影曝光等方面，以提供光信号检测、自然光检测、光量检测和光位检测之用。随着光纤技术的开发，近红外光传感器（包括 Si、Ge、InGaAs 光探测器）已成为重点开发的传感器，这类传感器有 PIN 和 APD 两大结构型。PIN 结型具有低噪声和高速的优点，但内部无放大功能，往往需与前置放大器配合使用，从而形成 PIN + FET 光传感器系列。APD 雪崩型光传感器的最大优点是具有内部放大功能，这对简化光接收机的设计十分有利。高速、高探测能力和集成化的光传感器是这类传感器的发展趋势。

光敏元器件品种较多，且性能差异较大，为方便选用列出表 4-5 进行光敏元器件特性比较，以供参考。

熟悉表 4-5 所列光敏元器件性能技术指标及其表示的意义。

表 4-5 光敏元器件性能技术指标及其表示的意义

类 别	灵敏度	暗电流	频率特性	光谱特性	线性	稳定性	分散性	测量范围	主要用途	价格
光敏电阻器	很高	大	差	窄	差	差	大	中	测开关量	低
光电池	低	小	中	宽	好	好	小	宽	测模拟量	高
光电二极管	较高	大	好	宽	好	好	小	中	测模拟量	高
光电晶体管	高	大	差	较窄	差	好	小	窄	测开关量	中

4.9.2 测光文具盒电路的装配与测试

测光文具盒电路如图 4-44 所示。测光文具盒是在文具盒上加装测光电路组成的，它不但有文具盒的功能，而且能显示光线的强弱，可指导学生在合适的光线下学习，以保护视力。

测光文具盒电路中采用 2CR11 硅光电池作为测光传感器，它被安装在文具盒的表面，直接感受光的强弱，采用两个发光二极管作为光照强弱的指示。当光照度小于 100lx 较暗时，光电池产生的电压较低，晶体管 VT 压降较大或处于截止状态，两个发光二极管都不亮。当光照度在 100 ~ 200lx 时，发光二极管 VL$_2$ 点亮，表示光照度适中。当光照度大于 200lx 时，光电池产生的电压较高，晶体管 VT 压降

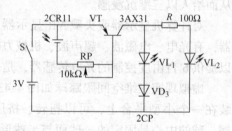

图 4-44 测光文具盒电路

较小，此时两个发光二极管均被点亮，表示光照太强了，为了保护视力，应减弱光照。调试时可借助测光表的读数，调电路中的电位器 RP 和电阻 R 使电路满足上述要求。

制作印制电路板或利用面包板装调该电路，过程如下。

1）准备电路板和元器件，认识元器件。

2）电路装配调试。

3）电路各点电压测量。

4）记录测光实验过程和结果。

5）调电位器 RP 和电阻 R，再进行电路各点电压测量和测光实验结果分析比较。

思考该电路的扩展用途。

4.10 习题

1. 光电效应有哪几种？与之对应的光电元器件有哪些？请简述其特点。

2. 光电传感器可分为哪几类？请分别举例并加以说明。

3. 某光电开关电路如图 4-45a 所示，施密特触发反相器 CD40106 的输出特性如图 4-45b 所示。

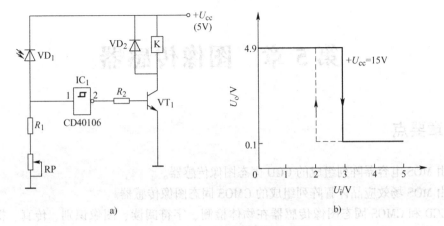

图 4-45　光电开关电路及输出特性

a）电路　b）CD40106 的输出特性

1）试分析该电路的工作原理。

2）列表说明各元器件的作用。

3）当光照从小到大逐渐增加时，继电器 K 的状态如何改变？反之，当光照由大变小逐渐减弱时，继电器 K 的状态如何改变？

4. 某光电晶体管在强光照时的光电流为 2.5mA，选用的继电器吸合电流为 50mA，直流电阻为 200Ω。现欲设计两个简单的光电开关，其中一个是当有强光照时继电器吸合，另一个相反，是当有强光照时继电器释放。试分别画出两个光电开关的电路图（只允许采用普通晶体管放大光电流），并标出电源极性及选用的电压值。

5. 造纸工业中经常需要测量纸张的"白度"以提高产品质量，试设计一个自动检测纸张"白度"的测量仪，要求：

1）画出传感器简图。

2）画出测量电路简图。

3）简要说明其工作原理。

6. 在物理学中，与重力加速度 g 有关的公式为

$$S = v_0 t + g t^2 / 2$$

式中，v_0 为落体初速度，t 为落体经设定距离 S 所花的时间。根据上式，试设计一台测量重力加速度 g 的教学仪器，要求同第 5 题（提示：v_0 可用落体通过一小段路程 S_0 的平均速度 v_0' 代替）。

7. 标准化考试，学生用 2B 铅笔填涂答题卡，由机器阅卷评分。答题卡机器光电头首先将正确答题卡填涂信息录入到答题卡机器软件系统，然后将需要阅读的答题卡用光电头录入，与正确答题卡填涂信息对比，给出得分。试用学过的光电式传感器知识，设计一答题卡机器方案，画出框图。

8. 光电耦合器有哪几种结构？能做哪些用途？光电耦合器在插卡式电源开关中起什么作用？

9. 简单叙述热释电红外传感器工作原理和电路组成。

10. 光纤传感器有哪两种类型？简单叙述光纤传感器水源检测设备的工作原理。

11. 试画出条形码识读设备的电路组成框图。

第5章 图像传感器

本章要点

- 由 MOS 电容器阵列组成的 CCD 固态图像传感器。
- 由 MOS 场效应晶体管阵列组成的 CMOS 固态图像传感器。
- CCD 和 CMOS 固态图像传感器在物体检测、字符阅读、图像识别、传真、摄像等方面的广泛应用。

图像传感器是利用光传感器的光—电转换功能，将其感光面上的光信号图像转换为与之成比例关系的电信号图像的一种功能器件。摄像机、数码相机、智能手机上使用的固态图像传感器为 CCD 图像传感器或 CMOS 图像传感器，是两种在单晶硅衬底上布设若干光敏单元与移位寄存器，集成制造的功能化的光电转换器件，其中光敏单元也称为像素。它们的光谱响应范围是可见光及近红外光范围。

5.1 CCD 图像传感器

电荷耦合器件(Charge Coupled Device, CCD)图像传感器是固态图像传感器的一种，是贝尔实验室的 W. S. Boyle 和 G. E. Smith 于 1970 年发明的新型半导体传感器。它是在 MOS 集成电路基础上发展起来的，能进行图像信息光电转换、存储、延时和按顺序传送，能实现视觉功能的扩展，能给出直观真实、多层次的内容丰富的可视图像信息。它的集成度高，功耗小，结构简单，耐冲击，寿命长，性能稳定，因而被广泛应用于军事、天文、医疗、广播、电视、传真、通信以及工业检测和自动控制等领域。

5.1.1 CCD

CCD 是按一定规律排列的 MOS(金属-氧化物-半导体)电容器组成的阵列，其构造如图 5-1 所示。在 P 型或 N 型硅衬底上生长一层很薄(约 1200Å)的二氧化硅，再在二氧化硅薄层上依次沉积金属或掺杂多晶硅形成电极，称为栅极。该栅极和 P 型或 N 型硅衬底形成了规则的 MOS 电容器阵列，再加上两端的输入及输出二极管就构成了 CCD 芯片。

MOS 电容器和一般电容器不同的是，其下极板不是一般导体而是半导体。假定该半导体是 P 型硅，其中多数载流子是空穴，少数载流子是电子。若在栅极上加正电压，衬底接地，则带正电的空穴被排斥离开硅-二氧化硅界面，带负电的电子被吸引到紧靠硅-二氧化硅界面。当栅极电压高到一定值时，硅-二氧化硅界面就形成了对电子而言的陷阱，电子一旦进入就不能离开。栅极电压越高，产生的陷阱越深。可见 MOS 电容器具有存储电荷的功能。若衬底是 N 型硅，则在栅极上加负电压，可达到同样目的。

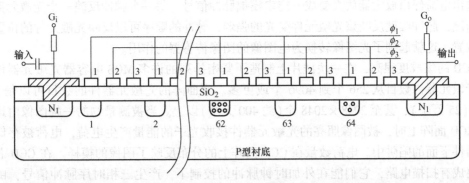

图 5-1　CCD 构造

每一个 MOS 电容器实际上就是一个光敏元件，假定半导体衬底是 P 型硅，当光照射到 MOS 电容器的 P 型硅衬底上时，会产生电子空穴对（光生电荷），电子被栅极吸引存储在陷阱中。入射光强，则光生电荷多，入射光弱，则光生电荷少。无光照的 MOS 电容器则无光生电荷。这样把光的强弱变成与其成比例的电荷的多少，实现了光电转换。若停止光照，则由于陷阱的作用，电荷在一定时间内也不会消失，可实现对光照的记忆。一个个的 MOS 电容器可以被设计排列成一条直线，称为线阵；也可以排列成二维平面，称为面阵。一维的线阵接收一条光线的照射，二维的面阵接收一个平面的光线的照射。CCD 摄像机、照相机就是通过透镜把外界的景象投射到二维 MOS 电容器面阵上，产生 MOS 电容器面阵的光电转换和记忆。面阵 MOS 电容器的光电转换示意图如图 5-2 所示。

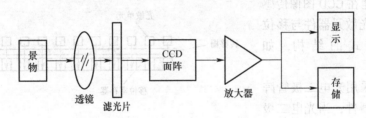

图 5-2　面阵 MOS 电容器的光电转换示意图

线阵或面阵 MOS 电容器上记忆的电荷信号的输出是采用转移栅极的办法来实现的。在图 5-1 中可以看到，每一个光敏元件（像素）对应有 3 个相邻的栅电极 1、2、3，所有栅电极彼此之间离得很近，所有的 1 电极相连加以时钟脉冲 ϕ_1，所有的 2 电极相连加以时钟脉冲 ϕ_2，所有的 3 电极相连加以时钟脉冲 ϕ_3，3 种时钟脉冲时序彼此交叠。若是一维的 MOS 电容器线阵，则在时序脉冲的作用下，3 个相邻的栅电极依次为高电平，将电极 1 下的电荷依次吸引转移到电极 3 下。再从电极 3 下吸引转移到下一组栅电极的电极 1。这样持续下去，就完成了电荷的定向转移，直到传送完整个一行的各像素，在 CCD 的末端就能依次接收到原存储在各个 MOS 电容器中的电荷。完成一行像素传送后，可再进行光照，再传送新的一行像素的信息。如果是二维的 MOS 电容器面阵，在完成一行像素传送后，就可开始面阵上第二行像素的传送，直到传送完整个面阵上所有行的 MOS 电容器中的电荷为止，也就完成了一帧像素的传送。完成一帧像素传送后，可再进行光照，再传送新的一帧像素的信息。这种利用三相时序脉冲转移输出的结构称为三相驱动（串行输出）结构，还有两相、四相等其他驱动结构。

输出电荷经由放大器放大变成一连串模拟脉冲信号。每一个脉冲反映一个光敏元器件的受光情况,脉冲幅度反映该光敏元件受光的强弱,脉冲的顺序可以反映光敏元件的位置即光点的位置。这就起到了光图像转换为电图像的图像传感器的作用。

CCD 的集成度很高,在一块硅片上制造了紧密排列的许多 MOS 电容器光敏元器件。线阵的光敏元器件数目从 256 个到 4096 个或更多。而面阵的光敏元器件的数目可以是 500 × 500 个(25 万个),甚至 2048 × 2048 个(约 400 万个)以上。当被测景物的一幅图像由透镜成像在 CCD 面阵上时,被图像照亮的光敏元器件接收光子的能量产生电荷,电荷被存储在光敏元器件下面的陷阱中。电荷数量在 CCD 面阵上的分布反映了图像的模样。在 CCD 芯片上同时集成有扫描电路,它们能在外加时钟脉冲的控制下,产生三相时序脉冲信号,由左到右,由上到下,将存储在整个面阵的光敏元器件下面的电荷逐位、逐行快速地以串行模拟脉冲信号输出。输出的模拟脉冲信号可以转换为数字信号存储,也可以输入视频显示器显示出原始的图像。

5.1.2 CCD 图像传感器的结构及原理

MOS 电容器在光照下产生光生电荷,经三相时序脉冲控制转移输出的结构实质上是一种光敏元器件与移位寄存器合而为一的结构,称为光积蓄式结构。这种结构最简单,但是因光生电荷的积蓄时间比转移时间长得多,所以再生图像往往产生"拖尾",图像容易模糊不清。另外,直接采用 MOS 电容器感光虽然有不少优点,但它对蓝光的透过率差,灵敏度较低。

目前更多地在 CCD 图像传感器上使用的是光敏元器件与移位寄存器分离式的结构,如图 5-3 所示。

这种结构采用光电二极管阵列作为感光元器件,当光电二极管在受到光照时,便产生相应于入射光量的电荷,再经过电注入法将这些电荷引入 CCD 电容器阵列的陷阱中,便成为用光电二极管感光的 CCD 图像传感器。它的灵敏度极高,在低照度下也能获得清晰的图像,在强光下也不会烧伤感光面。CCD 电容器阵列陷阱中的电荷仍然采用时序脉冲控制转移输出。CCD 电容器阵列在这里只起移位寄存器的作用。

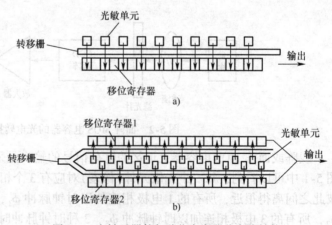

图 5-3 光敏元器件与移位寄存器分离式结构
a)单读式 b)双读式

图 5-4 给出了分离式的 2048 位 MOS 电容器线阵 CCD 内部框图。图中移位寄存器被分别配置在光敏元器件线阵的两侧,奇偶数号位的光敏元器件分别与两侧的移位寄存器的相应小单元对应。这种结构为双读式结构,它与长度相同的单读式相比较,可以获得高出两倍的分辨率。同时,CCD 移位寄存器的级数仅为光敏单元数的一半,可以使 CCD 特有的电荷转移

损失大为减少，较好地解决了因转移损失造成的分辨率降低的问题。在同一效果情况下，双读式可以缩短器件尺寸。由于这些优点，所以双读式已经发展成为线阵固态图像传感器的主要结构形式。

面阵固态图像传感器由双读式结构线阵构成，它有多种类型。常见的有行转移(LT)、帧转移(FT)和行间转移(ILT)方式。

帧转移(FT)方式是在光敏元器件和移位寄存器组成的光敏区外另设信号电荷暂存区，在光敏区的光生电荷积蓄到一定数量后，在极短的时间内迅速送到有光屏蔽的暂存区。这时，光敏区又开始下一帧信号电荷的生成与积蓄过程，而暂存区利用这个时间将上一帧信号电荷，一行一行地移往读出寄存器读出。在暂存区的信号电荷全部被读出后，在时钟脉冲的控制下，又开始下一帧信号电荷的由光敏区向暂存区的迅速转移。

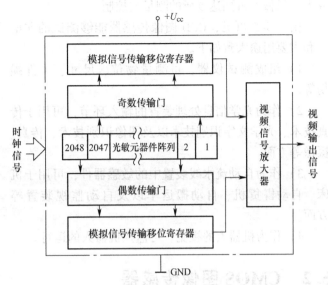

图 5-4　2048 位 MOS 电容器线阵 CCD 内部框图

行转移(LT)和行间转移(ILT)方式也有各自独特的转移方式。

5.1.3　CCD 图像传感器的应用

CCD 单位面积的光敏元器件位数很多，一个光敏元器件形成一个像素，因而用 CCD 做成的图像传感器具有成像分辨率高、信噪比大、动态范围大的优点，可以在微光下工作。

光电二极管产生的光生电荷只与光的强度有关，而与光的颜色无关。彩色图像传感器则采用 3 个光电二极管组成一个像素的方法。在 CCD 图像传感器的光敏二极管阵列的前方，加上彩色矩阵滤光片，被测景物的图像的每一个光点由彩色矩阵滤光片分解为红、绿、蓝 3 个光点，分别照射到每一个像素的 3 个光电二极管上，各自产生的光生电荷分别代表该像素红、绿、蓝 3 个光点的亮度。每一个像素的红、绿、蓝 3 个光点的光生电荷经输出和传输后，可在显示器上重新组合，显示出每一个像素的原始彩色。这就构成了彩色图像传感器。CCD 彩色图像传感器具有高灵敏度和良好的彩色还原性。

CCD 图像传感器输出信号具有如下特点。

1）与景象的实时位置相对应，即能输出景象时间系列信号，也就是"所见即所得"。

2）串行的各个脉冲可以表示不同信号，即能输出景象亮暗点阵分布模拟信号。

3）能够精确反映焦点面信息，即能输出焦点面景象精确信号。

将不同的光源或光学透镜、光导纤维、滤光片及反射镜等光学元件灵活地与这 3 个特点相组合，就可以获得 CCD 图像传感器的各个用途，如图 5-5 所示。

CCD 图像传感器进行非电量测量是以光为媒介的光电变换。因此，可以实现危险地点或人、机械不可到达场所的测量与控制。

由图 5-5 可见，CCD 图像传感器能够测试的非电量和主要用途大致如下。

1）组成测试仪器，可测量物位、尺寸、工件损伤等。

2）作为光学信息处理装置的输入环节，可用于传真技术、光学文字识别技术以及图像识别技术、传真、摄像等方面。

3）作为自动流水线装置中的敏感器件，可用于机床、自动售货机、自动搬运车以及自动监视装置等方面。

4）作为机器人的视觉，可监控机器人的运行。

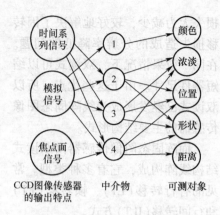

图 5-5　CCD 图像传感器的用途
1—滤光片　2—光导纤维
3—平行光　4—透镜

5.2　CMOS 图像传感器

与 CCD 图像传感器是由 MOS 电容器组成的阵列不同，CMOS（互补金属氧化物半导体）图像传感器是按一定规律排列的互补型金属-氧化物-半导体场效应晶体管（MOSFET）组成的阵列。

5.2.1　CMOS 型光电转换器件

场效应晶体管（FET）是利用半导体表面的电场效应进行工作的，也称为表面场效应器件。由于它的栅极处于不导电（绝缘）状态，所以输入电阻很高，最高可达 $10^{15}\Omega$。绝缘栅型场效应晶体管目前应用较多的是以二氧化硅为绝缘层的金属-氧化物-半导体场效应晶体管，简称为 MOSFET。MOSFET 有增强型和耗尽型两类，其中每一类又有 N 沟道和 P 沟道之分。增强型是指当栅源电压 $u_{GS}=0$ 时，FET 内部不存在导电沟道，即使漏源间加上电压 u_{DS}，也没有漏源电流产生，即 $i_D=0$。对于 N 沟道增强型，只有当 $u_{GS}>0$ 且高于开启电压时，才开始有 i_D。对于 P 沟道增强型，只有当 $u_{GS}<0$ 且低于开启电压时，才开始有 i_D。耗尽型是指当栅源电压 $u_{GS}=0$ 时，FET 内部已有导电沟道存在，若在漏源间加上电压 u_{DS}（对于 N 沟道耗尽型，$u_{DS}>0$，对于 P 沟道耗尽型，$u_{DS}<0$），则有漏源电流产生。增强型也叫 E 型，耗尽型也叫 D 型。

NMOS 管和 PMOS 管可以组成共源、共栅、共漏 3 种组态的单级放大器，也可以组成镜像电流源电路和比例电流源电路。以 E 型 NMOS 场效应晶体管 V_1 作为共源放大管，以 E 型 PMOS 场效应晶体管 V_2、V_3 构成的镜像电流源作为有源负载，就构成了 CMOS 型放大器，如图 5-6 所示。可见，CMOS 型放大器是由 NMOS 场效应晶体管和 PMOS 场效应晶体管组合而成的互补放大电路。由于与放大管 V_1 互补的有源负载具有很高的输出阻抗，因而电压增益很高。

CMOS 型图像传感器就是把 CMOS 型放大器作为光电变换器件的传感器。CMOS 型光电变换器件的工作原理如图 5-7 所示，它是把与 CMOS 型放大器源极相连的 P 型半导体衬底充当光电变换器的感光部分。

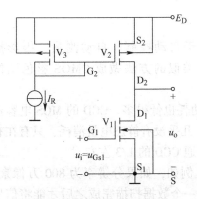

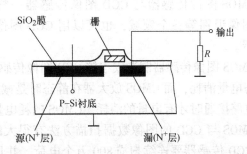

图 5-6　CMOS 型放大器　　　　　图 5-7　CMOS 型光电变换器件的工作原理

当 CMOS 型放大器的栅源电压 $u_{GS} = 0$ 时，CMOS 型放大器处于关闭状态，即 $i_D = 0$，CMOS 型放大器的 P 型衬底受光信号照射产生并积蓄光生电荷，可见，CMOS 型光电变换器件同样有存储电荷的功能。当积蓄过程结束、在栅源之间加上开启电压时，源极通过漏极负载电阻对外接电容充电形成电流，即为光信号转换为电信号的输出。

5.2.2　CMOS 图像传感器的结构及原理

利用 CMOS 型光电变换器件可以做成 CMOS 图像传感器，但采用 CMOS 衬底直接受光信号照射产生并积蓄光生电荷的方式很少被采用，目前 CMOS 图像传感器上使用的多是光敏元器件与 CMOS 型放大器分离式的结构。CMOS 线型图像传感器结构如图 5-8 所示。

由图 5-8 可见，CMOS 线型图像传感器由光电二极管和 CMOS 型放大器阵列以及扫描电路集成在一块芯片上制成。一个光电二极管和一个 CMOS 型放大器组成一个像素。光电二极管阵列在受到光照时，便产生相应于入射光量的电荷，扫描电路实际上是移位寄存器。CMOS 型光电变换器件只有光生电荷产生和积蓄功能，而无电荷转移功能。为了从图像传感器输出图像的电信号，必须另外设置"选址"作用的扫描电路。扫描电路以时钟

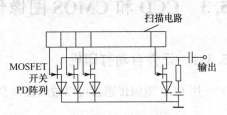

图 5-8　CMOS 线型图像传感器结构

脉冲的时间间隔轮流给 CMOS 型放大器阵列的各个栅极加上电压，CMOS 型放大器轮流进入放大状态，将光电二极管阵列产生的光生电荷放大输出，输出端就可以得到一串反映光电二极管受光照情况的模拟脉冲信号。

CMOS 面型图像传感器则是由光电二极管和 CMOS 型放大器组成的二维像素矩阵，并分别设有 X—Y 水平与垂直选址扫描电路。水平与垂直选址扫描电路发出的扫描脉冲电压，由左到右，由上到下，分别使各个像素的 CMOS 型放大器处于放大状态，二维像素矩阵面上各个像素的光电二极管光生和积蓄的电荷依次放大输出。

CMOS 图像传感器的最大缺点是，在 MOSFET 的栅漏区之间的耦合电容会把扫描电路的时钟脉冲也耦合为漏入信号，造成图像的"脉冲噪声"。还有，MOSFET 的漏区与光电二极管相近，一旦信号光照射到漏区，就会产生光生电荷向各处扩散，形成漏电流，再生图像时会出现纵线状拖影。不过，可以通过配置一套特别的信号处理电路消除这些干扰。

5.2.3 CMOS 图像传感器的应用

CMOS 图像传感器与 CCD 图像传感器一样，可用于自动控制、自动测量、摄影摄像、图像识别等各个领域，也可以用 CCD 图像传感器类似的方法做成 CMOS 彩色图像传感器。

CMOS 图像传感器制造成本较 CCD 图像传感器低，功耗也低得多。CCD 的 MOS 电容器有静态电量消耗，而 CMOS 放大器在静态时是截止状态，几乎没有静态电量消耗，只有在有光照电路接通时才有电量的消耗。CMOS 的耗电量只有普通 CCD 的 1/3 左右。

CMOS 与 CCD 的图像数据扫描方法有很大的差别。例如，如果分辨率为 800 万像素，那么 CCD 传感器要连续扫描 800 万个电荷，并且在最后一个数据扫描完成之后才能将信号放大。CMOS 传感器的每个像素都有一个将电荷转化为电子信号的放大器，可以在每个像素基础上进行信号的放大输出。因此可节省任何无效的传输操作，只需少量能量消耗就可以进行快速率数据扫描，同时脉冲噪声也有所降低。

CMOS 图像传感器主要问题是，在处理快速变化的影像时，由于电流变化过于频繁而过热。如果暗电流抑制得好，问题不大；如果调高感光度(ISO)，暗电流抑制得不好，就会出现噪点。因此，CMOS 图像传感器对光源的要求要高一些，分辨率也没有 CCD 高。

新型背照式 CMOS 是将传统 CMOS 表面的电子电路布线层移到感光面的背部，使感光面前移接近微型透镜，以获得约两倍于传统正照式 CMOS 的光通量，从而使 CMOS 传感器可在低光照环境下、夜视环境下使用，大大提高低光照的对焦能力。

5.3 CCD 和 CMOS 图像传感器应用实例

5.3.1 证件自动打印机

用 CCD 图像传感器可以做成证件自动打印机，其结构如图 5-9 所示。

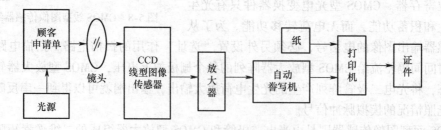

图 5-9 证件自动打印机结构

顾客按照固定的格式填写好申请单，经证件发放管理单位审查认可后，送入证件自动打印机。在传送的过程中，CCD 线型固态图像传感器将申请单以图像的方式转换为电信号，放大后送自动誊写机，誊写为证件式样送打印机打印。CCD 线型固态图像传感器有日本生产的 OPA128 等型号。顾客还可以将照片与申请单一起送入证件自动打印机，由 CCD 线型固态图像传感器转换为电信号，在打印证件的同时打印头像。

5.3.2 数字摄像机

目前市场上数字摄像机的品种已经很多了，它大多是用 CCD 彩色图像传感器制成的，可以是线型图像传感器，也可以是面型图像传感器。其基本结构如图 5-10 所示。

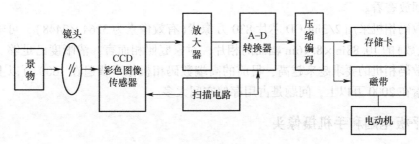

图 5-10 数字摄像机基本结构

我们知道，若对变化的外界景物连续拍摄图片，则只要拍摄速度超过 24 幅/s，再按同样的速度播放这些图片，就可以重现变化的外界景物，这是利用了人眼的视觉暂留原理。外界景物通过镜头照射到 CCD 彩色图像传感器上，CCD 彩色图像传感器在扫描电路的控制下，可将变化的外界景物以 25 幅/s 图像的速度转换为串行模拟脉冲信号输出。该串行模拟脉冲信号经 A－D 转换器转换为数字信号，由于信号量很大，所以还要进行信号数据压缩。可将压缩后的信号数据存储在存储卡上，也可以存储在专用的数码录像磁带上。早期的数字摄像机使用 2/3in 57 万像素（摄像区域为 33 万像素）的 CCD 彩色图像传感器芯片。后改进为使用 3 片 CCD 各采集 1 种基色信号，3 基色共有 100 万像素。随着 CMOS 技术的发展，现在许多摄像机型采用耗电较少的 CMOS 传感器，大部分机型都有 800 万像素，900 万像素的高清摄像机也已出现。

5.3.3 数码相机

数码相机的结构与数字摄像机相似，只不过数码相机拍摄的是静止图像。数码相机基本结构如图 5-11 所示。

数码相机的工作过程如下。

1) 打开数码相机电源开关，主控 CPU 开始检查相机的各部件是否处于可工作状态。如有故障，则在显示屏上显示故障信息。

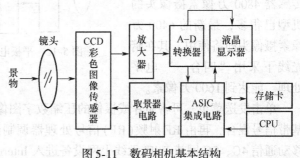

图 5-11 数码相机基本结构

2) 若一切正常，则打开取景器电路，让外界景物通过镜头照射到 CCD 彩色图像传感器上，将其转换为串行模拟脉冲信号输出，经放大和 A－D 转换后，送液晶显示器显示。当人们满意的图像出现时，即可半按快门，主控 CPU 就开始计算对焦距离、快门速度和光圈大小，由 ASIC 集成电路(可编程低中密度集成用户电路)发出信号为取景器电路进行自动聚焦和快门、光圈调整。

3) 全按下快门，ASIC 集成电路发出信号为取景器电路进行信号锁定，CCD 彩色图像传感器将景物图像转换为串行模拟脉冲信号输出，经放大和 A－D 转换为数字信号，再经

ASIC 集成电路压缩后，存储在 PCMCIA(个人计算机存储卡国际接口标准)卡上。

4）存储卡上的图像数据可送微型计算机显示和保存。A - D 转换器输出并经压缩的数字图像信号也可由串行口直接送微型计算机显示和保存。

5）按下查看键，可以将存储卡上的图像数据经 ASIC 集成电路解压缩，送液晶显示器显示，供回放查看。

高端数码相机采用 2/3inCCD 芯片 830 万像素(有效像素为 3264 ×2448)，可输出 300dpi (每英寸点数)的 10.88in ×8.16in 幅面的相片，对家庭照相而言，清晰度已足够。由于摄影爱好者对数码相机的要求越来越高，目前的高端数码相机像素普遍在 1600 万以上，单反数码相机像素在 2000 万以上，问题是占用存储空间太多。

5.3.4 平板电脑和手机摄像头

CMOS 彩色图像传感器也应用到平板电脑和手机。平板电脑和手机大多有两个摄像头，一个在前面，与液晶屏幕同一方向，用于上网视频聊天和视频通话，也可以进行拍照片；另一个在背面用于拍照片，这时液晶屏幕作为取景显示。

平板电脑和手机摄像、拍照电路组成如图 5-12 所示，前面摄像头一般为 120 万 ~ 200 万像素。背面摄像头为 800 万像素以上，采用背照式 CMOS 摄像头，摄像、拍照和浏览回放操作过程如同数码相机。随着智能手机的不断更新换代，现在采用背照式 CMOS 传感器 4800 万像素摄像头的机型已很多，最新的 6400 万像素摄像头即将使用，其在暗光线下采用"四合一"电平处理，能达到 1600 万像素。

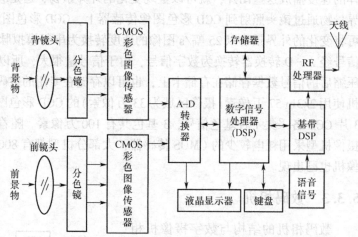

图 5-12 平板电脑和手机的摄像和拍照电路组成框图

单击发送菜单，可将照片或摄像的压缩数字图像信号送基带数字信号处理电路，与语音基带信号混合，再由 RF 射频(RF)信号处理器调制到射频信号上，由天线向空中发送，经移动通信 4G、5G 网或 WiFi 无线上网设备进入 Internet，传输到对方手机或平板电脑上。

WiFi(Wireless Fidelity) 为无线保真技术，又称为 IEEE. 802. 11b 标准，网速最高达 11Mbit/s，可自动调整为 5.5Mbit/s，2Mbit/s，1Mbit/s，用于办公室等短距离无线电传输，距离可达 150 ~ 300m，载波频率为 2.4GHz。后使用 IEEE. 802. 11g 标准，网速最高达 55Mbit/s，可自动调整为 6Mbit/s，9Mbit/s，12Mbit/s，18Mbit/s，24Mbit/s，36Mbit/s，48Mbit/s，55Mbit/s，载波频率为 5GHz。

随着 WiFi 应用场合的增加，WiFi 模块结构和性能有了很大变化，现已出现双频 WiFi 模块，集成了 2.5GHz 和 5GHz 双芯片，同时符合 IEEE. 802. 11a/b/g/n/ac 标准，网速分别达 300Mbit/s 和 433Mbit/s，双频双芯片工作支持 733Mbit/s 数据速率。

5.3.5 车辆牌照自动识别

CMOS 摄像机拍摄车辆进入的动态视频或静态图像,计算机利用车牌定位算法、字符分割算法和光学字符识别算法等软件,进行车辆牌照号码的自动识别。车牌自动识别系统包括触发设备、照明设备、摄像设备、图像采集设备、计算机或微处理器处理设备、显示设备、辅助设备等,如图 5-13 所示。

触发设备为车道埋地线圈。车辆牌照号码自动识别的过程如下。

1)车辆进入车道,在线圈上产生感应电流,触发照明、摄像、图像采集设备工作。

2)CMOS 摄像机拍摄车辆视频图像。

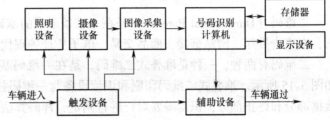

图 5-13 车牌自动识别系统

3)图像采集设备对视频图像帧进行垂直方向采样,采样值数字化后提供给计算机。

4)计算机从视频图像帧中采集车辆图像,在车辆图像上定位牌照区域。

5)在牌照区域定位字符间隔,按间隔分割各字符。

6)把分隔出的字符与存储器模板中的字符进行匹配识别,或者运用人工神经网络特征提取法进行字符识别。

7)由识别的字符组成车牌号码,调出存储器中存储的该车辆信息,计算车辆应收费金额进行收费,显示器同步显示。若是入口车道,则只存储该车辆信息。

8)计算机发指令通知辅助设施进行后续工作,点亮通行绿灯,扬声器发出通行声音信号,起动车道控制设备让车辆通过。

CMOS 摄像机拍摄的是包括周围环境的真实的图像信息,不仅可以用来识别车辆牌照号码,而且可以用来识别车辆牌照颜色、车型、车颜色、车流量等车辆和交通信息。

5.3.6 光纤内窥镜

在工业生产的某些过程中,需要检查设备内部结构情况,而这种设备由于各种原因不能打开进行观察。在医院里,有时需要了解病人肠胃器官的病变情况,以便对症下药进行治疗。还有一些部门有时也需要进行盲区检测。这些都需要用到光纤内窥镜。光纤内窥镜设备由光源、传光束、物镜、传像束、目镜或 CCD 图像传感器等组成,其结构框图如图 5-14 所示。

使用时,将检测探头放入系统内部或病人肠胃器官内,光源发出的光由传光束传输,照亮被测对象,由物镜成像到传像束的物镜端,传像束把被测对象的像素传送到目镜端。传像束由玻璃光纤按阵列排列而成,一根传像束一般由几万到几十万条直径为 $10 \sim 20 \mu m$ 的光纤组成,每一条光纤传送一个像素的信息。

传送到传像束目镜端的像素可以通

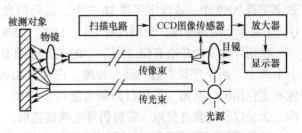

图 5-14 光纤内窥镜设备结构框图

过目镜成像，供人观察，或通过 CCD 或 CMOS 图像传感器将像素信息转换为电信号，经扫描电路送显示器显示。

医用内窥镜的传光束是包围在传像束外围，形成一个柔软的细管。目镜旁边有手柄可控制检测探头偏转，便于观察。

5.3.7　二维码与识读设备

二维码（Dimensional Barcode）是在一维条形码的基础上扩展出的可表示更多资讯的条码，在广告推送、网站链接、商品交易、电子凭证等现代商业活动中应用十分广泛。

二维码有两种，一种是堆叠式二维码，是在一维码基础上堆叠 3～90 行而成的二维码，如图 5-15 所示。堆叠式二维码印刷和识读设备与一维码技术兼容，每一行有一个起始部分、数据部分和终止部分，识读需要对行进行判定，译码算法不同于一维码。堆叠式二维码典型的码制有 Code 16K、Code 49、PDF417 等。

另一种是矩阵式二维码，又称棋盘式二维码，如图 5-16 所示。它是在一个矩形空间通过黑、白像素的不同分布进行编码。在矩阵元素位置上，用点的出现表示二进制 "1"，点的不出现表示二进制 "0"，可以是方点、圆点或其他形状点。不同 "1" 和 "0" 的组合，表示不同的字符，实现资讯编码。

图 5-15　堆叠式二维码

图 5-16　矩阵式二维码

矩阵式二维码是建立在计算机图形处理技术、组合编码原理等基础上的一种图形符号自动识读处理码制，采用面阵式 CCD 或 CMOS 摄像头将二维码图像摄取后，交由计算机图形处理程序进行分析和解码。矩阵式二维码有很多种，常用的码制有 Code One、Data Matrix、Maxi Code、QR Code 等，每种码制有特定的字符集，每个字符占有一定的二进制位数。

QR（Quick Response）码是常见的一种二维码，1994 年由日本 Denso-Wave 公司发明。QR 码呈正方形，只有黑白两色。矩阵元素符号规格从 21×21 模块（版本 1）到 177×177 模块（版本 40），共 40 个版本，每高一规格则每边增加 4 个模块。最高版本 40-L 可表示数字字符 7089 个，或汉字字符 1817 个，编码信息量最大。L 为纠错等级。QR 码有 L、M、Q、H 共 4 个纠错等级，分别具有 7%、15%、25%、30% 的字码纠错能力。

在矩阵的 3 个角落有像 "回" 字的正方形图案，连接左右两个 "回" 字最下边一横和上下两个 "回" 字最右边一竖，为黑、白元素相间的两条模块。它们都是帮助解码软件寻像和定位用的。从而，不同行的信息能自动识别，能应对图形旋转变化。使用者不需要对准，无论以任何角度摄取，资料仍可正确被读取。

其他模块为数据码和校验码。纠错等级高的校验码占有模块要多一些。

QR 码属于开放式的标准，规格公开，很多网站提供有为用户编制二维码的服务。用户只要点开网页，输入所需文本和数据内容，单击生成二维码，就可以获得编好的二维码，尺寸大小可选，还可以在二维码中间位置嵌入 Logo（标识）。

5.4 实训

5.4.1 工作现场图像传输网络的安装与调试

1）分别查阅智能手机、平板电脑、数码相机、数字摄像机、计算机摄像头的用户手册，了解其不同的像素指标，分析其像素指标与其用途、价格、图像清晰度的关系。查阅资料，了解电视台电视节目摄制用的数字摄像机是多少像素的。

2）用数码相机、手机拍摄照片输入笔记本电脑或台式计算机，或用平板电脑直接拍摄照片，用 Photoshop 等软件对图像进行编辑。用 PowerPoint 软件将其做成幻灯片，配上音乐。

3）用外置式计算机摄像头、数码相机、USB 接口传输线、微型计算机、显示器等组成工作现场图像传输网络，其组成框图如图 5-17 所示。观察计算机摄像头和数码相机摄入的图像清晰度的差别。

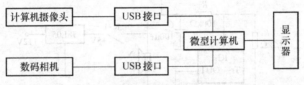

图 5-17　工作现场图像传输网络组成框图

5.4.2 汽车倒车提醒和后视电路的装配与调试

40kHz 超声波汽车倒车提醒和后视电路如图 5-18 所示。音调解码器 LM567 的 5、6 脚外接元器件形成振荡，振荡频率 f 由 R_6、C_5 决定，$f = 1/(1.1R_6C_5)$。取 R_6、C_5 值，使 $f =$ 40kHz。振荡信号经 R_9 耦合到运算放大器 LM324 隔离放大，再经 VT_2 放大，驱动超声波发射器 S_2 向外发射 40kHz 超声波信号。

当有物体反射时，由 S_1 接收反射回来的超声波信号，并将其转换为 40kHz 电信号，经 C_1 耦合到运算放大器放大，再经 C_2 耦合，由 3 脚输入 LM567，与原振荡频率进行比较。若完全相等，则 8 脚输出为低电平，VT_1 饱和导通，继电器 K 得电导通，接通语音集成电路和摄像头电源，发出提醒声，并在显示屏上显示物体图像。

1）备齐元器件，在多功能电路板上装配、调试该电路。

2）S_1 可用电容式传声器，S_2 可用高频响应好的扬声器代用。

3）摄像头和显示器可以选用专用设备，也可以用计算机摄像头和笔记本电脑代用。此时，断开 USB 传输线的 +5V 电源线，而由继电器 K 控制摄像头接口 +5V 电源。

4）试验该电路性能。

5）考虑将该电路改为可视门铃电路。

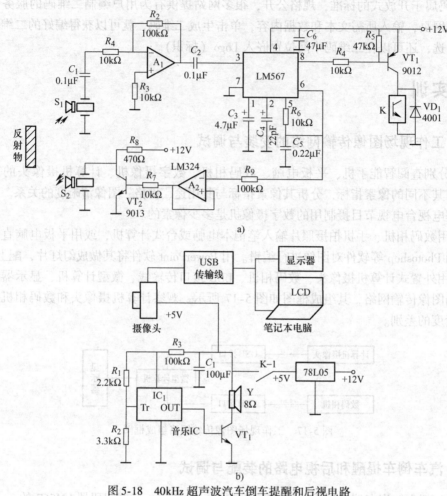

图 5-18　40kHz 超声波汽车倒车提醒和后视电路

a) 超声波探测电路　b) 后视和提醒电路

5.5　习题

1. CCD 的 MOS 电容器阵列是如何将光照射转换为电信号并转移输出的？

2. CCD 图像传感器上使用光敏元器件与移位寄存器分离式的结构有什么优点？

3. 举例说明 CCD 图像传感器的用途。

4. CMOS 图像传感器与 CCD 图像传感器有什么不同？各有什么优缺点？

5. CCD 彩色图像传感器在数码相机中起什么作用？数码相机存储卡上存储的是什么信号？

6. 平板电脑和手机的摄像头为什么一般都采用 CMOS 彩色图像传感器？CMOS 图像传感器采用什么方法提高低光照环境下的清晰度？

7. 车辆牌照号码自动识别系统如何进行车牌识别？

8. 用手机读设备上的二维码时，为什么不怕倾斜？二维码如何寻像和定位？

第6章 霍尔传感器及其他磁传感器

本章要点

- 通过将电磁感应转换成电信号进行测量。
- 磁阻元器件、磁敏二极管、磁敏晶体管的工作原理和用途。
- 霍尔元器件的主要特性和霍尔集成传感器的应用。

　　霍尔传感器是利用半导体材料的霍尔效应进行测量的一种传感器。它可以直接测量磁场及微小位移量，也可以间接测量液位、压力等工业生产过程参数。目前，霍尔传感器已从分立元器件发展到了集成电路的阶段，正越来越受到人们的重视，应用日益广泛。利用磁阻效应和磁敏特性做成的磁阻、磁敏传感器也广泛应用于各测量与控制技术领域。

6.1 霍尔传感器工作原理

6.1.1 霍尔效应

　　将置于磁场中的导体或半导体内通入电流，若电流与磁场垂直，则在与磁场和电流都垂直的方向上会出现一个电动势差，这种现象称为霍尔效应。利用霍尔效应制成的元器件称为霍尔元器件。

　　如图 6-1 所示，在长、宽、高分别为 L、W、H 的半导体薄片的相对两侧 a、b 通以控制电流，在薄片垂直方向加以磁场 B。设图中的材料是 N 型半导体，导电的载流子是电子。在图示方向磁场的作用下，电子将受到一个由 c 侧指向 d 侧方向力的作用，这个力就是洛仑兹力。洛仑兹力用 F_L 表示，大小为

$$F_L = qvB \tag{6-1}$$

式中，q 为载流子电荷；v 为载流子的运动速度；B 为磁感应强度。

　　在洛仑兹力的作用下，电子向 d 侧偏转，使该侧形成负电荷的积累，c 侧则形成正电荷的积累。这样，c、d 两端面因电荷积累而建立了一个电场 E_H，称为霍尔电场。该电场对电子的作用力与洛仑兹力的方向相反，即阻止电荷的继续积累。当电场力与洛仑兹力相等时，达到动态平衡。这时有

$$qE_H = qvB$$

霍尔电场的强度为

$$E_H = vB \tag{6-2}$$

在 c 与 d 两侧面间建立的电动势差称为霍尔电压，用 U_H 表示

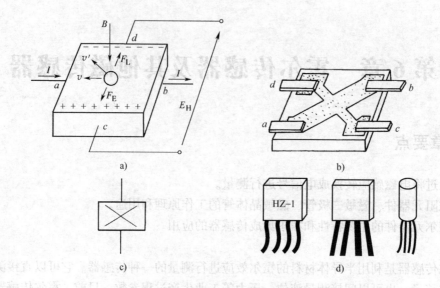

图 6-1　霍尔效应与霍尔元器件

a) 霍尔效应　b) 霍尔元器件结构　c) 图形符号　d) 外形

$$U_H = E_H W \quad \text{或} \quad U_H = vBW \tag{6-3}$$

当材料中的电子浓度为 n 时，$v = I/(nqHW)$，代入式(6-3)得

$$U_H = \frac{IB}{nqH} \tag{6-4}$$

设 $R_H = 1/nq$，得

$$U_H = \frac{R_H IB}{H} \tag{6-5}$$

设 $K_H = R_H/H$，得

$$U_H = K_H IB \tag{6-6}$$

式(6-5)和式(6-6)中，R_H 为霍尔系数，它反映材料产生霍尔效应的强弱；K_H 为霍尔灵敏度，它表示一个霍尔元器件在单位控制电流和单位磁感应强度时产生的霍尔电压的大小。

通过以上分析，可以看出：

1）霍尔电压 U_H 大小与材料的性质有关。一般来说，金属材料 n 较大，导致 R_H 和 K_H 变小，故不宜作为霍尔元器件。霍尔元器件一般采用 N 型半导体材料。

2）霍尔电压 U_H 与元器件的尺寸关系很大，生产元器件时要考虑到以下几点。

① 根据式(6-3)，H 越小，K_H 越大，霍尔灵敏度越高，所以霍尔元件的厚度都比较薄。但 H 太小，会使元器件的输入和输出电阻增加，因此，也不宜太薄。

② 元器件的长宽比对 U_H 也有影响。L/W 加大时，控制电极对霍尔电压影响减小。但如果 L/W 过大，载流子在偏转过程中的损失将加大，使 U_H 下降，通常要对式(6-6)加以形状效应修正，即

$$U_H = K_H IBf\,(L/W) \tag{6-7}$$

式中，$f(L/W)$ 为形状效应系数，其修正值如表 6-1 所示。通常取 $L/W = 2$。

表 6-1   形状效应系数修正值

L/W	0.5	1.0	1.5	2.0	2.5	3.0	4.0
$f(L/W)$	0.370	0.675	0.841	0.923	0.967	0.984	0.996

3）霍尔电压 U_H 与控制电流及磁场强度有关。根据式(6-4)，U_H 正比于 I 及 B。当控制电流恒定时，B 越大，U_H 越大。当磁场改变方向时，U_H 也改变方向。同样，当霍尔灵敏度 K_H 及磁感应强度 B 恒定时，增加控制 I，也可以提高霍尔电压的输出。但电流不宜过大，否则，会烧坏霍尔元器件。

6.1.2   霍尔元器件的主要技术参数

1. 输入电阻 R_{in} 和输出电阻 R_{out}

输入电阻指 a 和 b 两侧控制电极间的电阻，输出电阻指 c 和 d 两侧霍尔元器件电极间的电阻，可以在无磁场（即 $B=0$）时，用欧姆表等进行测量。

2. 额定控制电流 I_c

给霍尔元器件通以电流，能使霍尔元器件在空气中产生温升10℃的电流值，称为额定控制电流 I_c。

3. 不等位电动势 U_0

霍尔元器件在额定控制电流作用下，若元器件不加外磁场，则输出的霍尔电压的理想值应为零，但由于存在着电极的不对称、材料电阻率不均衡等因素，所以霍尔元器件会输出电压，该电压称为不等位电动势或不平衡电动势 U_0，其值与输入电压、电流成正比。U_0 一般很小，不大于1mV。

4. 霍尔电压 U_H

将霍尔元器件置于 $B=0.1T$ 的磁场中，再加上额定控制电流，此时霍尔元器件的输出电压就是霍尔电压 U_H。

5. 霍尔电压的温度特性

当温度升高时，霍尔电压减小，呈现负温度特性。在实际使用中采用电阻偏置进行温度补偿。

目前国内外生产的霍尔元器件种类很多，表6-2列出了部分常用国产霍尔元器件的有关参数，供选用时参考。

表 6-2   部分常用国产霍尔元器件的有关参数

参数名称	符号	单位	HZ-1型	HZ-2型	HZ-3型	HZ-4型	HT-1型	HT-2型	HS-1型
			材　料（N型）						
			Ge(111)	Ge(111)	Ge(111)	Ge(100)	InSb	InSb	InAs
电阻率	ρ	$\Omega \cdot cm$	0.8~1.2	0.8~1.2	0.8~1.2	0.4~0.5	0.003~0.01	0.003~0.05	—
几何尺寸	$L \times W \times H$	mm×mm ×mm	8×4×0.2	4×2×0.2	8×4×0.2	8×4×0.2	6×3×0.2	8×4×0.2	8×4×0.2
输入电阻	R_{in}	Ω	110(1±20%)	110(1±20%)	110(1±20%)	45(1±20%)	0.8(1±20%)	0.8(1±20%)	1.2(1±20%)
输出电阻	R_{out}	Ω	100(1±20%)	100(1±20%)	100(1±20%)	40(1±20%)	0.5(1±20%)	0.5(1±20%)	1±20%

参数名称	符号	单位	HZ-1型	HZ-2型	HZ-3型	HZ-4型	HT-1型	HT-2型	HS-1型
			材料(N型)						
			Ge(111)	Ge(111)	Ge(111)	Ge(100)	InSb	InSb	InAs
灵敏度	K_h	mV/(mA·T)	>12	>12	>12	>4	1.8(1±20%)	1.8(1±20%)	1±20%
不等位电阻	R_1	Ω	<0.07	<0.05	<0.07	<0.02	<0.005	<0.005	<0.003
寄生直流电压	U_l	μV	<150	<200	<150	<100	—	—	—
额定控制电流	I_c	mA	20	15	25	50	250	300	200
霍尔电压温度系数	α	1/℃	0.04%	0.04%	0.04%	0.03%	-1.5%	-1.5%	—
内阻温度系数	β	1/℃	0.5%	0.5%	0.5%	0.3%	-0.5%	-0.5%	—
热阻	R_q	℃/mW	0.4	0.25	0.2	0.1	—	—	—
工作温度	T	℃	-40~45	-40~45	-40~45	-40~75	0~40	0~40	-40~60

6.2 霍尔传感器

6.2.1 霍尔开关集成传感器

霍尔开关集成传感器是利用霍尔元器件与集成电路技术制成的一种磁敏传感器，它能感知一切与磁信息有关的物理量，并以开关信号形式输出。霍尔开关集成传感器具有使用寿命长、无触点磨损、无火花干扰、无转换抖动、工作频率高、温度特性好、能适应恶劣环境等优点。

图 6-2 所示是霍尔开关集成传感器的内部框图。它主要由稳压电路、霍尔元器件（注意电路符号）、放大器、整形电路及开关输出 5 部分组成。稳压电路可使传感器在较宽的电源电压范围内工作，开关输出可使该电路方便地与各种逻辑电路连接。

当有磁场作用在霍尔开关集成传感器上时，根据霍尔效应原理，霍尔元器件输出霍尔电压 U_H，该电压经放大器放大后，送至施密特整形电路。当放大后的霍尔电压大于"开启"阈值时，施密特电路翻转，输出高电平，使晶体管 VT 导通，并具有拉流的作用，整个电路处于开状态。当磁场减弱时，霍尔元器件输出的 U_H 电压很小，经放大器放大后其值还小于施密特的"关闭"阈值时，施密特整形器又翻转，输出低电平，使晶体管 VT 截止，电路处于关状态。这样，一次磁场强度的变化，

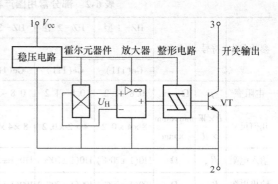

图 6-2　霍尔开关集成传感器内部框图

就使传感器完成了一次开关动作。

霍尔开关集成传感器常用于点火系统、保安系统、转速测量、里程测量、机械设备限位开关、按钮开关、电流的测量和控制、位置和角度的检测等。常见霍尔开关集成传感器型号有 UGN—3020、UGN—3030、UGN—3075 等。

6.2.2 霍尔线性集成传感器

霍尔线性集成传感器的输出电压与外加磁场强度呈线性比例关系。这类传感器一般由霍尔元器件和放大器组成，当外加磁场时，霍尔元器件产生与磁场成线性比例变化的霍尔电压，经放大器放大后输出。

霍尔线性集成传感器有单端输出型和双端输出型两种，典型产品分别为 SL3501T 和 SL3501M 两种，其电路结构分别如图 6-3 和图 6-4 所示。单端输出型是一个三端器件。双端输出型是一个 8 脚双列直插封装器件，可提供差动跟随输出。图 6-4 中的电位器为失调调整。

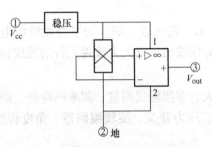

图 6-3　单端输出传感器的电路结构

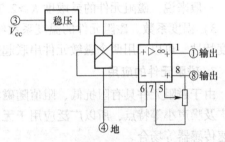

图 6-4　双端输出传感器的电路结构

霍尔线性集成传感器常用于位置、力、重量、厚度、速度、磁场、电流等的测量和控制。

6.3　其他磁传感器

6.3.1 磁阻元器件

当霍尔元器件受到与电流方向垂直的磁场作用时，不仅会出现霍尔效应，而且还会出现半导体电阻率增大的现象，这种现象称为磁阻效应。利用磁阻效应做成的电路元器件，叫作磁阻元器件。

1. 基本工作原理

在没有外加磁场时，磁阻元器件的电流密度矢量如图 6-5a 所示。当磁场垂直作用在磁阻

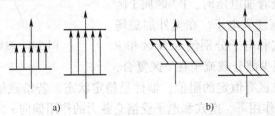

a)　　　　　　　　　　　　　b)

图 6-5　磁阻元器件工作原理示意图

a）在无磁场时的电流密度矢量　b）有磁场作用时的电流密度矢量

元器件表面上时，由于霍尔效应，使得电流密度矢量偏移电场方向某个霍尔角 θ，如图 6-5b 所示。这使电流流通的途径变长，导致元器件两端金属电极间的电阻值增大。电极间的距离越长，电阻的增长比例就越大，所以在磁阻元器件的结构中，大多数是把基片切成薄片，然后用光刻的方法插入金属电极和金属边界。

2. 磁阻元器件的基本特性

1）B - R 特性。磁阻元器件的 B - R 特性，用无磁场时的电阻 R_0 和磁感应强度为 B 时的电阻 R_B 来表示。R_0 随元器件的形状不同而异，约为数十欧至数千欧。R_B 随磁感应强度的变化而成倍变化。

2）灵敏度 K。磁阻元件的灵敏度 K，可表示为

$$K = \frac{R_3}{R_0}$$

式中，R_3 为当磁感应强度为 0.3T 时的 R_B；R_0 为无磁场时的电阻。

一般来说，磁阻元件的灵敏度 $K \geqslant 2.7$。

3）温度系数。磁阻元件的温度系数约为 $-2\%/℃$，是比较大的。为了补偿磁敏电阻的温度特性，可以采用两个磁敏元件串联起来，采用分压输出，以大大改善元件的温度特性。

3. 磁阻元件的应用

由于磁阻元件具有阻抗低、阻值随磁场变化率大、非接触式测量、频率响应好、动态范围广及噪声小等特点，所以广泛应用于无触点开关、压力开关、旋转编码器、角度传感器、转速传感器等场合。

6.3.2 磁敏二极管

磁敏二极管是一种磁电转换元器件，它可以将磁信息转换成电信号，具有体积小、灵敏度高、响应快、无触点、输出功率大及性能稳定等特点。它可广泛应用于磁场的检测、磁力探伤、转速测量、位移测量、电流测量、无触点开关和无刷直流电机等许多领域。

1. 磁敏二极管的基本结构及工作原理

磁敏二极管的结构如图 6-6 所示。它是平面 $P^+ - i - N^+$ 型结构的二极管。在高纯度半导体锗的两端高掺杂 P 型区和 N 型区。i 区是高纯空间电荷区，i 区的长度远远大于载流子扩散的长度。在 i 区的一个侧面上，再做一个高复合区 r，在 r 区域载流子的复合速率较大。

在电路连接时，P^+ 区接正电压，N^+ 区接负电压，即在给磁敏二极管加电压时，P^+ 区向 i 区注入空穴，N^+ 区向 i 区注入电子。在无外加磁场情况下，大部分的空穴和电子分别流入 N 区和 P 区而产生电流，只有很少部分载流子在 r 区复合，

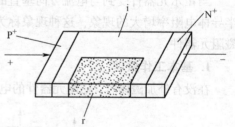

图 6-6 磁敏二极管的结构

如图 6-7a 所示。此时 i 区有恒定的阻值，器件呈稳定状态。若给磁敏二极管外加一个正向磁场 B，在正向磁场的作用下，空穴和电子受洛仑兹力的作用偏向 r 区，如图 6-7b 所示。由于空穴和电子在 r 区的复合速率大，因此载流子复合掉的数量比在没有磁场时大得多，从而

使 i 区中的载流子数量减少, i 区电阻增大, i 区的电压降也增加。这又使 P⁺ 与 N⁺ 结的结压降减小, 导致注入 i 区的载流子的数目减少, 其结果使 i 区的电阻继续增大, 其压降也继续增大, 形成正反馈过程, 直到进入某一动平衡状态为止。当在磁敏二极管上加一个反向磁场 B 时, 载流子在洛仑磁力的作用下, 均偏离复合区 r, 如图6-7c 所示。其偏离 r 区的结果与加正向磁场时的情况恰好相反, 此时磁敏二极管正向电流增大, 电阻减小。

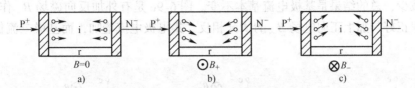

图6-7 磁敏二极管的工作原理

a) 无外加磁场 b) 外加正向磁场 c) 外加反向磁场

由此可见, 磁敏二极管是采用电子与空穴双重注入效应及复合效应原理工作的。在磁场作用下, 两效应是相乘的, 再加上正反馈的作用, 磁敏二极管有着很高的灵敏度。由于磁敏二极管在正负磁场作用下输出信号增量方向不同, 因此, 利用它可以判别磁场方向。

2. 磁敏二极管的主要技术参数和特性

1) 灵敏度。当外加磁感应强度 B 为 ±0.1T 时, 输出端电压增量与电流增量之比称为灵敏度。

2) 工作电压 U_0 和工作电流 I_0。在零磁场时加在磁敏二极管两端的电压、电流值。

3) 磁电特性。磁电特性为在给定条件下, 磁敏二极管输出电压变化与外加磁场的关系。在弱磁场及一定的工作电流下, 输出电压与磁感应强度的关系为线性关系。在强磁场下则成非线性关系。

4) 伏安特性。伏安特性为在不同方向和强度的磁感应强度 B 作用下, 磁敏二极管正向偏压和通过其上电流的关系。在负向磁场作用下, 磁敏二极管电阻小, 电流大; 在正向磁场作用下, 磁敏二极管电阻大, 电流小。磁敏二极管的伏安特性如图6-8 所示。

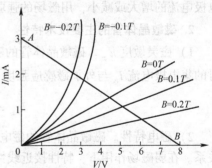

图6-8 磁敏二极管的伏安特性

6.3.3 磁敏晶体管

磁敏晶体管是一种新型的磁电转换器件, 该器件的灵敏度比霍尔元器件高得多, 同样具有无触点、输出功率大、响应快、成本低等优点。它在磁力探测、无损探伤、位移测量、转速测量等领域有着广泛的应用。

1. 磁敏晶体管的基本结构及工作原理

图6-9 是磁敏晶体管工作原理示意图。图6-9a 是无外加磁场作用情况。对从发射极 e 注入 i 区的电子来讲, 由于 i 区较长, 所以在横向电场 U_{be} 的作用下, 其中大部分电子与 i 区中的空穴复合形成基极电流, 少部分电子到集电极形成集电极电流。显然, 这时基极电流大于集电极电流。图6-9b 是有外加正向磁场 B_+ 作用的情况。从发射极注入 i 区的电子, 除受横向电场 U_{be} 作用外, 还受磁场洛仑兹力的作用, 使其向复合区 r 方向偏转。结果使注入集

电极的电子数和流入基区电子数的比例发生变化，原来进入集电极的部分电子改为进入基区，使基极电流增加，而集电极电流减小。根据磁敏二极管的工作原理，由于流入基区的电子要经过高复合区 r，使载流子大量地复合，所以 i 区载流子的浓度会大大减少而成为高阻区。高阻区的存在又使发射结上电压减少，从而使注入 i 区的电子数大量减少，使集电极电流进一步减小。流入基极的电子数，开始因洛仑兹力的作用引起增加，后又因发射结电压下降而引起减少，总的结果是基极电流基本不变。图6-9c 是有外加反向磁场 B_- 作用的情况。其工作过程正好与加上正向电场 B_+ 的情况相反，集电极电流增加，而基极电流仍基本上保持不变。

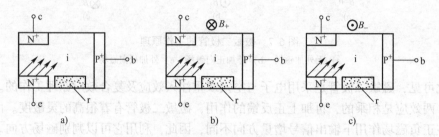

图 6-9　磁敏晶体管工作原理示意图
a）无外加磁场　b）外加正向磁场　c）外加反向磁场

由此可以看出，磁敏晶体管工作原理与磁敏二极管完全相同。当无外界磁场作用时，i 区较长，在横向电场作用下，发射极电流大部分形成基极电流，小部分形成集电极电流。在正向或反向磁场作用下，会引起集电极电流的减小或增大。因此，可以用磁场方向控制集电极电流的增大或减小，用磁场的强弱控制集电极电流增大或减小的变化量。

2. 磁敏晶体管的主要技术特性

1）磁灵敏度 $h_\pm$。磁敏晶体管的磁灵敏度是指当基极电流恒定，外加磁感应强度 $B = 0$ 时的集电极电流 I_{co} 与外加磁感应强度 $B = \pm 0.1 T$ 时的集电极电流 $I_{c\pm}$ 相对变化值，即

$$h_\pm = \frac{|I_{c\pm} - I_{co}|}{I_{co} 0.1 T} \times 100\%$$

2）磁电特性。磁敏晶体管的磁电特性为在基极电流恒定时，集电极电流与外加磁场的关系。在弱磁场作用下，特性接近线性。

3）温度特性。磁敏晶体管的基区宽度比载流子扩散长度大，基区输送的电流主要是漂移电流，所以磁敏晶体管集电极电流的温度特性具有负的温度系数，即随着温度的升高，集电极电流下降。磁敏晶体管对温度较敏感，实际使用时应进行温度补偿。

6.4　霍尔传感器及其他磁传感器应用实例

6.4.1　霍尔汽车无触点点火器

传统的汽车汽缸点火装置使用机械式的分电器，存在着点火时间不准确、触点易磨损等缺点。采用霍尔开关无触点晶体管点火装置可以克服上述缺点，提高燃烧效率。霍尔点火装置示意图如图6-10所示，图中的磁轮鼓代替了传统的凸轮及白金触点。发动机主轴带动磁

轮鼓转动时，霍尔元器件感受的磁场极性交替改变，输出一连串与汽缸活塞运动同步的脉冲信号去触发晶体管功率开关，点火线圈两端产生很高的感应电压，使火花塞产生火花放电，完成汽缸点火过程。

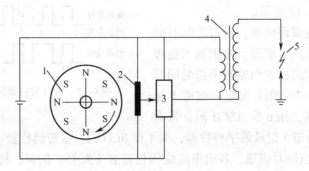

图 6-10　霍尔点火装置示意图

1—磁轮鼓　2—开关型霍尔集成电路　3—晶体管功率开关
4—点火线圈　5—火花塞

6.4.2　霍尔无刷直流电动机

　　霍尔无刷直流电动机的结构如图 6-11 所示，在定子上安有 12 只霍尔元器件，直流电流加在霍尔元器件上。转子由永久磁铁做成，其磁场作用于霍尔元器件。霍尔元器件输出霍尔电压激励 12 只电枢线圈，电枢线圈安排放置在定子槽中，使其产生的磁场超前于永久磁铁转子磁场 30°。转子受超前的磁场吸引，转到下一个霍尔元器件位置，又产生新的超前磁场和被吸引转动。如此持续不断，就产生了电动机的连续转动。

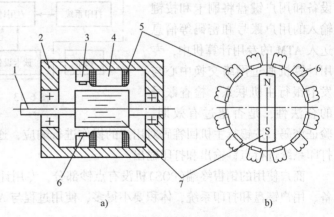

图 6-11　霍尔无刷直流电动机的结构图

a）电动机结构　b）转子与定子结构

1—轴　2—外壳　3—电路　4—定子　5—线圈
6—霍尔元件　7—永磁转子

　　改变直流电流大小可以改变电动机转速，速度-转矩的线性度好，调速平稳，但电流不能太大。由于不存在电刷磨损问题，使用寿命长，可靠性高。

6.4.3　磁卡及磁卡阅读器

　　磁卡（包括带磁条的银行存折）一般作为识别卡用。所谓识别卡是指一种标识其持卡人和发行者的卡，卡上载有进行该卡预期应用所要求输入的数据。

　　一般将磁条贴在磁卡的背面，磁条可读表面厚度为 0~0.038mm。

　　磁条上记录的信息采用调频制编码，一个时钟周期对应一个二进制数位。在每个时钟周期的开始，磁通都要变化一次。若在时钟周期中间另有磁通变化，则表示二进制数"1"；若无变化，则表示二进制数"0"。磁条信息调频制编码示意图如图 6-12 所示。

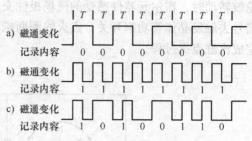

图 6-12　磁条信息调频制编码示意图

在磁条中有 3 条编码磁道，磁道之间有间隔。离磁卡边最近的是 1 磁道，按识别卡物理特性、材料性能、编码技术和编码字符的国际标准 ISO/IEC 7812—2—2017 规定，磁道 1 记录字母和数字型数据，用 6 位 ASCII 码，带奇偶校验。磁道 2 和磁道 3 记录数字型数据，为 4 位 BCD 码，带奇偶校验。磁道 1 和磁道 2 是只读磁道，磁道 3 是读/写磁道。各磁道的编码信息有主账号、国家、持卡人姓名、失效日期、服务范围、货币类型、可用金额指数、允许输错次数、校验码等。一般应用的磁卡可只使用一条磁道，性能和密级高的磁卡使用 3 条磁道。

刷卡的速度为(10～120) cm/s，由 3 个带磁心的自感或互感传感器组成磁头，在刷卡的过程中通过感应磁条上磁性（磁阻）的变化来读取数据，相当灵敏，准确度很高。

自动柜员机(ATM)的基本组成框图如图 6-13 所示。读卡设备和用户键盘将刷卡和按键输入的用户账号和密码等信息送入 ATM 的专用计算机中，专用计算机通过网络交换中心与发卡银行主机联系，检查账号的合法性，是否超过有效期，

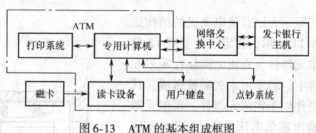

图 6-13　ATM 的基本组成框图

验证密码，按银行主机回答码对用户的操作进行响应，通过专用计算机接口驱动点钞系统、打印系统进行点钞输出和打印输出。

商户使用的销售终端(POS)机没有点钞部分，专用计算机被放置在会计室，只有读卡设备、用户键盘和打印系统，体积要小得多，使用过程与 ATM 一样。

6.4.4　地震动传感器

在地表介质中，地震震源处的震动(扰动)引起介质质点在其平衡位置附近运动，并以地震波的形式向远处传播。目前应用较多的地震动传感器如图 6-14 所示，由动圈磁电感应式传感器组成。当传感器受到震动后，外壳带动线圈一起运动，由于惯性，永磁体保持静止，因此永磁体与线圈之间产生相对运动，线圈切割永磁体磁力线产生感应电动势，感应电动势的大小与地震动幅度成正比关系。

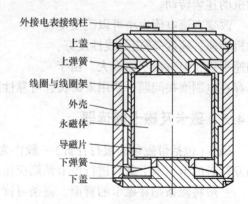

图 6-14　小型地震动传感器

6.5 实训

6.5.1 干簧管开门播放音乐电路的装配与调试

干簧管是最简单的磁控机械开关,由带磁性和不带磁性的两个触头构成,在没有强磁场作用时,这两个触头通常是断开的(称为常开型干簧管)或接通的(称为常闭型干簧管)。在强磁场作用下,干簧管的开关断开(对常闭型干簧管而言)或闭合(对常开型干簧管而言)。

图 6-15 所示为干簧管开门播放音乐电路,常闭型干簧管及其电路被安装在门框上,将磁铁安装在门上,拉开房门,磁铁磁场离开,常闭型干簧管的两个触头闭合,电源引脚 V_{CC} 和触发引脚 Tr 与 3V 电源接通,音乐集成电路输出,经放大器驱动扬声器播放音乐。音乐集成电路可采用 KD – 9300、KD – 152、HFC1500 等型号。

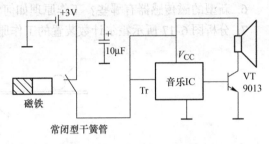

图 6-15 干簧管开门播放音乐电路

1) 在多功能电路板上装配该电路,试验电路性能。
2) 将常闭干簧管改为磁敏二极管,试验电路性能。

6.5.2 磁感应强度测量仪电路的装配与调试

磁感应强度测量仪的电路如图6-16所示。磁传感器采用 SL3501M 霍尔线性集成传感器,在磁感应强度为 0.1T 时差动输出电压是 1.4V。该测量仪的线性测量范围的上限为 0.3T。电位器 RP_1 用来调整表头量程,而 RP_2 则用来调零。电容器 C_1 是为防止电路之间的杂散交连而设置的低通滤波器。为防止电路引起自激振荡,电位器的引线不宜过长。使用时,只要使传感器的正面面对磁场,便可测得磁场的磁感应强度。

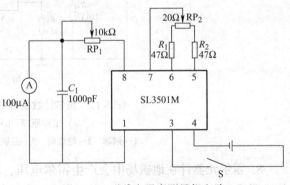

图 6-16 磁感应强度测量仪电路

制作印制电路板或利用面包板装调该磁感应强度测量仪电路,并用该磁感应强度测量仪测量电线中流过的直流电流,过程如下。

1) 准备电路板、SL3501M 霍尔线性集成传感器和其他元器件,认识元器件。
2) 电路装配调试。
3) 将 SL3501M 霍尔线性集成传感器靠近直流通电电线,测量电线周围的磁场强度。
4) 同时用电流表测电流值,对测量所得的磁场强度与电流值的对应关系进行定标。
5) 记录实验过程和结果。

思考:若用该磁感应强度测量仪测交流电流,则应添加什么电路和设备?

6.6 习题

1. 什么是霍尔效应？霍尔电动势与哪些因素有关？
2. 霍尔元器件由什么材料构成？为什么用这些材料？
3. 霍尔元器件有哪些指标？使用时应注意什么？
4. 什么是磁阻效应？产生的原因是什么？
5. 阐述磁敏二极管的工作原理。
6. 新型的磁传感器有哪些？工作原理如何？
7. 分析图 6-17 所示霍尔计数装置的工作原理。

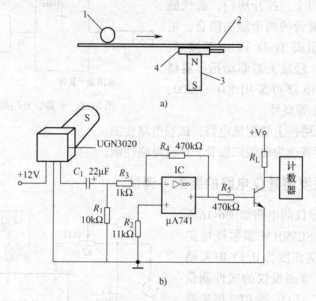

图 6-17　霍尔计数装置的工作原理及电路

a）工作原理　b）电路图

1—钢球　2—绝缘板　3—磁铁　4—霍尔开关传感器

8. 霍尔元器件在地磁场中会产生霍尔电压，其大小正比于霍尔元器件正面法线与磁子午线所成角度的余弦值，连接指示仪表后可做成航海罗盘。试画出霍尔罗盘的组成框图，解释罗盘的使用方法。

9. 简单叙述磁卡结构和磁卡阅读器的工作过程。为什么说磁卡是识别卡？

10. 霍尔无刷直流电动机如何改变转速？为什么说霍尔无刷直流电动机速度-转矩的线性度好，调速平稳？

第 7 章　位移传感器

本章要点

- 机械位移传感器的用途。
- 机械位移传感器的机械结构原理和电路形式。
- 测量物体运动速度所用传感器的工作原理和使用方法。

7.1　机械位移传感器

　　机械位移传感器是用来测量位移、距离、位置、尺寸、角度和角位移等几何学量的一种传感器。根据传感器的信号输出形式，可以分为模拟式和数字式两大类，如图 7-1 所示。根据被测物体的运动形式，可细分为线性位移传感器和角移传感器。

　　机械位移传感器是应用最多的传感器之一，品种繁多。本节主要介绍电位器式、电容式、螺线管电感式、差动变压器式机械位移传感器。

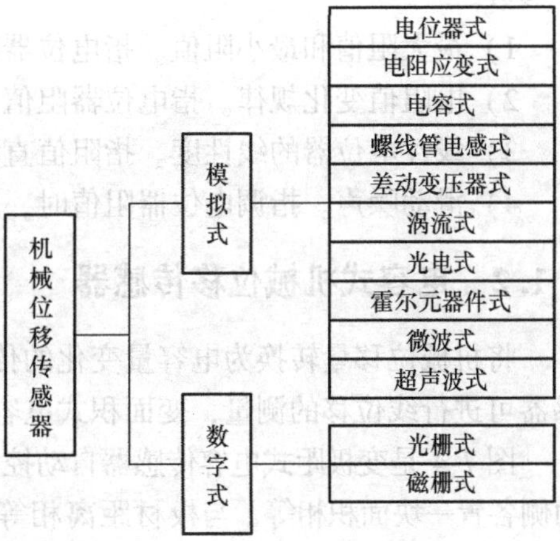

图 7-1　机械位移传感器的分类

7.1.1　电位器式机械位移传感器

1. 电位器的基本概念

　　电位器是人们常用到的一种电子元器件，它作为传感器可以将机械位移或其他形式的能转换为位移的非电量，转换为与其有一定函数关系的电阻值的变化，从而引起测量电路中输出电压的变化。所以说，电位器也是一个传感器。

　　图 7-2 是电位器的一般结构，它由电阻体、电刷、转轴、滑动臂及焊片等组成，电阻体的两端和焊片 A、C 相连，因此 AC 端的电阻值就是电阻体的总阻值。转轴是和滑动臂相连的，调节转轴时滑动臂随之转动。在滑动臂的一端装有电刷，它靠滑动臂的弹性压在电阻体上并与之紧密接触，滑动臂的另一端与焊片 B 相连。

　　图 7-3 是电位器电路。电位器转轴上的电刷将电阻体电阻 R_0 分为 R_{12} 和 R_{23} 两部分，输出电压为 U_{12}。改变电刷的接触位置，电阻 R_{12} 随之改变，输出电压 U_{12} 亦随之变化。电刷和电位器的转轴是连在一起的，用机械运动调节电位器的转轴，便可使电位器的输出电压发生相应的变化，这就是用电位器测量机械位移的基本原理。

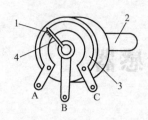

图 7-2　电位器的一般结构

1—电刷　2—转轴

3—电阻体　4—滑动臂

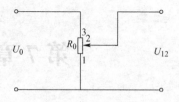

图 7-3　电位器电路

常见用于传感器的电位器有绕线式电位器、合成膜电位器、金属膜电位器、导电塑料电位器、导电玻璃釉电位器以及光电电位器。

2. 电位器的主要技术参数

表征电位器的技术参数很多，其中许多与电阻器相同。下面仅介绍电位器特有的一些技术参数。

1）最大阻值和最小阻值。指电位器阻值变化能达到的最大值和最小值。

2）电阻值变化规律。指电位器阻值变化的规律，例如对数式、指数式、直线式等。

3）线性电位器的线性度。指阻值直线式变化的电位器的非线性误差。

4）滑动噪声。指调电位器阻值时，滑动接触点打火产生的噪声电压的大小。

7.1.2　电容式机械位移传感器

将机械位移量转换为电容量变化的传感器称为电容式机械位移传感器。变极距式电容传感器可进行线位移的测量，变面积式电容传感器可进行角位移的测量。

图 7-4 是变极距式电容传感器自动控制轧制板材厚度的工作原理。在被轧制板材的上、下两侧各置一块面积相等、与板材距离相等的金属极板，极板与板材形成两个电容器 C_1、C_2。两块极板连接为一个电极，板材为另一个电极，则总电容为两个电容器并联，$C_X = C_1 + C_2$。总电容 C_X 和调节电容 C_0、变压器二次绕组 L_1、L_2 构成交流电桥。音频信号发生器提供的音频信号从变压器一次绕组输入，经变压器耦合到二次绕组，作为交流电桥的输入信号 U_{in}。电桥输出信号为

$$U_{out} = \left(\frac{1}{1 + \dfrac{L_2}{L_1}} - \frac{1}{1 + \dfrac{Z_X}{Z_o}} \right) U_{in} \tag{7-1}$$

式中，Z_X 为 C_X 与电阻 R 的并联阻抗，Z_o 为 C_0 与电阻 R 的并联阻抗。

当轧制板材的厚度为要求值时，$Z_X/Z_o = L_2/L_1$，交流电桥平衡，无输出信号。

当被轧制板材的厚度相对于要求值发生变化时，C_X 发生变化。若 C_X 增大，则表明板材厚度变厚；若 C_X 减小，则表明板材变薄。C_X 变化，则 Z_X 变化，电桥失去平衡，输出和 C_X 变化成比例的信号。该信号经耦合电容 C 耦合输出，由运算放大器放大，经整流和滤波，成为直流信号，再经差动放大器放大后，由显示器显示变化的板材厚度。

同时，通过反馈回路将该直流信号送到压力调节设备，调节轧辊与板材间的距离，使轧制的板材厚度朝要求值变化，保持在要求值的允许误差范围之内。

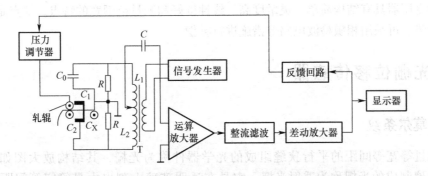

图7-4　变极距式电容传感器自动控制轧制板材厚度的工作原理

变极距式电容传感器的特性曲线如图 7-5
所示。

7.1.3　螺线管电感式机械位移传感器

螺线管电感式机械位移传感器主要由螺线管
和铁心组成，铁心插入螺线管中并可来回移动。
当铁心发生位移时，将引起螺线管电感的变化。
螺线管的电感量与铁心插入螺线管的长度 l_C 有如
下的关系，即

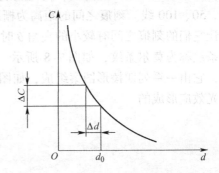

图7-5　变极距式电容传感器的特性曲线

$$L = \frac{\mu_0 N^2 A}{l^2}(l + \mu_r l_C) \qquad (7\text{-}2)$$

式中，L 单位为亨（H）；μ_r 为铁心材料相对磁导率；μ_0 为真空磁导率；l 为螺线管的长度
（m）；N 为螺线管的匝数；A 为螺线管的横截面积（m^2）。

这种传感器的活动铁心随被测物体一起移动，导致线圈电感量发生变化，起到反映位移
量的作用。这种传感器的测量范围大，其检测位移量可从数毫米到数百毫米。缺点是灵敏度
低。它广泛用于测量大量程直线位移。

7.1.4　差动变压器式机械位移传感器

差动变压器的结构原理如图7-6所示，它由 3 个螺线管组成。

当一次绕组 L_1 加交流励磁电压 U_{in} 时，在
二次绕组上由于电磁感应而产生感应电压。由
于两个二次绕组相反极性串接，所以两个二次
绕组中的感应电压 U_{out1} 和 U_{out2} 的相位相反，其
相加的结果在输出端就产生了电位差 U_{out}。当铁
心处于中心对称位置时，则 $U_{out1} = U_{out2}$，所以
$U_{out} = 0$；当铁心向两端位移时，U_{out1} 大于或小
于 U_{out2}，使 U_{out} 不等于零，其值与铁心的位移
成正比。这就是差动变压器将机械位移量转换
成电压信号输出的转换原理。

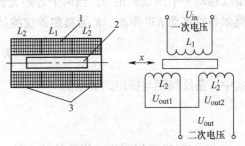

图 7-6　差动变压器结构原理
1——次绕组　2—铁心　3—二次绕组

差动变压器具有结构简单、灵敏度高、线性度好和测量范围宽的特点。缺点是存在零点残余电动势。可采用相敏检波电路等措施进行补偿。

7.2 光栅位移传感器

7.2.1 莫尔条纹

由大量等宽等间距的平行狭缝组成的光学器件称为光栅，其结构放大图如图 7-7 所示。用玻璃制成的光栅称为透射光栅，它是在透明玻璃上刻出大量等宽等间距的平行刻痕，每条刻痕处是不透光的，而两刻痕之间是透光的。光栅的刻痕密度一般为每厘米 10、25、50、100 线。刻痕之间的距离为栅距 W。如果把两块栅距 W 相等的光栅面平行安装，且让它们的刻痕之间有较小的夹角 θ 时，这时光栅上就会出现若干条明暗相间的条纹，这种条纹称为莫尔条纹，如图 7-8 所示。莫尔条纹是光栅非重合部分光线透过而形成的亮带，它由一系列四棱形图案组成，如图 7-8 中 d-d 线区所示。f-f 线区则是由于光栅的遮光效应形成的。

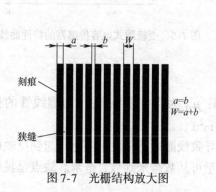

图 7-7 光栅结构放大图

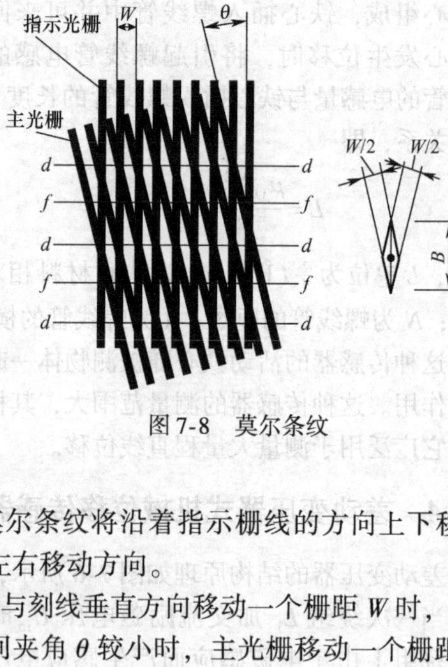

图 7-8 莫尔条纹

莫尔条纹有如下两个重要的特性。

1）当指示光栅不动、主光栅左右平移时，莫尔条纹将沿着指示栅线的方向上下移动，查看莫尔条纹的上下移动方向，即可确定主光栅左右移动方向。

2）莫尔条纹有位移的放大作用。当主光栅沿与刻线垂直方向移动一个栅距 W 时，莫尔条纹移动一个条纹间距 B。当两个等距光栅的栅间夹角 θ 较小时，主光栅移动一个栅距 W，莫尔条纹移动 KW 距离，K 为莫尔条纹的放大系数，可由下式确定，即

$$K = \frac{B}{W} \approx \frac{1}{\theta} \tag{7-3}$$

式中，条纹间距与栅距的关系为

$$B = \frac{W}{\theta} \tag{7-4}$$

由式(7-3)可以看出，当 θ 角较小时，例如 $\theta = 30'$，则 $K = 115$，表明莫尔条纹的放大倍数相当大。这样，就可把肉眼看不见的光栅位移变成为清晰可见的莫尔条纹移动，可以用测

量条纹的移动来检测光栅的位移，从而实现高灵敏的位移测量。

7.2.2 光栅位移传感器的结构及工作原理

光栅位移传感器的结构原理如图 7-9 所示。它主要由主光栅、指示光栅、光源和光敏器件等组成，其中主光栅与被测物体相连，它随被测物体的直线位移而产生移动。当主光栅产生位移时，莫尔条纹便随着产生位移，若用光敏器件记录莫尔条纹通过某点的数目，则可知主光栅移动的距离，也就测得了被测物体的位移量。利用上述原理，通过多个光敏器件对莫尔条纹信号的内插细分，则可检测出比光栅距还小的位移量及被测物体的移动方向。

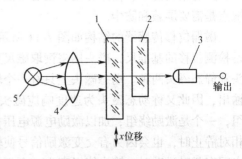

图 7-9　光栅位移传感器的结构原理

1—主光栅　2—指示光栅

3—光敏器件　4—聚光镜　5—光源

7.2.3 光栅位移传感器的应用

由于光栅位移传感器测量精度高(分辨率为 0.1μm)、动态测量范围广(0~1000mm)，可进行无接触测量，而且容易实现系统的自动化和数字化，所以在机械工业中得到了广泛的应用，特别是在量具、数控机床的闭环反馈控制、工作主机的坐标测量等方面，光栅位移传感器都起着重要的作用。

7.3　磁栅位移传感器

磁栅是一种有磁化信息的标尺，它是在非磁性体的平整表面上镀一层约 0.02mm 厚的 Ni-Co-P 磁性薄膜，并用录音磁头沿长度方向按一定的激光波长 λ 录上磁性刻度线而构成的，因此又把磁栅称为磁尺。

当录制磁信息时，要使磁尺固定，磁头根据来自激光波长的基准信号，以一定的速度在其长度方向上边运行边流过一定频率的相等电流，这样，就在磁尺上录上了相等节距的磁化信息而形成磁栅。磁栅录制后的磁化结构相当于一个个小磁铁按 NS、SN、NS…的状态排列起来。磁栅的基本结构如图7-10 所示。因此在磁栅上的磁场强度呈周期性地变化，并在 N-N 或 S-S 相接处为最大。

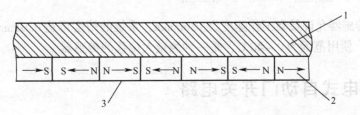

图 7-10　磁栅的基本结构

1—非磁性材料磷青铜　2—Ni-Co-P 磁性薄膜　3—录制后形成的小磁铁

磁栅的种类可分为单面型直线磁栅、同轴型直线磁栅和旋转型磁栅等。磁栅主要用于大型机床和精密机床中，作为位置或位移量的检测元器件。磁栅和其他类型的位移传感器相比，具有结构简单、使用方便、动态范围大(1~20m)和对磁信号可以重新录制等优点。其缺点是需要屏蔽和防尘。

磁栅位移传感器的结构如图7-11所示。它由磁尺(磁栅)、磁头和检测电路组成。磁尺是检测位移的基准尺，磁头用来读取磁尺上的记录信号。按读取方式不同，磁头分为动态磁头和静态磁头两种。动态磁头上只有一个输出绕组，只有当磁头和磁尺相对运动时才有信号输出，因此又称动态磁头为速度响应磁头。静态磁头是一种调制式磁头，磁头上有两个绕组，一个是激励绕组，加以激励电源电压，另一个是输出绕组。即使在磁头与磁尺之间处于相对静止时，也会因为有交变激励信号使输出绕组有感应电压信号输出。当静态磁头和磁尺之间有相对运动时，输出绕组产生一个新的感应电压信号输出，它作为包络，调制在原感应电压信号的幅度上，提高了测量精度。检测电路主要用来供给磁头激励电压和把磁头检测到的信号转换为脉冲信号输出。

当磁尺与磁头之间产生相对位移时，磁头的铁心使磁尺的磁通有效地通过输出绕组，在绕组中产生感应电压，该电压随磁尺磁场强度周期的变化而变化，从而将位移量转换成电信号输出。图7-12是磁信号与静态磁头输出信号的波形。磁头输出信号经检测电路转换成电脉冲信号，并以数字形式显示出来。

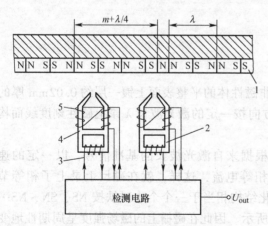

图7-11 磁栅位移传感器的结构

1—磁尺　2—磁头　3—激励绕组　4—铁心　5—输出绕组

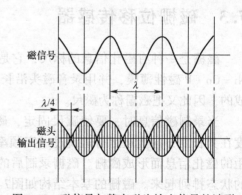

图7-12 磁信号与静态磁头输出信号的波形

磁栅位移传感器允许最高工作速度为12m/min，系统的精度可达0.01mm/m，最小指示值为0.001mm，使用范围为0~40℃，是一种测量大位移的传感器。

7.4　热释电式自动门开关电路

自动门常用于宾馆、商场和写字楼，人走到门前时，门自动开启，人走过后，门自动关闭。热释电式自动门开关电路如图7-13所示。图中两个热释电型红外传感器RD622，一个安装在门外，一个安装在门内。热释电型红外传感器接收到进门或出门的人身体放射的红外线，输出高电平脉冲，经晶体管 VT 反相后，以低电平加到 IC_1 的 2 脚，触发单稳态电路翻转到暂稳态。这时 IC_1 的 3 脚输出为高电平，使双触点继电器 KM 的常开触点 KM_1 闭合接通电源，电动机正向运转。电动机同步皮带带动吊具系统，使门扇开启。SQ_1 为限位开关，开门到位后断开电源，电动机停止运转。

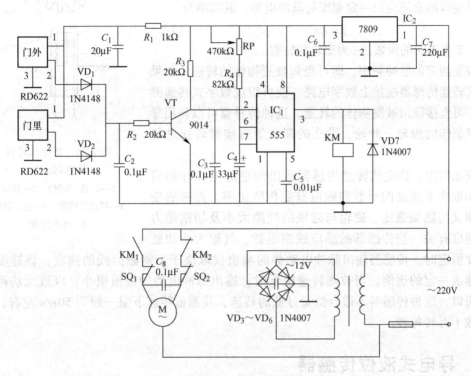

图 7-13 热释电式自动门开关电路

人走过后，热释电型红外传感器输出的高电平消失，VT 截止。IC_1 的 2 脚变为高电平。其 6 脚经内电路的短路状态释放，C_4 通过电位器 RP 和电阻 R_4 充电。当 C_4 上的电位上升到 IC_1 翻转的阈值电压时，单稳态电路复位到稳态，IC_1 的 3 脚输出为低电平。双触点继电器 KM 的常开触点 KM_1 断开，常闭触点 KM_2 闭合接通电源，电动机反向运转。电动机同步皮带带动吊具系统，使门扇关闭。SQ_2 为限位开关，关门到位后断开电源，电动机停止运转。

单稳态电路由暂稳态复位到稳态的时间长短，也就是门维持开启状态的时间长短，取决于 C_4 充电的时间常数，可以通过改变 RP 电阻值调节。

7.5 磁电式转速传感器

转速传感器的种类很多，有磁电式转速传感器、光电式转速传感器、光断续器式转速传感器、离心式转速传感器、电涡流式转速传感器及霍尔式转速传感器、直流测速发电机式转速传感器等。

磁电式转速传感器的结构如图 7-14 所示。它由永久磁铁、感应线圈、磁轮等组成。在磁轮上加工有齿形凸起，磁轮装在被测转轴上，与转轴一起旋转。当转轴旋转时，磁轮的凸凹齿形将引起磁轮与永久磁铁间气隙大小的变化，从而使永久磁铁组成的磁路中的磁通量随之发生变化。磁路通过感应线圈，当磁通量发生突变时，感应线圈会感应出一定幅度的脉冲电势，其频率为

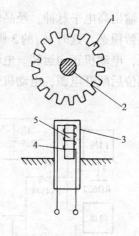

$$f = Zn \tag{7-5}$$

式中，Z 为磁轮的齿数；n 为磁轮的转数。

根据测定的脉冲频率，即可得知被测物体的转速。如果磁电式转速传感器配接上数字电路，便可组成数字式转速测量仪，可直接读出被测物体的转速。这种传感器可以利用导磁材料制作的齿轮、叶轮、带孔的圆盘等直接对转速进行测量。

应该指出，磁电式转速传感器输出的感应电脉冲幅值的大小取决于线圈的匝数和磁通量变化的速率。而磁通变化速率又与磁场强度、磁轮与磁铁的气隙大小及切割磁力线的速度有关。当传感器的感应线圈匝数、气隙大小和磁

图 7-14　磁电式转速
传感器结构
1—磁轮（软钢）　2—转轴
3—转速传感器　4—感应线圈
5—永久磁铁

场强度恒定时，传感器输出脉冲电动势的幅值仅取决于切割磁力线的速度，该速度与被测转速成一定的比例。当被测转速很低时，输出脉冲电势的幅值很小，以致无法测量出来。所以，这种传感器不适合测量过低的转速，其测量转速下限一般为 50r/s 左右，上限可达数十万转每秒。

7.6　导电式液位传感器

测量液位的目的既是为液体储藏量的管理，又是为液位的安全或自动化控制。有时需要精确的液位数据，有时只需液位升降的信息。液位传感器按测定原理可分为浮子式液位传感器、平衡浮筒式液位传感器、压差式液位传感器、电容式液位传感器、导电式液位传感器、超声波式液位传感器和放射线式液位传感器等。

图 7-15 是一种实用的导电式水位检测器电路原理图、等效电路及输出波形。电路主要由两个运算放大器组成，IC_{1a} 运算放大器及外围元器件组成方波发生器，通过电容器 C_1 与检知电极相接。IC_{1b} 运算放大器与外围元器件组成比较器，以识别仪表水位的电信号状态。采用发光二极管作为水位的指示。由于水有一定的等效电阻 R_0，所以当水位上升到和检知电极接触时，方波发生器产生的矩形波信号被旁路。相当于加在比较器反相输入端的信号为直流低电平，比较器输出端输出高电平，发光二极管处于熄灭状态。当水位低于检知电极时，电极与水呈绝缘状态，方波发生器产生正常的矩形波信号，此时比较器输出为低电平，发光二极管闪烁发光，告知水箱缺水。如要对水位进行控制，则可以设置多个电极，以电极不同的高度来控制水位的高低。

导电式水位传感器在日常工作和生活中应用很广泛，它在抽水及储水设备、工业水箱、汽车水箱等方面均被采用。

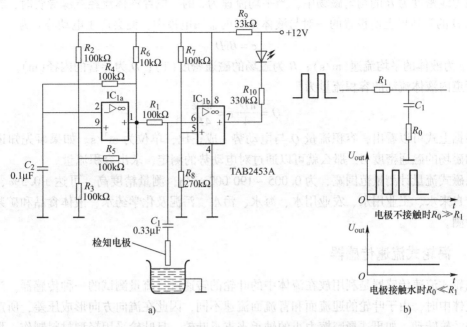

图 7-15 导电式水位检测器电路原理图、等效电路及输出波形

a) 电路原理图 b) 等效电路及输出波形

7.7 流量及流速传感器

凡涉及流体介质的生产过程(如气体、液体及粉状物质的传送等)都有流量及流速的测量和控制问题。流量及流速传感器的种类有电磁式流量传感器、电涡流式流量传感器、超声波式流量传感器、热导式流速传感器、激光式流速传感器、光纤式流速传感器、浮子式流量传感器、涡轮式流量传感器和空间滤波器式流量传感器等。

7.7.1 电磁式流量传感器

导电性的液体在流动时切割磁力线,也会产生感应电动势。因此,可应用电磁感应定律来测定流速,电磁式流量传感器(或称电磁式流量计)就是根据这一原理制成的。图 7-16 所示为电磁式流量传感器的工作原理。

在励磁线圈加上励磁电压后,绝缘导管便

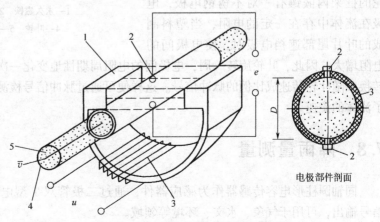

图 7-16 电磁式流量传感器的工作原理

1—铁心 2—电极 3—励磁线圈 4—绝缘导管 5—液体

处于磁力线密度为 B 的均匀磁场中，当平均流速为 $\bar{v}$ 的导电性液体流经绝缘导管时，在导管内径为 D 的管道壁上所设置的一对与液体接触的金属电极中，便会产生电动势 e 为

$$e = B\bar{v}D \tag{7-6}$$

式中，$\bar{v}$ 为液体的平均流速(m/s)；B 为磁场的磁通密度(T)；D 为导管的内径(m)。

管道内液体流动的容积流量为

$$Q = \frac{\pi D^2}{4}\bar{v} = \frac{\pi De}{4B} \tag{7-7}$$

根据上式可以看出，容积流量 Q 与电动势 e 成正比，单位为 m^3/s。如果事先知道导管内径和磁场的磁通密度 B，那么就可以通过对电动势的测定，求出容积流量。

电磁式流量计测量范围宽，为 $0.005 \sim 190\,000 m^3/h$，测量精度高，可达 $\pm 0.5\%$，广泛应用于自来水、工业用水、农业用水、海水、污水、污泥及化学药水、液体食品和矿浆等流量的检测。

7.7.2 涡轮式流速传感器

涡轮式流速传感器是利用放在流体中的叶轮的转速进行流量测试的一种传感器。当叶轮置于流体中时，由于叶轮的迎流面和背流面流速不同，因此在流向方向形成压差，所产生的推力使叶轮转动。如果选择摩擦力小的轴承来支承叶轮，且叶轮采用轻型材料制作，那么可使流速和转速的关系接近线性，只要测得叶轮的转速，便可得知流体的流速和流量。

涡轮转速的测量一般采用图 7-17 所示的方法，可用导磁材料制作叶轮的叶片，然后由永久磁铁、铁心及线圈与叶片形成磁路。当叶片旋转时，磁阻将发生周期性的变化，从而使线圈中感应出脉冲电压信号。该信号经放大、整形后，便可输出作为供检测转速用的脉冲信号。

还有一种利用叶轮旋转引起流体电阻变化来检测流量的传感器，它是在叶轮的框架内嵌镶有一对不锈钢电极，电极在流体中存在一定的电阻，当塑料制成的叶片尾部遮挡电极时，使电极间的

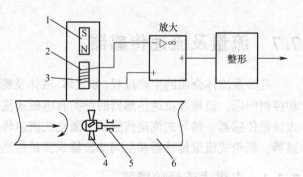

图 7-17　涡轮流量传感器结构原理图
1—永久磁铁　2—线圈　3—铁心
4—叶轮　5—轴承　6—管道

电阻增大。因此，叶轮旋转一周，电极间的电阻周期性地变化一次，电阻的变化经检测电路转换成随叶轮转速成比例的脉冲信号。这样便可通过脉冲信号检测出叶轮的转速，也就测出了流体的流速。

7.8　降雨量测量

同轴圆柱形电容传感器作为感应器件，通过二极管双 T 型电路，将降雨量转换为电压信号输出，可用于气象、水文、环境等领域。

同轴圆柱形电容传感器结构如图 7-18 所示。在忽略边缘效应情况下，有降雨的电容器

容量为

$$C_1 = \frac{2\pi \varepsilon_o (h - h_x)}{\ln\left(\frac{r_2}{r_1}\right)} + \frac{2\pi \varepsilon h_x}{\ln\left(\frac{r_2}{r_1}\right)} \qquad (7\text{-}8)$$

没有降雨的电容器容量为

$$C_2 = \frac{2\pi \varepsilon_o h}{\ln\left(\frac{r_2}{r_1}\right)} \qquad (7\text{-}9)$$

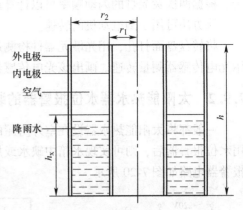

图 7-18　同轴圆柱形电容传感器结构

式中，r_1 和 r_2 分别为同轴圆柱形电容器内电极外半径和外电极内半径，h 和 h_x 分别为圆筒高度和降雨水高度（降雨量）。ε 和 ε_o 分别为雨水和空气的介电常数。

测量降雨量的二极管双 T 型电路如图 7-19 所示。图中，C_1 和 C_2 为两个相同的同轴圆柱形电容传感器，C_1 放置于室外接收雨水，C_2 密封不接收雨水作为参照，二极管 VD_1 和 VD_2 特性相同，R_1 和 R_1 电阻值相等，电源 U_i 输出正、负脉冲电压，占空比为 50%。

电源输出正脉冲时，通过二极管 VD_1 给 C_1 充电，电源输出负脉冲时，VD_1 截止，C_1 通过电阻 R_1 和 R_L 放电。电源输出负脉冲时，通过二极管 VD_2 给 C_2 充电，电源输出正脉冲时，VD_2 截止，C_2 通过电阻 R_2 和 R_L 放电。

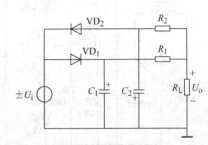

图 7-19　测量降雨量的二极管双 T 型电路

无降雨时 C_1 和 C_2 容量相等，充放电电流相等，负载电阻 R_L 输出电压 U_o 为 0。有降雨时 C_1 电容量增大，充放电电流增大，C_2 电容量不变，充放电电流不变。负载电阻 R_L 输出电压为正值，大小与降雨量成正比。R_L 输出电压 U_o 为

$$U_o = M U_i f (C_1 - C_2) \qquad (7\text{-}10)$$

式中，f 为正负脉冲频率；M 为比例系数，与电路中的二极管特性及电阻 R_1 和 R_L 有关，可由计算或实验获得。

由 U_o 值可计算出 C_1 值，从而计算出降雨量 h_x。

7.9　实训

7.9.1　灯光照射测转盘转速

一般荧光灯的明暗闪动频率为 50Hz/s，荧光灯光照射到转盘上，将会产生反射。在转盘的圆周均匀画上长方形的黑白相间格子，转动时，若能看清楚格子，则转速为荧光灯闪动频率的某一比例数。

用玩具转盘做该试验，圆周上黑白方格数分别为 8、10、12、14、16，估计转盘转速。

使用可改变闪动频率的荧光灯。慢慢增加荧光灯闪动频率到再一次看清楚长方形的格

子，根据两次荧光灯的闪动频率可以计算出转盘的转动速度。

该方法可用于测电动机的转速。

将转盘盘面打孔，用光敏元器件检测通过孔的无频闪的白炽灯光，用频率计计数可实现用光电传感器测量转速。画出该光电传感器测转速的电路组成框图。

7.9.2 太阳能热水器水位报警器的装配与调试

一般都将太阳能热水器设在室外房屋的高处，故热水器的水位在使用时不易观测。在使用水位报警器后，则可实现水箱中缺水或加水过多时自动发出声光报警。太阳能热水器水位报警器电路如图 7-20 所示。

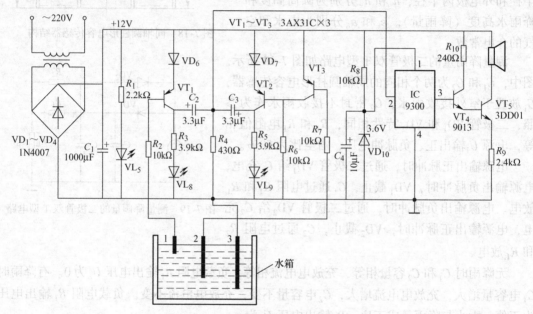

图 7-20　太阳能热水器水位报警器电路

导电式水位传感器的 3 个探知电极分别和 VT_1、VT_3 的基极及地端相连，电路的电源由市电经变压器降压、整流器整流提供，发光二极管 VL_5 为电源指示灯。报警声由音乐集成电路 9300 产生，R_8 和稳压二极管 VD_{10} 产生的 3.6V 直流电压为其提供电源，VT_4 和 VT_5 组成音频功放级，将 IC 输出的信号放大后，推动扬声器发出报警声。

当水位在电极 1、2 之间正常情况下，电极 1 悬空，VT_1 截止，高水位指示灯 VL_8 为熄灭状态。由于电极 2、3 处在水中存在水电阻的原因，使 VT_3 导通，VT_2 截止，低水位指示灯 VL_9 也处于熄灭状态。整个报警器系统处于非报警状态。

当热水器水箱中的水位下降低于电极 2 时，VT_3 截止，VT_2 导通，低水位指示灯 VL_9 点亮。由 C_3 及 R_4 组成的微分电路在 VT_2 由截止到导通的跳变过程中产生的正向脉冲，将触发音乐集成 IC 工作，扬声器发出 30s 的报警声。告知用户水箱将要缺水了。

同理，当水箱中的水超出电极 1 时，VT_1 导通，高水位指示灯 VL_8 点亮，同时 C_2 和 R_4 微分电路产生的正向脉冲触发音乐集成电路 IC 工作，使扬声器发出报警声，告知用户水箱中的水快溢出来了。

制作印制电路板装调该太阳能热水器水位报警器电路，并用一个水盆作为热水器的水箱，在水盆的不同水位高度安置 3 个探知电极，进行水位报警实验，过程如下。

1) 准备电路板、晶体管、电极、报警器等元器件，认识元器件。

2) 装配水位报警器电路。

3) 将 3 个探知电极安置于水盆的不同水位高度，接通水位报警器电路，给水盆中慢慢加水。

4) 在正常水位、缺水水位、超高水位对电路的报警效果进行电路调整。

5) 进行正常水位、缺水水位、超高水位时电路的报警实验。

6) 记录实验过程和结果。

7.10 习题

1. 用作位移测量的电位器传感器的主要作用有哪些？

2. 画图分析光栅位移传感器莫尔条纹放大作用原理，并讨论数量关系。

3. 简单分析磁电式转速传感器的工作原理。

4. 导电式液位传感器要求被测液体必须具有什么特性？它在哪些工程和设备中获得应用？

5. 试设计一个多电极、多水位的水位控制系统。

6. 位移传感器如何用作接近传感器？接近传感器会有哪几种类型？

7. 什么是热释电传感器？热释电式自动门开关电路是如何工作的？

8. 可否用电磁式流量计测量自来水的流量？如何测量？

9. 涡轮式流速传感器如何测流体的流速和流量？

10. 解释同轴圆柱形电容传感器测量降雨量的工作原理。

作和出口回路组成。两支灯管水位检测电路，闭合一个工作开关后即可工作。启闭后,在水位显示时出水位高度显示置3个LED红灯。以进行水位数据显示,并根据上

1)确保电路质量...
2)将稳压电源...
3)第3步骤加出...
此水...
4)此位置水位,...
5)通过往常水位,...
6)采集测量出水位...

7.10 习题

1.用光电编码器进行位移检测时为什么用格雷码...
2.断图分析光电传感器测量水流速系统的工作原理...
3.简单介绍光电式传感器测速的工作原理及其应用...

应用...

8.实验式温度传感器测温度的原理...
9.请简介如何测量传感器温度...
10.请根据附加图回答电路式的工作原理及功能...

第8章 气体和湿度传感器

本章要点

- 气体传感器的种类、工作原理和特点。
- 湿敏元器件的种类、存在的问题以及湿度传感器的研究和发展。
- 气体传感器和湿度传感器的应用。

8.1 气体传感器

气体传感器是一种把气体(多数为空气)中的特定成分检测出来,并将它转换为电信号的器件。它提供有关待测气体的存在及浓度大小的信息。

气体传感器最早用于可燃性气体泄漏报警,用于防灾,保证生产安全。后来逐渐推广到用于有毒气体的检测、容器或管道的检漏、环境监测(防止公害)、锅炉及汽车的燃烧检测与控制(可以节省燃料,并且可以减少有害气体的排放)、工业过程的检测与自动控制(测量分析生产过程中某一种气体的含量或浓度)。近年来,在医疗、空气净化、家用燃气灶和热水器等方面,气体传感器得到了普遍的应用。

表8-1列出了气体传感器主要检测对象及其应用场所。

表8-1 气体传感器主要检测对象及其应用场所

分　类	检测对象气体	应用场所
易燃易爆气体	液化石油气、焦炉煤气、发生炉煤气、天然气	家庭
	甲烷	煤矿
	氢气	冶金、试验室
有毒气体	一氧化碳(不完全燃烧的煤气)	煤气灶等
	硫化氢、含硫的有机化合物	石油工业、制药厂
	卤素、卤化物和氨气等	冶炼厂、化肥厂
环境气体	氧气(缺氧)	地下工程、家庭
	水蒸气(调节湿度,防止结露)	电子设备、汽车和温室等
	大气污染(SO_x, NO_x, Cl_2 等)	工业区
工业气体	燃烧过程气体控制,调节燃/空比	内燃机、锅炉
	一氧化碳(防止不完全燃烧)	内燃机、冶炼厂
	水蒸气(食品加工)	电子灶
其他用途	烟雾、司机呼出的酒精	火灾预报、事故预防

气体传感器的性能必须满足下列条件。

1）能够检测易爆炸气体的允许浓度、有害气体的允许浓度和其他基准设定浓度，并能及时给出报警、显示与控制信号。

2）对被测气体以外的共存气体或物质不敏感。

3）长期稳定性、重复性好。

4）动态特性好、响应迅速。

5）使用、维护方便，价格便宜等。

气体传感器种类较多，下面简单介绍几种类型。

8.1.1 半导体气体传感器

半导体气体传感器是利用半导体气敏元器件同气体接触会造成半导体性质变化的特性来检测气体的成分或浓度的气体传感器。半导体气体传感器大体可分为电阻式和非电阻式两大类。电阻式半导体气体传感器是用氧化锡、氧化锌等金属氧化物材料制作的敏感元器件，利用其阻值的变化来检测气体的浓度。气敏元器件有多孔质烧结体、厚膜以及目前正在研制的薄膜等。非电阻式半导体气体传感器是一种半导体器件，它们在与气体接触后，如二极管的伏安特性或场效应晶体管的电流-电压特性等将会发生变化，根据这些特性的变化可测定气体的成分或浓度。半导体气体传感器的分类如表8-2所示。

表8-2 半导体气体传感器的分类

类型	主要的物理特性	传感器举例	工作温度	代表性被测气体
电阻式	表面控制型	氧化锡、氧化锌	室温~450℃	可燃性气体
	体电阻控制型	LaI-xSrxCoO₃，FeO 氧化钛、氧化钴、氧化镁、氧化锡	300~450℃ 700℃以上	酒精、可燃性气体、氧气
非电阻式	表面电位	氧化银	室温	乙醇
	二极管整流特性	铂/硫化镉、铂/氧化钛	室温~200℃	氢气、一氧化碳、酒精
	晶体管特性	铂栅MOS场效应晶体管	150℃	氢气、硫化氢

1. 表面控制型气体传感器

表面控制型气体传感器表面电阻的变化，取决于表面原来吸附气体与半导体材料之间的电子交换。这类传感器工作在空气中，而在空气中的氧（O_2）（电子兼容性大的气体）接受来自半导体材料的电子而吸附负电荷，其结果表现为N型半导体材料的表面空间电荷区域的传导电子减少，使表面电导率降低，从而使器件处于高阻状态。一旦器件与被测气体接触，就会与吸附的氧起反应，将被氧束缚的几个电子释放出来，使敏感膜表面电导增加，使器件电阻减小。这种类型的传感器多数以可燃性气体为检测对象，但如果吸附能力强，那么即使是非可燃性气体，也能作为检测对象。这类传感器具有检测灵敏度高、响应速度快、实用价值大等优点。目前常用的材料为氧化锡和氧化锌等较难还原的氧化物，也有用有机半导体材料的。在这类传感器中，一般均参有少量贵金属（如Pt等）作为激活剂。这类器件目前已商品化的有 SnO_2、ZnO 等气体传感器。

2. 体电阻控制型气体传感器

体电阻控制型气体传感器是利用体电阻的变化来检测气体的半导体器件。很多氧化物半导体有化学计量比偏离（即组成原子数偏离整数比）的情况，如 $Fe_{1-x}O$、$Cu_{2-x}O$ 等，或 SnO_{2-x}、ZnO_{1-x}、TiO_{2-x} 等。前者为缺金属型氧化物，后者为缺氧型氧化物，统称为非化学计量化合物。它们是不同价态金属的氧化物构成的固溶体，其中 x 值由温度和气相氧分压决定，氧的进出使晶体中晶格缺陷（结构组成）发生变化，电导率也就随之发生变化。缺金属型为生成阳离子空位的 P 型半导体，氧分压越高，电导率越大。与此相反，缺氧型氧化物为生成晶格间隙阳离子或生成氧离子缺位的 N 型半导体，氧分压越高，电导率越小。

体电阻控制型气敏器件，因需与外界氧分压保持平衡，或受还原性气体的还原作用，致使晶体中的结构缺陷发生变化，体电阻也随之变化。这种变化是可逆的，在待测气体脱离后气敏器件又恢复原状。这类传感器以 $\alpha-Fe_2O$、$\gamma-Fe_2O_3$、TiO_2 传感器为代表。其检测对象主要有：液化石油气（主要是丙烷）、煤气（主要是 CO、H_2）、天然气（主要是甲烷）。

例如：利用 SnO_2 气敏器件可设计酒精探测器，当酒精气体被检测到时，气敏器件电阻值降低，测量电路有信号输出，使电表显示或指示灯发亮。这一类气敏器件工作时要提供加热电压。

上述两种电阻型半导体气体传感器的优点是价格便宜，使用方便，对气体浓度变化响应快，灵敏度高。其缺点是稳定性差，老化快，对气体识别能力不强，特性的分散性大等。为了解决这些问题，目前正从提高识别能力、提高稳定性、开发新材料、改进工艺及器件结构等方面进行研究。

3. 非电阻式气体传感器

非电阻式气体传感器是目前正在研究、开发的气体传感器。目前主要有二极管、场效应晶体管（FET）及电容型几种。

二极管气体传感器是利用一些气体被金属与半导体的界面吸收，引起电子迁移，由此引起能级弯曲，使功函数和电导率发生变化，从而使二极管整流电流随气体浓度变化的特性而制成的。如 Pd/Ti、Pd/ZnO 之类二极管可用于对 H_2 的检测。

FET 型气体传感器是将 MOS - FET 或 MIS - FET 管中的金属栅采用 Pd 等金属膜，根据栅压阈值的变化来检测未知气体。初期的 FET 型气体传感器以测 H_2 为主，近年来已制成 H_2S、NH_3、CO、乙醇等 FET 气体传感器。最近又发展了 ZrO_2、LaF 固体电解质膜及锑酸质子导电体厚膜型的 FET 气体传感器。

人们发现 $CaO-BaTiO_3$ 等复合氧化物随 CO_2 浓度变化，其静电容量有很大变化。当它被加热到 419℃ 时，可测定 CO_2 浓度范围为 $0.05\% \sim 2\%$。其优点是选择性好，很少受 CO、CH_4、H_2 等气体干扰，不受湿度干扰，具有良好的应用前景。

8.1.2　固体电解质式气体传感器

固体电解质式气体传感器内部不是依赖电子进行传导，而是靠阴离子或阳离子进行传导。因此，把利用这种传导性能好的材料制成的传感器称为固体电解质传感器。本节不做详细介绍。

8.1.3　接触燃烧式气体传感器

一般将在空气中达到一定浓度、触及火种可引起燃烧的气体称为可燃性气体。如甲烷、乙炔、甲醇、乙醇、乙醚、一氧化碳及氢气等均为可燃性气体。

接触燃烧式气体传感器是将白金等金属线圈埋设在氧化催化剂中构成的。使用时对金属线圈通以电流，使之保持在 $300 \sim 600℃$ 的高温状态，同时将元器件接入电桥电路中的一个桥臂，调节桥路使其平衡。一旦有可燃性气体与传感器表面接触，燃烧热量就会进一步使金属丝升温，造成器件阻值增大，从而破坏了电桥的平衡。其输出的不平衡电流或电压与可燃气体浓度成比例，检测出这种电流和电压就可测得可燃气体的浓度。

接触燃烧式气体传感器的优点是对气体选择性好，线性好，受温度、湿度影响小，响应快。其缺点是对低浓度可燃气体灵敏度低，敏感元器件受到催化剂侵害后其特性锐减，金属丝易断。

8.1.4　电化学式气体传感器

电化学式气体传感器包括离子电极型、伽伐尼电池型、定位电解法型等。

1. 离子电极型气体传感器

离子电极型气体传感器由电解液、固定参照电极和 pH 电极组成。通过透气膜使被测气体进入电解液，在电解液中达到如下化学平衡（以被测气体为 CO_2 为例），即

$$CO_2 + H_2O = H^+ + HCO_3^-$$

根据质量作用法则，HCO_3^- 的浓度一定与在设定的范围内 H^+ 浓度和 CO_2 分压成比例，根据 pH 值就能知道 CO_2 的浓度。适当的组合电解液和电极，可以检测多种气体，如 NH_3、SO_2、NO_2（pH 电极）、HCN（Ag 电极）、卤素（卤化物电极）等，这些气体传感器均已实用化。

2. 伽伐尼电池型气体传感器

伽伐尼电池型气体传感器由隔离膜、铅电极（阳）、电解液和白金电极（阴）组成一个伽伐尼电池。以氧传感器为例，当被测氧气通过聚四氟乙烯隔膜溶解在电解液中扩散到达负极表面时，即可发生还原反应。在白金电极上被还原成 OH^- 离子，正极上铅被氧化成 $Pb(OH)_2$，溶液中产生电流。这时流过外电路的电流和透过聚四氟乙烯膜的氧的速度成比例，负极上氧分压几乎为零，氧透过的速度和外部的被测氧分压成比例。

3. 定位电解法型气体传感器

定位电解法型气体传感器又称控制电位电解法型气体传感器。它是由工作电极、辅助电极、参比电极以及聚四氟乙烯制成的透气隔离膜组成的，在工作电极与辅助电极、参比电极间充以电解液，传感器工作电极（敏感电极）的电位由恒电位器控制，使其与参比电极电位保持恒定，待测气体分子扩散通过透气膜溶于电解液到达敏感电极表面时，在多孔型贵金属催化作用下，发生电化学反应（氧化反应），同时在辅助电极上氧气发生还原反应。这种反应产生的电解电流大小受扩散过程的控制，而扩散过程与待测气体浓度有关，只要测量敏感电极上产生的扩散电流，就可以确定待测气体浓度。在敏感电极与辅助电极之间加一定电压后，如果改变所加电压，氧化还原反应选择性地进行，就可以定量检测气体浓度和种类。

图 8-1 所示为定位电解法一氧化碳气体浓度测试电路。图中 NAP - 505 为日本生产的小型、低功耗一氧化碳传感器。

一氧化碳通过透气膜进入电解液到达工作电极（W）表面，工作电极表面发生氧化反应：

$$CO + H_2O \rightarrow CO_2 + 2H^+ + 2e^-$$

产生的电子在工作电极上，产生的氢离子在工作电极旁的电解液中。电子使工作电极产生负电压，电子由外电路向辅助电极（C）流动。氢离子在电解液中向辅助电极流动，接收辅

助电极上的电子和电极旁的氧气，发生还原反应：

$$2H^+ + O_2/2 + 2e^- \rightarrow H_2O$$

参比电极（R）表面同样发生氧化反应，产生的电子使参比电极产生负电压，该电压由运算放大器 IC_2 组成的积分电路积分，积分输出电压（经由 IC_1 的输入端和两个 10Ω 电阻）加在工作电极和辅助电极之间，以保持工作电极电压稳定，不随电子流出而下降。工作电

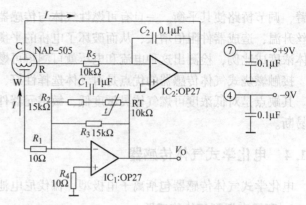

图 8-1　定位电解法—氧化碳气体浓度测试电路

极流出的电流（电子）与一氧化碳浓度成比例。电流在 10Ω 电阻上产生电压，由运算放大器 IC_1 放大输出。输出电压 V_0 与一氧化碳浓度成比例，测量 V_0 值即可知一氧化碳的浓度。

图中 NTC 热敏电阻 RT 用于温度补偿。温度升高，氧化和还原反应加速，输出电压增加。温度升高使 NTC 热敏电阻阻值降低，运算放大器负反馈增加，放大量减小，输出电压减小，达到补偿目的。NTC 热敏电阻 RT 的 B 值（热敏电阻常数）为 3435K，阻值 $10k\Omega$。运算放大器 OP27 用 ±9V 双电源供电。

8.1.5　集成型气体传感器

集成型气体传感器有两类：一类是把敏感部分、加热部分和控制部分集成在同一基片上，以提高元器件的性能；另一类是把多个具有选择性的元器件，用厚膜或薄膜的方法制在一个基片上，用计算机处理和信号识别的方法对被测气体进行有选择性的测定，这样既可以对气体进行识别，又可以提高检测灵敏度。

8.1.6　烟雾传感器

烟雾是由比气体分子大得多的微粒悬浮在气体中形成的，与一般气体的成分不同，必须利用微粒的特点进行检测。烟雾传感器多用于火灾报警器，是以烟雾的有无决定输出信号的传感器，不能定量地连续测量。

1. 散射式

在发光管和光敏元器件之间设置遮光屏，无烟雾时光敏元器件接收不到光信号，有烟雾时借助微粒的散射光使光敏元器件发出电信号，散射式烟雾传感器的工作原理如图 8-2 所示。这类传感器的灵敏度与烟雾种类无关。

2. 离子式

用放射性同位素镅 Am241 放射出微量的 α 射线，使附近空气电离，当平行平板电极间有直流电压时，产生离子电流 I_K。有烟雾时，微粒将离子吸附，而且微粒本身也吸收 α 射线，使离子电流 I_K 减小。

若由一个密封装有纯净空气的离子室作为参比元器件，将两者的离子电流进行比较，则可以排除外界干扰，得到可靠的检测结果。这类传感器的灵敏度与烟雾种类有关。离子式烟雾传感器的工作原理如图 8-3 所示。

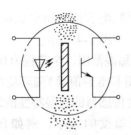

图 8-2 散射式烟雾传感器的工作原理

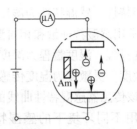

图 8-3 离子式烟雾传感器的工作原理

8.2 湿度传感器

8.2.1 概述

随着现代工农业技术的发展及人们生活条件的提高，湿度的检测与控制成为生产和生活中必不可少的手段。例如，在大规模集成电路生产车间，当其相对湿度低于30%时，容易产生静电而影响生产；一些粉尘大的车间，当湿度小而产生静电时，容易发生爆炸；纺织厂为了减少棉纱断头，车间要保持相当高的湿度(60% ~ 75%)；一些仓库(如存放烟草、茶叶和中药材等)在湿度过大时易发生变质或霉变现象。在农业上，先进的工厂式育苗、蔬菜棚、食用菌的培养与生产以及水果和蔬菜的保鲜等都离不开湿度的检测与控制。

湿度是指物质中所含水蒸气的量。目前的湿度传感器多数是测量气体中的水蒸气含量。通常用绝对湿度、相对湿度和露点(或露点温度)来表示。

1. 绝对湿度

绝对湿度是指单位体积的气氛中含水蒸气的质量，其表达式为

$$H_d = \frac{m_V}{V} \qquad (8-1)$$

式中，m_V 为待测气氛中的水汽质量；V 为待测气体的总体积。

2. 相对湿度

相对湿度(Relative Humidity)为待测气体中水汽分压(即绝对湿度)与相同温度下饱和水汽分压的比值的百分数。这是一个无量纲量，常表示为%，其表达式为

$$\varphi = \frac{P_V}{P_W} \times 100\% \qquad (8-2)$$

式中，P_V 为某温度下待测气体的水汽分压；P_W 为与待测气体温度相同时饱和水汽分压。

3. 露点

在一定大气压下，将含水蒸气的空气冷却到某温度时，空气中的水蒸气达到饱和状态，就会从气态变成液态而凝结成露珠，这种现象称为结露，此时的温度称为露点或露点温度。如果这一特定温度低于0℃，水汽就凝结成霜，此时称其为霜点。通常对两者不予区分，统称为露点，其单位为℃。

湿敏元器件是指对环境湿度具有响应或转换成相应可测信号的元器件。

湿度传感器是由湿敏元器件及转换电路组成的，具有把环境湿度转变为电信号的能力。其主要特性有以下几点。

1) 感湿特性。感湿特性为湿度传感器特征量(如电阻值、电容值和频率值等)随湿度变化的关系，常用感湿特征量和相对湿度的关系曲线来表示，如图 8-4 所示。

2) 湿度量程。湿度量程为湿度传感器技术规范规定的感湿范围。全量程为 0 ~ 100%。

3) 灵敏度。灵敏度为湿度传感器的感湿特征量(如电阻和电容值等)随环境湿度变化的程度，也是该传感器感湿特性曲线的斜率。由于大多数湿度传感器的感湿特性曲线是非线性的，因此常用不同环境下的感湿特征量之比来表示其灵敏度的大小。例如日本生产的 $MgCr_2O_4 - TiO_2$ 湿度敏感器件的灵敏度，用一组器件电阻比 $R_{1\%}/R_{20\%}$、$R_{1\%}/R_{40\%}$、$R_{1\%}/R_{60\%}$、$R_{1\%}/R_{80\%}$、$R_{1\%}/R_{100\%}$ 表示，其中 $R_{1\%}$、$R_{20\%}$、$R_{40\%}$、$R_{60\%}$、$R_{80\%}$、$R_{100\%}$ 分别为相对湿度在 1%、20%、40%、60%、80%、100% 时器件的电阻值。

4) 湿滞特性。湿度传感器在吸湿过程和脱湿过程中吸湿与脱湿曲线不重合，而是一个环形线，这一特性就是湿滞特性，如图 8-5 所示。

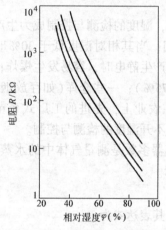

图 8-4 湿度传感器的感湿特性

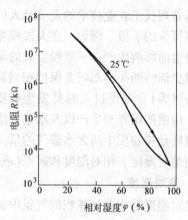

图 8-5 湿度传感器的湿滞特性

5) 响应时间。响应时间为在一定环境温度下，当相对湿度发生跃变时，湿度传感器的感湿特征量达到稳定变化量的规定比例所需的时间。一般以相应的起始湿度和终止湿度这一变化区间的 90% 的相对湿度变化所需的时间来计算。

6) 感湿温度系数。当环境湿度恒定时，温度每变化 1℃，引起湿度传感器感湿特征量的变化量为感湿温度系数。

7) 老化特性。老化特性为湿度传感器在一定温度、湿度环境下存放一定时间后，其感湿特性发生变化的特性。

综上所述，一个理想的湿度传感器应具备的性能和参数如下。

① 使用寿命长，长期稳定性好。

② 灵敏度高，感湿特性曲线的线性度好。

③ 使用范围宽，湿度温度系数小。

④ 响应时间短。

⑤ 湿滞回差小。

⑥ 能在有害气氛的恶劣环境中使用。

⑦ 一致性和互换性好，易于批量生产，成本低廉。

⑧ 感湿特征量应在易测范围以内。

湿度传感器种类繁多。按输出的电学量可分为电阻型、电容型和频率型等；按探测功能可分为绝对湿度型、相对湿度型和结露型等；按材料可分为陶瓷式、有机高分子式、半导体式和电解质式等。下面按材料分类分别给予介绍。

8.2.2 陶瓷湿度传感器

陶瓷湿度传感器的感湿机理，目前尚无定论。国内外学者主要提出了质子型和电子型两类导电机理，但这两种机理有时并不能独立地解释一些传感器的感湿特性，在此不再深入探究。只要知道这类传感器利用其表面多孔性吸湿进行导电，从而改变元器件的阻值即可。这种湿敏元器件随外界湿度变化而使电阻值变化的特性便是用来制造湿度传感器的依据。陶瓷湿度传感器较成熟的产品有 $MgCr_2O_4 - TiO_2$ 系、$ZnO - Cr_2O_3$ 系、ZrO_2 系厚膜型、Al_2O_3 薄膜型、$TiO_2 - V_2O_5$ 薄膜型等。下面介绍其典型品种。

1. $MgCr_2O_4 - TiO_2$ 系湿度传感器

$MgCr_2O_4 - TiO_2$ 系湿度传感器是一种典型的多孔陶瓷湿度测量器件。它具有灵敏度高、响应特性好、测湿范围宽和高温清洗后性能稳定等优点，目前已商品化，并得到广泛应用。$MgCr_2O_4 - TiO_2$ 系湿度传感器的结构如图 8-6 所示。

$MgCr_2O_4 - TiO_2$ 系湿度传感器是以 $MgCr_2O_4$ 为基础材料，加入一定比例的 TiO_2（20% ~ 35% mol/L）制成的。感湿材料被压制成 4mm × 4mm × 0.5mm 的薄片，在 1300℃ 左右烧成，在感湿片两面涂布氧化钌（RuO_2）多孔电极，并在 800℃ 下烧结。在感湿片外附设有加热清洗线圈，此清洗线圈主要是通过加热来排除附着在感湿片上的有害雾气及油雾、灰尘，恢复对水汽的吸附能力。

2. ZrO_2 系厚膜型湿度传感器

由于烧结法制成的烧结体型陶瓷湿度传感器结构复杂，工艺上一致性差，特性分散。近来，国外开发了厚膜型湿度传感器，不仅降低了成本，而且提高了传感器的一致性。

ZrO_2 系厚膜型湿度传感器的感湿层是用一种多孔 ZrO_2 系厚膜材料制成的，可用碱金属调节阻值的大小，并提高其长期稳定性。其结构如图 8-7 所示。

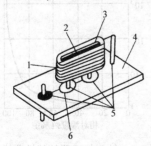 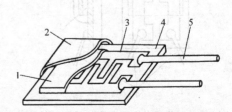

图 8-6　$MgCr_2O_4 - TiO_2$ 系湿度传感器的结构

1—镍铬丝加热清洗线圈　2—氧化钌电极

3—$MgCr_2O_4 - TiO_2$ 感湿陶瓷　4—陶瓷基片

5—杜美丝引出线　6—金短路环

图 8-7　ZrO_2 系厚膜型湿度传感器的结构

1—印制的 ZrO_2 感湿层（厚为几十微米）

2—由多孔高分子膜制成的防尘过滤膜

3—用丝网印刷法印制的 Au 梳状电极

4—瓷衬底　5—电极引线

8.2.3 有机高分子湿度传感器

有机高分子湿度传感器常用的有高分子电阻式湿度传感器、高分子电容式湿度传感器和结露传感器等。

1. 高分子电阻式湿度传感器

高分子电阻式湿度传感器的工作原理是，由于水吸附在能作为电解质电解产生正、负离子的高分子膜上，在低湿下，因吸附量少，不能产生荷电离子，所以电阻值较高。当相对湿度增加时，吸附量也增加，大量的吸附水就成为导电通道，高分子电解质电解产生的正负离子起到载流子作用，这就使高分子湿度传感器的电阻值下降。利用这种原理制成的传感器称为电阻式高分子湿度传感器。

2. 高分子电容式湿度传感器

高分子电容式湿度传感器是在高分子材料吸水后，元器件的介电常数随环境相对湿度的改变而变化，从而引起电容的变化。元器件的介电常数是水与高分子材料两种介电常数的总和。当含水量以水分子形式被吸附在高分子介质膜中时，由于高分子介质的介电常数(3 ~ 6)远远小于水的介电常数(81)，所以介质中水的成分对总介电常数的影响比较大，使元器件对湿度有较好的敏感性能。高分子电容式湿度传感器的结构如图 8-8 所示。它在绝缘衬底上制作一对平板金(Au)电极，然后在上面涂敷一层均匀的高分子感湿膜作电介质，在表层以镀膜的方法制作多孔浮置电极(Au 膜电极)，形成串联电容。

3. 结露传感器

结露传感器是利用了掺入碳粉的有机高分子材料吸湿后的膨润现象。在高湿下，高分子材料的膨胀会引起其中所含碳粉的间距变化而产生电阻突变。利用这种现象可制成具有开关特性的湿度传感器，即结露传感器。结露传感器的特性曲线如图 8-9 所示。

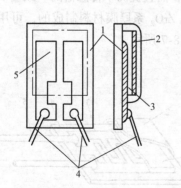

图 8-8　高分子电容式湿度传感器的结构

1—微晶玻璃衬底　2—多孔浮置电极
3—敏感膜　4—引线　5—下电极

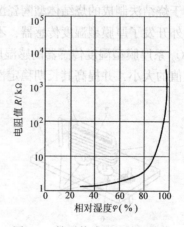

图 8-9　结露传感器的特性曲线

结露传感器是一种特殊的湿度传感器，它与一般的湿度传感器不同之处在于它对低湿不敏感，仅对高湿敏感。故结露传感器一般不用于测湿，而作为提供开关信号的结露信号器，用于自动控制或报警。例如用于检测磁带录像机、照相机结露及小汽车玻璃窗除露等。

8.2.4　半导体湿度传感器

半导体湿度传感器品种也很多，现以硅 MOS 型 Al_2O_3 湿度传感器为例来说明其结构与工艺。由于传统的 Al_2O_3 湿度传感器气孔形状大小不一，分布不匀，所以一致性差，存在着湿滞大、易老化、性能漂移等缺点。硅 MOS 型 Al_2O_3 湿度传感器是在 Si 单晶上制成 MOS 晶体管，其栅极是用热氧化法生长厚度为 80nm 的 SiO_2 膜，在此 SiO_2 膜上用蒸发及阳极化方法制得多孔 Al_2O_3 膜，然后再镀上多孔金（Au）膜而制成。这类传感器具有响应速度快、化学稳定性好及耐高低温冲击等特点。硅 MOS 型 Al_2O_3 湿度传感器的结构如图 8-10 所示。

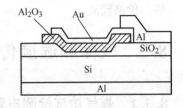

图 8-10　硅 MOS 型 Al_2O_3 湿度
传感器的结构

8.2.5　含水量检测

通常将空气或其他气体中的水分含量称为湿度，将固体物质中的水分含量称为含水量。

固体物质中所含水分的质量与总质量之比的百分数，即含水量的值。固体中的含水量可用下列方法检测。

1. 称重法

将被测物质烘干前后的质量 m_H 和 m_D 测出，含水量的百分数为

$$W = \frac{m_H - m_D}{m_H} \times 100\% \tag{8-3}$$

这种方法很简单，但烘干需要时间，检测的实时性差。不适用于那些不能采用烘干法的产品。

2. 电导法

固体物质吸收水分后电阻变小，用测定电阻率或电导率的方法便可判断含水量。例如，用专门的电极安装在生产线上，可以在生产过程中得到含水量数据。但要注意被测物质的表面水分可能与内部含水量不一致，电极应设计成能测量纵深部位电阻的形式。

3. 电容法

水的介电常数远大于一般干燥固体物质，因此，利用电容法先测出物质的介电常数，继而即可测出该物质的含水量。这种方法相当灵敏，造纸厂的纸张含水量便可用电容法进行测量。由于电容法是由极板间的电力线贯穿被测介质内部，所以表面水分引起的误差较小。至于电容值的测定，可用交流电桥电路、谐振电路及伏安法等。

4. 红外吸收法

水分对波长为 $1.94\mu m$ 的红外射线吸收较强，并且可用几乎不被水分吸收的 $1.81\mu m$ 波长的红外射线作为参照对比。由上述两种波长的滤光片对红外光进行轮流切换，根据被测物对这两种波长能量吸收的比值便可判断其含水量。

检测元器件可用硫化铅光敏电阻，但应使光敏电阻处在 $10 \sim 15℃$ 的某一温度下，为此

要用半导体制冷器维持恒温。这种方法也常用于造纸工业的连续生产线。

5. 微波吸收法

水分对波长为 1.36cm 附近的微波有显著吸收现象，而植物纤维对此波段的吸收要比水小几十倍，利用这一原理可制成测木材、烟草、粮食、纸张等物质中含水量的仪表。采用微波法要注意的是被测物料的密度和温度对检测结果的影响。使用这种方法的设备稍为复杂一些，价格较高。

8.3 气体和湿度传感器的应用

8.3.1 煤气浓度检测电路

M008 是可以检测多种可燃、有毒气体的气敏传感器。图 8-11 所示为用 M008 设计的气体浓度检测电路。+12V 电源由 H、H_1 端输入，给 M008 加热，A、B 间的电阻值随气体浓度的增大而减小，电位器 RP_2 活动臂的电压则随气体浓度的增大而增大。$A_1 \sim A_4$ 构成 4 个电压比较器，其反相输入端连在一起，与 RP_2 活动臂相连。+12V 电源经 $R_1 \sim R_5$ 分压后，分别给 $A_1 \sim A_4$ 的同相输入端输入 0.86V、1.71V、2.57V、3.43V 电压。若 RP_2 活动臂电压

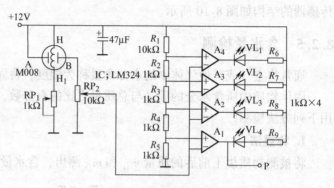

图 8-11　气体浓度检测电路

高于 0.86V，则 A_1 输出低电平，发光二极管 VL_4 被点亮。气体浓度越高，RP_2 活动臂电压越高，被点亮的发光二极管越多。由被点亮发光二极管个数的多少，可以判别出对应气体浓度的 4 个等级。

8.3.2 柔性传感器

柔性传感器是指采用柔性材料制成的传感器，具有良好的柔韧性、延展性，甚至可以自由弯曲、折叠。

柔性传感器结构如图 8-12 所示，由柔性基体、电极、薄膜敏感材料及信号引出导线组成。

柔性基体由柔性材料做成。常见的柔性材料有聚乙烯醇（PVA）、聚酯（PET）、聚酰亚胺（PI）、聚萘二甲酸乙二醇酯（PEN）、纸片、纺织面料等。常用的是聚酯、聚酰亚胺、聚萘二甲酸乙二醇酯 3 种。

柔性传感器的电极有金属电极、导电氧化物电极、纳米复合电极等类型，用化学电镀法、真空蒸镀法、磁控溅射法等固定在柔性基底上。

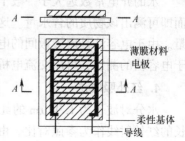

图 8-12　柔性传感器结构

柔性传感器敏感材料通常以薄膜的形式覆盖在电极上，有气体、湿度、压力、温度、磁阻、热流量等类型，在电子皮肤、医疗保健、运动器材、纺织品、航天航空、环境监测等领域得到广泛应用。

8.3.3 自动去湿装置

图 8-13 所示为一自动去湿装置。H 为湿敏传感器，R_s 为加热电阻丝，将 VT_1 和 VT_2 接成施密特触发器，VT_2 的集电极负载 KM 为继电器线圈。在常温常湿情况下调好各电阻值，使 VT_1 导通，VT_2 截止。当阴雨等天气使室内环境湿度增大而导致 H 的阻值下降达到某值时，R_F 与 R_2 并联阻值小到不足以维持 VT_1 导通，使 VT_1 截止而使 VT_2 导通，其负载继电器 KM 通电，KM 的常开触点 Ⅱ闭合，加热电阻丝 R_s 由电源 U 通电加热，

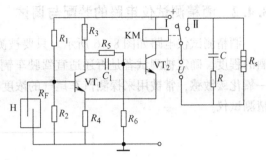

图 8-13 自动去湿装置

驱散湿气。当湿度减小到一定程度时，施密特电路又翻转到初始状态，VT_1 导通，VT_2 截止，常开触点 Ⅱ断开，R_s 断电停止加热，从而实现了去湿的自动控制。

8.3.4 空气湿度检测电路

空气湿度检测电路如图 8-14 所示。图中 808H5V5 为湿度传感器集成电路，内部包括湿度传感器和信号放大电路，工作电源电压为 +5V，可检测湿度范围为 0～100%，相应输出电压为 0.8～3.9V。可将 808H5V5 安放于需检测湿度的位置，用引线将输出信号电压引出，直接驱动电压表指针指示，也可以经 ICL7106 显示驱动集成电路 A – D 转换后，驱动液晶显示器显示。

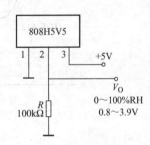

图 8-14 空气湿度检测电路

8.4 实训

8.4.1 结露报警电路的装配与调试

结露报警输出电路如图 8-15 所示。图中 HOS103 为结露传感器。在低湿时，结露传感器的电阻值为 2kΩ 左右，VT_1 基极电压低于 0.6V 而截止，VT_2 基极电压为 +5V，发射结无偏置电压而截止，结露指示 LED 发光二极管不亮。

在结露时，结露传感器的电阻值大于 50kΩ，VT_1 基极电压高于 0.6V 而导通，

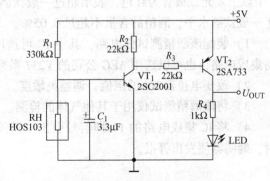

图 8-15 结露报警输出电路

VT$_2$基极电压降低，使发射结为正偏置且饱和导通，结露指示 LED 发光二极管被点亮。输出电压 U_{OUT} 可用于控制摄像机、数码相机等设备进入结露的停机保护，也可以用于浴室镜面水气自动清除。

装配该结露报警电路，可将结露传感器用引线引出放到窗台外，进行结露报警试验。结露传感器也可使用 HDS05、HDS10、HDP07 等型号。

8.4.2　酒精测试仪电路的装配与调试

酒精测试仪电路如图 8-16 所示。只要被测试者向传感器探头吹一口气，便可显示出醉酒的程度，确定被测试者是否还适宜驾驶车辆。图中，气体传感器选用 TGS－812 型，它对一氧化碳敏感，常被用来探测汽车尾气的浓度。它对酒精也非常敏感，因此，可用来制作酒精测试仪。

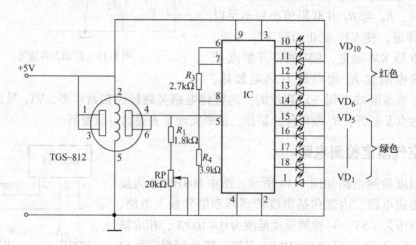

图 8-16　酒精测试仪电路

酒精测试仪的工作原理是：当气体传感器探头探不到酒精气体时，IC 显示驱动集成电路 5 脚为低电平。当气体传感器探头检测到酒精气体时，其阻值降低。+5V 工作电压通过气体传感器加到 IC 集成电路 5 脚，5 脚电平升高。IC 集成电路共有 10 个输出端，每个端口驱动一个发光二极管，依此驱动点亮发光二极管的数量视 5 脚输入电平的高低而定。酒精含量越高，气体传感器的阻值就降得越低，5 脚电平就越高，点亮发光二极管的数量就越多。5 个以上发光二极管为红色，表示超过一般饮酒水平。5 个以下发光二极管为绿色，表示处于一般饮酒水平，酒精的含量不超过 0.05%。

1）装配该酒精测试仪电路，其中 IC 可选用 NSC 公司的 LM3914 系列 LED 点线显示驱动集成电路，也可以选用 AEG 公司的 V237 系列产品，但引脚排列不相同。

2）改变电位器 RP 的阻值，调整灵敏度。

3）将该酒精测试仪用于其他气体的检测。

4）将 IC 集成电路的 14 脚信号引出，经放大后接蜂鸣器。当酒精的含量超过 0.05% 时，蜂鸣器便发出警报。

8.5　习题

1. 简要说明气体传感器有哪些种类，并说明它们各自的工作原理和特点。
2. 简要说明在不同场合分别应选用哪种气体传感器较适宜。
3. 说明含水量检测与一般的湿度检测有何不同。
4. 烟雾检测与一般的气体检测有何区别？
5. 根据所学知识，试画出自动吸排污染气体的电路原理框图，并分析其工作过程。
6. 目前湿度检测研究的主要方向是什么？
7. 什么是非电量传感器？试举出一个例子，说明其用途，画出其应用电路。
8. 将图 8-14 所示的空气湿度检测电路的输出，接到 ICL7106 显示驱动集成电路和液晶显示器上，成为液晶显示空气湿度检测器，画出电路图。
9. 简述柔性传感器的构成，并说明其优点。

第9章 几种新型传感器

本章要点

- 生物传感器的信号转换方式和结构。
- 微波、无线电波、超声波传感器的工作原理和应用。
- 机器人传感器的种类和应用。
- 多点触控触摸屏的结构、工作原理和应用。

9.1 生物传感器

9.1.1 概述

1. 生物传感器及其分类

生物传感器是利用各种生物或生物物质做成的,用以检测与识别生物体内的化学成分。生物或生物物质是指酶、微生物和抗体等,它们的高分子具有特殊的性能,能精确地识别特定的原子和分子。例如:酶是蛋白质形成的,并作为生物体的催化剂,在生物体内仅能对特定的反应进行催化,这就是酶的特殊性能。对免疫反映,抗体仅能识别抗原,并具有与它形成复合体的特殊性能。生物传感器就是利用这种特殊性能来检测特定的化学物质(主要是生物物质)的。

生物传感器一般是在基础传感器上再耦合一个生物敏感膜,也就是说,生物传感器是半导体技术与生物工程技术的结合,是一种新型的器件。生物敏感物质附着于膜上或包含于膜之中,溶液中被测定的物质,经扩散作用进入生物敏感膜层,经分子识别,发生生物学反应,其所产生的信息可通过相应的化学或物理换能器转变成可定量和可显示的电信号,由此即可知道被测物质的浓度。通过不同的感受器与换能器的组合可以开发出多种生物传感器。

2. 分子识别功能及信号转换

表9-1列出了具有分子识别功能的主要生物物质。

表9-1 具有分子识别功能的主要生物物质

生 物 物 质	被识别的分子	生 物 物 质	被识别的分子
酶	底物,底物类似物,抑制剂,辅酶	植物凝血素	多糖链,具有多糖的分子或细胞
抗体	抗原,抗原类似物	激素受体	激素
结合蛋白质	维生素 H,维生素 A 等		

生物传感器的信号转换方式主要有以下几种。

1）化学变化转换为电信号方式。用酶来识别分子，先催化这种分子，使之发生特异反应，产生特定物质的增减，将这种反应后产生的物质的增与减转换为电信号。能完成这一功能的器件有克拉克型氧电极、H_2O_2 电极、H_2 电极、H^+ 电极、NH_4 电极、CO_2 电极及离子选择性 FET 电极等。

2）热变化转换为电信号方式。固定在膜上的生物物质在进行分子识别时伴随有热变化，这种热变化可以转换为电信号进行识别，能完成这种功能的是热敏电阻器。

3）光变化转换为电信号方式。萤火虫的光是在常温常压下由酶催化产生的化学发光。人们发现有很多种可以催化产生化学发光的酶，可以在分子识别时导致发光，再转换为电信号。

4）直接诱导式电信号方式。分子识别处的变化如果是电的变化，则不需要电信号转换元器件，但是必须有导出信号的电极。例如：在金属或半导体的表面固定上抗体分子(称为固定化抗体)与溶液中的抗原发生反应时，形成抗原体复合体，用适当的参比电极测量它和这种金属或半导体间的电位差，则可发现反应前后的电位差是不同的。

3. 生物物质的固定化技术

生物传感器的关键技术之一是如何使生物敏感物质附着于膜上或包含于膜之中，在技术上称为固定化，大致上分为化学固定法与物理固定法两种。

1）化学固定法。化学固定法是在感受体与固相载体之间，或在感受体与感受体之间至少形成一个共价键，能将感受体的活性高度稳定地固定。一般这种架桥固定法是使用具有很多共价键原子团的试剂(如戊二醛等)，在感受体之间形成"架桥"膜。在这种情况下除了感受体外，还加上蛋白质和醋酸纤维素等作为增强材料，以形成相互之间的架桥膜。这种方法虽然简单，但必须严格控制其反应条件。

2）物理固定法。物理固定法是在感受体与固相载体之间或感受体相互之间，根据物理作用吸附或包裹进行固定。吸附法是在离子交换脂膜、聚氯乙烯膜等表面上以物理吸附感受体的方法，此法能在不损害敏感物质活性的情况下固定，但固定程度易减弱，一般常采用赛璐玢(cellphane)膜进行保护。包裹法是将感受体包裹于聚丙烯酰胺等高分子三维网络的结构之中进行固定。

9.1.2 生物传感器的工作原理及结构

1. 酶传感器

酶传感器的基本原理是用电化学装置检测酶在催化反应中生成或消耗的物质(电极活性物质)，将其变换成电信号输出。这种信号变换通常有两种，即电位法与电流法。

电位法是通过不同离子生成在不同感受体上，从测得的膜电位去计算与酶反应的有关的各种离子的浓度。一般采用 NH_4^+ 电极(NH_3 电极)、H^+ 电极、CO_2 电极等。

电流法是从与酶反应有关的物质的电极反应得到电流值来计算被测物质的方法。其电化学装置采用的电极是 O_2 电极、燃料电池型电极和 H_2O_2 电极等。

如前所述，酶传感器是由固定化酶和基础电极组成的。酶电极的设计主要考虑酶催化反应过程产生或消耗的电极活性物质，如果一个酶催化反应是耗氧过程，就可使用 O_2 电极或 H_2O_2 电极；如果酶反应过程产生酸，就可使用 pH 电极。

固定化酶传感器是由 Pt 阳极和 Ag 阴极组成的极谱记录式 H_2O_2 电极与固定化酶膜构成的。它是通过电化学装置测定由酶反应生成或消耗的离子，由此通过电化学方法测定电极活性物质的数量，来测定被测成分的浓度。如用尿酸酶传感器测量尿酸，尿酸是核酸中嘌呤分解代谢的终产物，正常值为 (20～70)mg/L，尿酸测定对于诊断风湿痛十分有助，在氧存在下，尿酸经尿酸酶氧化成尿囊素、H_2O_2 和 CO_2。可采用尿酸酶氧电极测其 O_2 消耗量，也可采用电位法在 CO_2 电极上用羟乙基纤维素固定尿酸酶测定其生成物 CO_2，然后再换算出尿酸的含量。

2. 葡萄糖传感器

葡萄糖是典型的单糖类，是一切生物的能源。人体血液中都含有一定浓度的葡萄糖。正常人空腹血糖为 (800～1200)mg/L，对糖尿病患者来说，如血液中葡萄糖浓度升高约 0.17% 时，尿中就出现葡萄糖。而测定血液和尿中葡萄糖浓度对糖尿病患者做临床检查是很必要的。现已研究出对葡萄糖氧化反应起一种特异催化作用的酶——葡萄糖氧化酶(GOD)，并研究出用它来测定葡萄糖浓度的葡萄糖传感器，如图 9-1 所示。

葡萄糖在 GOD 参加下被氧化，在反应过程中所消耗的氧随葡萄糖量的变化而变化。在反应中有一定量水参加时，其产物是葡萄糖酸和 H_2O_2，因为在电化学测试中反应电流与生成的 H_2O_2 浓度成比例，所以可换算成葡萄糖浓度。通常，对葡萄糖浓度的测试方法有两种：一是测量氧的消耗量，即将葡萄糖氧化酶(GOD)固定化膜与 O_2 电极组合。葡萄糖在酶电极参加下，反应生成 O_2，由隔离型 O_2 电极测定。这种 O_2 电极是将 Pb 阳极与 Pt 阴极浸入浓碱溶液中构成电池。阴极表面用氧穿透膜覆盖，溶液中的氧穿过膜到达 Pt 电极上，此时有被还原的阴极电流流过，其电流值与含氧浓度成比例。二是测量 H_2O_2 生成量的葡萄糖传感器。这种传感器是由测量 H_2O_2 电极与 GOD 固定化膜相结合而组成。葡萄糖和缓冲液中的氧与固定化葡萄糖酶进行反应。反应槽内装满 pH 为 7.0 的磷酸缓冲

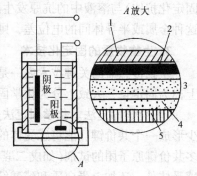

图 9-1　葡萄糖传感器
1—Pt 阳极　2—聚四氟乙烯膜
3—固相酶膜　4—半透膜多孔层
5—半透膜致密层

液，用 Pt - Ag 构成的固体电极，用固定化 GOD 膜密封，在 Ag 阴极和 Pt 阳极间加上 0.64V 的电压，缓冲液中有空气中的 O_2。在这种条件下，一旦在反应槽内注入血液，血液中的高分子物质如抗坏血酸、胆红素、血红素及血细胞类被固定化膜除去，仅仅是血液中的葡萄糖和缓冲液中的 O_2 与固定化葡萄糖氧化酶进行反应，在反应槽内生成 H_2O_2，并不断扩散到达电极表面，在阳极生成 O_2 和反应电流；在阴极，O_2 被还原生成 H_2O。因此，在电极表面发生的全部反应是 H_2O_2 分解，生成 H_2O 和 O_2。这时有反应电流流过。因为反应电流与生成的 H_2O_2 浓度成比例，所以在实际测量中可换算成葡萄糖浓度。

葡萄糖传感器已进入实用阶段，葡萄糖氧化酶的固定方法是共价键法，用电化学方法测量。其测定浓度范围在(100～500)mg/L。响应时间在 20s 以内，稳定性可达 100 天。

在葡萄糖传感器的基础上又发展了蔗糖传感器和麦芽糖传感器。蔗糖传感器是把蔗糖酶和 GOD 两种酶固定在清蛋白-戊二醛膜上。蔗糖由蔗糖酶的作用生成 α - D -葡萄糖和果糖，再经变旋酶和 GOD 的作用消耗氧和生成 H_2O_2。

麦芽糖由葡萄糖淀粉酶或麦芽糖酶的作用生成 β - D -葡萄糖，所以可用 GOD 和这些酶

的复合膜构成麦芽糖传感器。

3. 微生物传感器

微生物传感器与酶传感器相比，价格更便宜，使用时间长，稳定性较好。

当前，酶主要从微生物中提取精制而成，虽然它有良好的催化作用，但它的缺点是不稳定，在提取阶段容易丧失活性，精制成本高。酶传感器和微生物传感器虽然都利用了酶的基质选择性和催化性功能，但酶传感器是利用单一的酶，而微生物传感器是利用与多种酶有关的高度机能的综合即复合酶。也就是说，微生物的种类是非常多的，菌体中的复合酶、能量再生系统、辅助酶再生系统、微生物的呼吸及新陈代谢为代表的全部生理机能都可以加以利用。因此，用微生物代替酶，有可能获得具有复杂及高功能的生物传感器。

微生物传感器由固定化微生物膜及电化学装置组成，其基本结构如图9-2所示。微生物膜的固定化法与酶的固定化法相同。

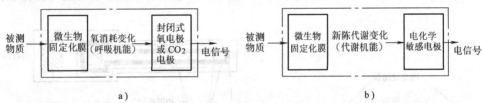

图9-2　微生物传感器基本结构

由于微生物有好气(O_2)性与厌气(O_2)性之分(也称好氧反应与厌氧反应)，所以传感器基本结构也根据这一物性而有所区别。好气性微生物传感器是因为好气性微生物生活在含氧条件下，在微生物生长过程中离不开O_2，可根据呼吸活性控制O_2含量得知其生理状态。把好气性微生物放在纤维性蛋白质中固化处理，然后把固定化膜附着在封闭式O_2极的透氧膜上，可做成好气性微生物传感器。把它放入含有有机物的被测试液中，有机物向固定化膜内扩散而被微生物摄取(称为资化)。微生物在摄取有机物时呼吸旺盛，氧消耗量增加。余下部分的氧穿过透氧膜到达O_2极转变为扩散电流。当有机物的固定化膜内扩散的氧量和微生物摄取有机物消耗的氧量达到平衡时，到达O_2极的氧量就稳定下来，得到相应的状态电流值。该稳态电流值与有机物浓度有关，可对有机物进行定量测试。

对于厌气性微生物，由于O_2的存在妨碍微生物的生长，可由其生成的CO_2或代谢产物得知其生理状态，所以可利用CO_2电极或离子选择电极测定代谢产物。

4. 免疫传感器

从生理学知，抗原是能够刺激动物机体产生免疫反应的物质，但从广义的生物学观点看，凡是能够引起免疫反应性能的物质，都可称为抗原。抗原有两种性能：刺激机体产生免疫应答反应；与相应免疫反应产物发生特异性结合反应。抗原一旦被淋巴球响应就形成抗体。而微生物病毒等也是抗原。抗体是由抗原刺激机体产生的具有特异免疫功能的球蛋白，又称免疫球蛋白。

免疫传感器是利用抗体对抗原结合功能研制成功的，其结构原理如图9-3所示。

抗原与抗体一经固定于膜上，就形成具有识别免疫反应强

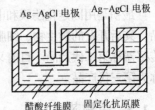

图9-3　免疫传感器结构原理

烈的分子功能性膜。图9-3中2、3两室间有固定化抗原膜，1、3两室间没有固定化抗原膜。对1、2室注入0.9%生理盐水，当对3室内导入食盐水时，1、2室内电极间无电位差。当对3室内注入含有抗体的盐水时，抗体和固定化抗原膜上的抗原相结合，使膜表面吸附了特异的抗体，而抗体是有电荷的蛋白质，从而使固定化抗原膜带电状态发生变化，于是1、2室内的电极间有电位差产生。电位差信号放大可检测超微量的抗体。

5. 半导体生物传感器

半导体生物传感器是由半导体传感器与生物分子功能膜、识别器件所组成。通常用的半导体器件是酶光电二极管和酶场效应晶体管(FET)，如图9-4和图9-5所示。因此，半导体生物传感器又称生物场效应晶体管(BiFET)。最初将酶和抗体物质(抗原或抗体)加以固定制成功能膜，去掉FET栅极金属，把它紧贴于FET的栅极绝缘膜上，构成BiFET。现已研制出酶FET、尿素FET、抗体FET及青霉素FET等。

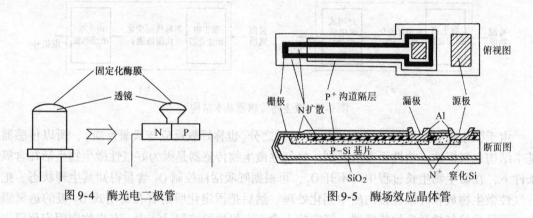

图9-4　酶光电二极管　　　　　图9-5　酶场效应晶体管

6. 多功能生物传感器

在前面所介绍的生物传感器是为有选择地测量某一种化学物质而制作的元器件。可是用这种传感器均不能同时测量多种化学物质的混合物。而像产生味道这样复杂微量成分的混合物，人的味觉细胞就能分辨出来。因此，要求传感器能像细胞检测味道一样能分辨任何形式的多种成分的物质，同时测量多种化学物质，具有这样功能的传感器称为多功能生物传感器。

由生物学可知，在生物体内存在多种互相亲和的特殊物质，如能巧妙地利用这种亲和性，测定出亲和性的变化量，就能测量出预测物质的量，实现这种技术的前提是各亲和物质的固定化方法。例如，把对底物有敏锐特性的酶，用物理或化学的方法固定在天然或合成高分子膜上时，就可以用来作识别元器件。除酶外，将生物中具有识别功能的合成蛋白质、抗原、抗体、微生物、植物及动物组织、细胞器(线粒体、叶绿体)等固定在某载体上也可用作识别元器件。

最初是用固定化酶膜和电化学器件组成酶电极，常把这种酶电极生物传感器称为第一代产品。其后开发的微生物、细胞器、免疫(抗体、抗原)、动植物组织及酶免疫(酶标抗原)等生物传感器称第二代产品。目前又进一步按电子学方法论进行生物电子学的种种尝试，这种新进展称为第三代产品。

9.1.3　生物芯片

进入21世纪，电子技术和生物技术相结合，诞生了生物芯片。生物芯片由研究脱氧核糖核酸(Deoxyribo Nucleic Acid,DNA,一类带有遗传信息的生物大分子,引导生物发育与生命机能运作)分子或蛋白质分子的识别技术开始,已形成独立学科,成为生命科学领域中迅速发展起来的一项高新技术。

生物芯片原名叫"核酸微阵列",是通过微加工技术和微电子技术,在一块 $1cm^2$ 大小的硅片、玻璃片、凝胶或尼龙膜上,构建密集排列的生物分子微阵列(Micro Arrays)。例如用于骨髓分型的生物芯片上,$1cm^2$ 可以存放 1 万多人的白细胞抗原基因(带有遗传信息的 DNA 片段称为基因)。在微阵列中每个生物分子的序列及位置都是已知和预先设定的。

生物芯片的模样五花八门,外观五彩斑斓。有的和计算机芯片一样规矩、方正,有的是一排排微米级圆点或一条条的蛇形细槽,还有的是一些不同形状的、头发粗细的管道和针孔大小的腔体。

生物芯片提供一次性使用,根据生物分子之间特异性相互识别的原理,如 DNA－DNA、DNA－RNA(核糖核酸,Ribo Nucleic Acid,存在于生物细胞以及部分病毒、类病毒中的遗传信息载体)、抗原-抗体、受体-配体之间可发生的复性与特异性识别,让样品(血液、尿液、唾液、组织、细胞等)中的生物分子与生物芯片序列中的生物探针分子发生相互作用,利用专用检测仪器和计算机对所产生的信号进行检测和分析,就可得到样品中的 DNA、蛋白质、核酸、细胞及其他生物成分的有无、多少、序列变异等大量信息。

例如,从正常人的基因组中分离出的 DNA,与 DNA 芯片(生物芯片的一种)杂交(相互作用),可以得出标准图谱。从病人的基因组中分离出的 DNA,与 DNA 芯片杂交,可以得出病变图谱。经过比较、分析这两种图谱,就可以得出病人发生病变的 DNA 信息。

生物芯片的主要特点是高通量、微型化和自动化,能将通常在实验室中需要很多试管的反应移到一个芯片上同时发生,其效率是传统实验室检测手段的成百上千倍。生物芯片用于获取样品中的生物信息的流程如图9-6所示。

图9-6　生物芯片用于获取样品中的生物信息的流程

生物芯片可分为 3 类。

第一类为检测用微阵列芯片(Micro Arrays Chip,属于被动式芯片),包括基因芯片(DNA 芯片)、蛋白质芯片、细胞芯片和组织芯片,仅实现实验集成。

第二类为微流控芯片(Micro Fluidic Chip,属于主动式芯片),包括各类样品制备芯片、聚合酶链反应(PCR)芯片、毛细管电泳芯片和色谱芯片等,可进行样品制备、生化实验和信号检测等部分实验步骤。

第三类为微型集成化分析系统,也叫芯片实验室(Lab on Chip,属于主动式芯片),是生物芯片技术的最高境界。通过微细加工工艺制作的微过滤器、微加热器、微反应器、微泵、微阀门、微流量控制器、微电极、电子化学检测器、电子发光检测器等,可以完成诸如样品制备、试剂输送、生化反应、信号检测、信息处理和传递等多个实验步骤。

例如,Gene Logic 公司设计制造的生物芯片可以从待检样品中分离出 DNA 或 RNA,并对其加入荧光标记,然后当样品流过固定于栅栏状微通道内的寡核苷酸探针时,便可捕获与之互补的靶核酸序列。应用相应检测设备即可实现对杂交结果的检测与分析。由于寡核苷酸探针具有较大的吸附表面积，所以这种芯片可以灵敏地检测到稀有基因的变化。同时，由于该芯片设计的微通道具有浓缩和富集作用，所以可以加速杂交反应，应用检测设备很快即可实现对杂交结果的检测与分析。

生物芯片广泛用于基因检测、基因诊断、药物筛选、疾病诊断、生物信息研究等方面，给生命科学、医学、新药开发、司法鉴定、食品与环境监督等领域带来巨大变革。

9.2 无线电波与微波传感器

9.2.1 无线电波特性

无线电波是一种电磁波，传输速度与光速相同，为 $3 \times 10^8 \mathrm{m/s}$，具有直射、绕射、反射及折射等特性。波长超过 3000m，即频率低于 100kHz 的无线电波称为长波，绕射能力最强。波长为 200 ~ 3000m，即频率为 100 ~ 1500kHz 的电磁波称为中波。波长为 10 ~ 200m，即频率为 1.5 ~ 30MHz 的电磁波称为短波。波长为 1 ~ 10m，即频率为 30 ~ 300MHz 的电磁波称为超短波。波长为 1mm ~ 1m，即频率为 300MHz ~ 300GHz 的电磁波称为微波。

随波长的减小，即频率的增加，无线电波直射能力增强，绕射能力减弱。微波能定向直射，遇到障碍物易于反射，沿障碍物绕射能力弱；传输中受烟雾、火焰、灰尘、强光等影响很小，介质对微波的吸收与介质的介电常数成正比，水对微波的吸收作用很强。

无线电波可以用晶体管组成振荡器产生振荡信号，用线形、环形天线发射。

微波一般不能用晶体管，必须用速调管、磁控管或体效应管组成振荡器。微波振荡器产生的振荡信号需要用同轴电缆、矩形或圆形波导管，通过微波天线发射出去。常用的微波天线有喇叭天线、抛物面天线、微带天线和缝隙天线等，如图 9-7 所示。

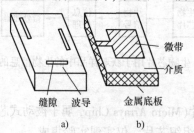

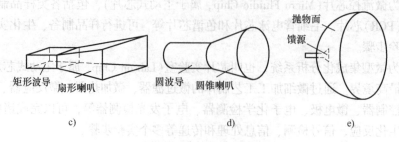

图 9-7 常见微波天线

a) 缝隙天线 b) 微带天线 c) 扇形喇叭天线 d) 圆锥喇叭天线 e) 抛物面天线

喇叭天线可以看作是矩形或圆形波导端口的延伸，喇叭形状在波导管端口与自由空间之间起匹配作用，可以获得最大能量输出。抛物面天线如同凹面镜，将喇叭天线发射的电波能量聚焦，使发射方向性提高。

微带天线是在介质基片上蒸发、光刻、镀敷一定形状的金带条做成，缝隙天线是在波导上一定位置开缝，电波由缝隙向外辐射。两者都为简单、有效的天线结构。

9.2.2 微波水分计

固体或液体物质内的含水量称为该物质的水分，测量水分的仪器称为水分计。微波水分计是让发射机发射的微波通过含有水分的物质，其中一部分微波被水分子吸收，接收机接收的微波强度被减弱，由减弱量可计算出水分含量。微波水分计的组成如图9-8所示，采用1GHz以上的微波频率工作。特别在2.45GHz和10.68GHz频率，水分子对微波的吸收最为显著，而物质分子对微波的吸收甚微，水分含量与微波强度变化呈线性关系。

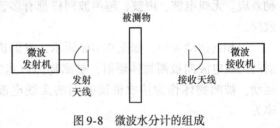

图9-8 微波水分计的组成

水分计可用于土壤、煤炭、石油、矿砂、酒精、稻谷、塑料、皮革、纸张、木材、饲料的计量管理、质量管理和储存管理。

9.2.3 微波温度传感器

任何物体，当它的温度高于环境温度时，都能向外辐射能量。当辐射热到达接收机输入端口时，若仍然高于基准温度（或室温），在接收机的输出端将有信号输出。这就是辐射计或噪声温度接收机的基本原理。

微波频段的辐射计就是一个微波温度传感器，属于微波传感器无发射源单向接收检测类型。图9-9所示为微波温度传感器的原理框图。

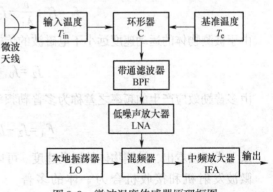

图9-9 微波温度传感器原理框图

被测生物和无生物体辐射的微波能量经微波天线进入环形器，输入带通滤波器滤除杂波信号，由低噪声放大器放大，然后进入混频器与本机振荡器振荡信号混频，变为中频信号，由中频放大器进一步放大后供信号处理电路使用。环形器按时间轮流将基准温度信号输入和放大。信号处理电路将两者比较后，输出被测物体热量信号。微波天线和低噪声微波放大器的性能是微波传感器灵敏度的关键。

微波温度传感器的用途很广。将微波温度传感器装在航天器上，可遥测大气对流层状况，可进行大地测量和探矿，可遥测水质污染程度，可确定水域范围，可判断土地肥沃程度，可判断植物种类等。

微波温度传感器还在医学上用于探测人体癌变组织。癌变组织与周围正常组织之间存在着一个微小的温度差，早期癌变组织比正常组织高 0.1℃，肿瘤组织比正常组织偏高 1℃。如果能精确测量出 0.1℃ 的温差，就可以发现早期癌变，从而可以早日治疗。

9.2.4 多普勒雷达测速

接收机接收到的信号频率与发射机发射出的信号频率，在两者位置固定不变时是相同的。但如果接收机与发射机之间有相对运动，则接收机接收到的信号频率与发射机发射出的信号频率就不相同。相向运动频率增高，相背运动频率降低。这种现象是由奥地利物理学家多普勒发现的，所以称为多普勒效应。无线电波、声波、超声波同样都有多普勒效应。

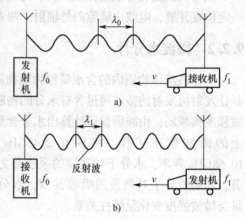

图 9-10 多普勒效应示意图

以相向运动为例，如图 9-10a 所示，发射机发射的无线电波向被测物体辐射，被测物体以速度 v 运动。被测物体作为接收机接收到的无线电波频率为

$$f_1 = f_0 + \frac{v}{\lambda_0} \qquad (9\text{-}1)$$

式中，f_0 为发射机发射信号的频率；v 为被测物体的运动速度；λ_0 为信号波长，$\lambda_0 = C/f_0$；C 为电磁波的传播速度。

如果把 f_1 作为反射波向接收机发射信号（如图 9-10b 所示），那么接收机接收到的信号频率为

$$f_2 = f_1 + \frac{v}{\lambda_1} = f_0 + \frac{v}{\lambda_0} + \frac{v}{\lambda_1} \qquad (9\text{-}2)$$

由于被测物体的运动速度远小于电磁波的传播速度，则可认为 $\lambda_0 = \lambda_1$，那么

$$f_2 = f_0 + \frac{2v}{\lambda_0} \qquad (9\text{-}3)$$

由多普勒效应产生的频率之差称为多普勒频率，即

$$F_d = f_2 - f_0 = \frac{2v}{\lambda_0} \qquad (9\text{-}4)$$

从上式可以看出，被测物体的运动速度 v 可以用多普勒频率来描述。

微波发射机和接收机合为一体的多普勒雷达可以对被测物体的线速度进行测量。图 9-11 是多普勒雷达检测线速度的工作原理图。多普勒雷达产生的多普勒频率为

$$F_d = \frac{2v\cos\theta}{\lambda_0} = Kv \qquad (9\text{-}5)$$

式中，v 为被测物体的线速度；λ_0 为电磁波的波长；θ 为电磁波方向与速度方向的夹角；

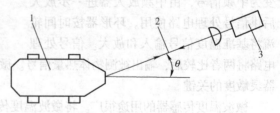

图 9-11 多普勒雷达检测线速度工作原理图
1—被测物体 2—发射波和反射波 3—雷达

$v\cos\theta$ 为被测物体速度的电磁波方向分量；F_d 的单位为 Hz。

用多普勒雷达测运动物体线速度的方法，已广泛用于检测车辆的行驶速度。

9.2.5　ETC

无线电微波识别距离长，读写数据率高，可以穿透浓雾、雨滴、风沙，适合对高速运动的物体进行识别。电子不停车收费系统（Electronic Toll Collection，ETC）是目前世界上先进的路桥收费方式，分收费站系统和自由流系统。收费站系统车速为 20km/h，自由流系统车速为 50～120km/h，大大提高了公路通行能力。ETC 工作在 900MHz、2.45GHz 和 5.8GHz 频段，其中 5.8GHz 频段由于手机等外界电子设备噪声干扰少，工作稳定可靠性最好。

ETC 的组成如图 9-12 所示，包括车辆自动识别系统、中心管理系统和辅助设施等。车辆自动识别系统包括车载单元（On Board Unit，OBU）、路边单元（Road Side Unit，RSU）和环路感应器，环路感应器安装于车道地面下，路边单元安装于收费站旁边。中心管理系统有大型数据库，存储大量注册车辆和用户信息，通过互联传输网络同多个路边单元连接。辅助设施有自动栏杆、收费额显示设备、违章车辆报警和摄像设备等。自由流系统不设置自动栏杆。

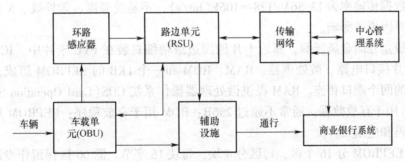

图 9-12　ETC 的组成

车载单元是一个 10cm×6cm×1cm 的小盒子，一般安装于车辆前面的风窗玻璃上，又称微波识别应答器（Transponder）或电子标签（Tag）。车载单元内部部件有微带天线、微波接收和发送电路、电源控制电路、信号调制解调电路、微处理器、EEPROM 等，备有银行卡插口。

客户到高速公路服务网点或委托银行办理 ETC 收费手续，领取车载单元。高速公路服务网点或委托银行将客户车辆牌照号、车辆 ID（识别号）、车型、司机、收费率、银行账号等写入车载单元 EEPROM，同时通过传输网络向中心管理系统传送和建立客户档案。

车辆行驶进入 ETC 收费车道，环路感应器产生感应信号触发路边单元工作。路边单元发送调制在微波载波上的询问信号。OBU 接收微波信号，解调出询问信号，将 EEPROM 中信息调制于微波，通过天线发射给路边单元。中心管理系统通过传输网络从路边单元获取车辆牌照号、车辆 ID、车型等信息，与数据库中客户档案信息进行匹配比对。如果匹配成功，则计算收费金额，从其银行账户上扣除此次应交的过路费，记录交易数据，通过路边单元向 OBU 的 EEPROM 写入交易信息，发指令给辅助设施让车辆通行。

如果匹配比对失败，中心管理系统通过路边单元发指令给报警器发报警信号，摄像设备抓拍图像，工作人员对车辆进行人工处理，或事后进行费用追缴。

9.2.6　非接触式公交 IC 卡和读写器

比微波信号频率低的无线电波信号可用于能量和信息的传递。非接触 IC 卡是一种借助无线电波进行读写的 IC 卡，最大操作距离达 20～30mm，主要用于公交、轮渡、地铁的自动收费系统，也应用在门禁管理、身份证明和电子钱包。非接触 IC 卡采用国际公认的 Mifare 标准，其卡号在世界上是唯一的。读写器与 IC 卡实施双向密码鉴别制，读写器识别 IC 卡的合法性，能防止多卡冲突，IC 卡能识别读写器，还可限制读写器的读写权限。

非接触公交 IC 卡的组成包括感应天线和 IC 芯片，其框图如图 9-13 所示，将其嵌入符合 ISO 7816 标准的卡片中，与读写器之间通过频率为 13.56MHz±7kHz 的无线电波来完成读写传输。数据位（bit）"1"

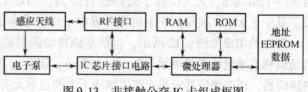

图 9-13　非接触公交 IC 卡组成框图

"0" 以不同电平幅度调制（ASK 幅移键控）在载波上，1 个数据位（bit）调制 128 个载波振荡波形，数据传输率为 13.56M/128≈106k（bit/s），不易受温度、紫外线、X 射线、交流电磁场等外界因素的影响。

感应天线是几圈金属线圈，靠近卡片四周边缘精细封装在 PVC 卡片中。IC 芯片由 RF 接口、IC 芯片接口电路、微处理器、RAM、ROM 和一个 1KB 的 EEPROM 组成，通过导线与天线线圈的两个端口相连。RAM 提供微处理器操作系统 COS（Card Operation System 即 IC 卡操作系统）用于存放数据，通常不超过 256B；ROM 用于存放程序；EEPROM 用于存放各种信息、密码和应用文件。

1KB 的 EEPROM 分 16 个区，每区分 4 块，每块 16 字节。除 00 区保留作专用外，其他各区均可单独使用。公交卡用 01 区作用户储值，其中第 0 块存放用户身份信息，第 1～2 块存放用户金额，第 3 块存放两套 6 字节密码和 4 字节读写访问条件。

当 IC 卡靠近读写器时，卡内天线接收由读写器发射的电磁波，并将其转换为高频电流。RF 接口有一个 LC 并联谐振电路，对高频电流谐振，以获得谐振电压输出。输出电压通过一个单向导通的电子泵，转换为直流电压，对另一个电容充电。当该电容充电电压达到 2V 时，可作为电源向卡上其他电路提供工作电压，将卡内数据通过 RF 接口转换为射频信号发射出去，接受读写器发射来的数据，送微处理器对 EEPROM 存放的各种信息进行读写操作。

非接触公交 IC 卡读写器能读写符合 ISO7816 标准的 IC 卡，由天线和 1 片 Mifare 卡专用的读写处理芯片（MMM 微模块）组成。非接触公交 IC 卡读写器包括 RF 接口、IC 卡接口、读写单元、微处理器、RAM、ROM、EEPROM 以及与主机接口等，其组成框图如图 9-14 所示。其功能包括射频信号处理、秘钥安全管理、防多卡冲突、对 IC 卡信息读写、读写信息存入存储器，通过 RS-232 串行接口与主机信息交换。全部工作可在 0.1s 时间里完成。单机独立使用的 IC 卡读写器和手持式 IC 卡读写器无须与主机接口单元，但要配置足够容量的存储器，信息能保存 10 年以上。

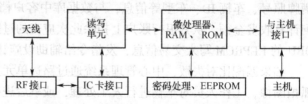

图 9-14　非接触公交 IC 卡读写器组成框图

9.3 超声波传感器

9.3.1 超声波传感器的物理基础

人们能听到的声音是由物体振动产生的,它的频率在 20Hz~20kHz 范围内。超过 20kHz 称为超声波,低于 20Hz 称为次声波。检测常用的超声波频率范围为 $2.5 \times 10^4 \sim 1 \times 10^7$ Hz。

超声波是一种在弹性介质中的机械震荡,它的波形有纵波、横波、表面波 3 种。质点的振动方向与波的传播方向一致的波称为纵波。质点的振动方向与波的传播方向垂直的波称为横波。质点的振动介于纵波与横波之间,沿着表面传播,振幅随深度的增加而迅速衰减的波称为表面波。横波、表面波只能在固体中传播,纵波可在固体、液体及气体中传播。

超声波具有以下基本性质。

1. 传播速度

超声波的传播速度与介质的密度和弹性特性有关,也与环境条件有关。对于液体,其传播速度 c(单位:m/s)为

$$c = \sqrt{\frac{1}{\rho B_g}} \tag{9-6}$$

式中,ρ 为介质的密度;B_g 为绝对压缩系数。

在气体中,超声波的传播速度与气体种类、压力及温度有关,在空气中的传播速度 c 为

$$c = 331.5 + 0.607t \tag{9-7}$$

式中,t 为环境温度。

对于固体,其传播速度 c 为

$$c = \sqrt{\frac{E(1-\mu)}{\rho(1+\mu)(1-2\mu)}} \tag{9-8}$$

式中,E 为固体的弹性模量;μ 为泊松系数。

2. 反射与折射现象

超声波在通过两种不同的介质时,产生反射和折射现象,如图 9-15 所示,并有如下的关系

$$\frac{\sin\alpha}{\sin\beta} = \frac{c_1}{c_2} \tag{9-9}$$

式中,c_1、c_2 为超声波在两种介质中的速度;α 为入射角;β 为折射角。

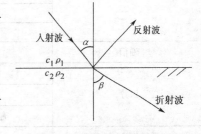

图 9-15 超声波的反射与折射

3. 传播中的衰减

随着超声波在介质中传播距离的增加,由于介质吸收能量而使超声波强度有所衰减。若超声波进入介质时的强度为 I_0,通过介质后的强度为 I,则它们之间的关系为

$$I = I_0 e^{-Ad} \tag{9-10}$$

式中,d 为介质的厚度;A 为介质对超声波能量的吸收系数。

介质中的能量吸收程度与超声波的频率及介质的密度有很大关系。介质的密度 ρ 越小,衰减越快,尤其在频率高时则衰减更快。因此,在空气中通常采用频率较低(几十千赫)的

超声波，而在固体、液体中则采用频率较高的超声波。

超声波在遇到移动物体时会产生多普勒效应（Doppler Effect），使接收的超声波频率发生变化，由此可以做成多普勒测距系统。常用超声波传感器的中心频率有 30kHz、40kHz、75kHz、200kHz 和 400kHz 等。

国产 TC40 系列超声波传感器的中心频率为 40kHz，有效传输距离≥15m，反射接收的有效距离为 4~7m。其主要技术指标如表 9-2 所示。

表 9-2　TC40 系列超声波传感器的主要技术指标

型号	灵敏度/dB	声压/dB	方向角/(°)	温度范围/℃
TC40 – 16TR	≥ –68	≥114	60	–20 ~ +70
TC40 – 12TR	≥ –68	≥112	60	–20 ~ +70
TC40 – 10TR	≥ –72	≥107	60	–20 ~ +70
TC40 – 18D	≥ –80	≥100	55	–20 ~ +70
TC40 – 16D	≥ –82	≥102	60	–20 ~ +70

超声波传感器配上不同的电路，可制成各种不同的超声波仪器及装置，应用于工业生产、医疗、家用电器等行业中。超声波技术应用情况如表 9-3 所示。

表 9-3　超声波技术应用情况

应 用 领 域	用 途	应 用 情 况
工业	金属材料及部分非金属材料探伤	各种制造业
	测量板材厚度（金属与非金属）	板材、管材、可在线测量
	超声振动切削加工（金属与非金属）	钟表业精密仪表、轴承
	超声波清洗零件	半导体器件生产
	超声波焊接	—
	超声流量计	化学、石油、制药、轻工等
	超声液位及料位检测及控制	污水处理
	浓度检测	能制成便携式
	硬度计	
	温度计	
	定向	
通信	定向通信	
医疗	超声波诊断仪（显像技术）	断层图像
	超声波胎儿状态检查仪	
	超声波血流计、超声波洁牙器	
家用电器	遥控器	控制电灯及家用电器
	加湿器	
	防盗报警器	
	驱虫（鼠）器	
其他（测距）	盲人防撞装置	—
	汽车倒车测距报警器	
	装修工程测距（计算用料）	

9.3.2 超声波换能器及耦合技术

超声波换能器有时也称为超声波探头。可根据其工作原理不同将超声波换能器分为压电式、磁致伸缩式、电磁式等数种类型。在检测技术中主要采用压电式。根据其结构不同，压电式又分为直探头、斜探头、双探头、表面波探头、聚焦探头、水浸探头、空气传导探头以及其他专用探头等。

1. 以固体为传导介质的探头

用于固体介质的单晶直探头(俗称直探头)的结构如图9-16a所示。压电晶片采用锆钛酸铅(PZT)压电陶瓷材料制作，外壳用金属制作，保护膜用于防止压电晶片磨损，改善耦合条件；阻尼吸收块用于吸收压电晶片背面的超声脉冲能量，防止杂乱反射波的产生。

双晶直探头的结构如图9-16b所示。它是由两个单晶直探头组合而成，装配在同一壳体内。两个探头之间用一块吸声性强、绝缘性能好的薄片加以隔离，并在压电晶片下方增设延迟块，使超声波的发射和接收互不干扰。在双探头中，一只压电晶片担任发射超声脉冲的任务，而另一只担任接收超声脉冲的任务。双探头的结构虽然复杂一些，但信号发射和接收的控制电路却较为简单。

有时为了使超声波能倾斜入射到被测介质中，可选用斜探头，如图9-16c所示。压电晶片粘贴在与底面成一定角度(如30°、45°等)的有机玻璃斜楔块上，压电晶片的上方用吸声性强的阻尼块覆盖。当斜楔块与不同材料的被测介质(试件)接触时，超声波产生一定角度的折射，倾斜入射到试件中去，折射角可通过计算求得。

2. 耦合剂

在图9-16中，无论是直探头还是斜探头，一般都不能将其放在被测介质(特别是粗糙金属)表面来回移动，以防磨损。更重要的是，超声波探头与被测物体接触时，在被测物体表面不平整的情况下，探头与被测物体表面间必然存在一层空气薄层。空气的密度很小，将引起3个界面间强烈的杂乱反射波，造成干扰，而且空气也将对超声波造成很大的衰减。为此，必须将接触面之间的空气排挤掉，使超声波能顺利地入射到被测介质中。在工业中，经

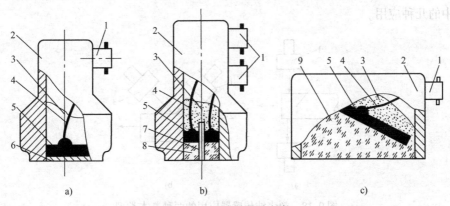

图 9-16 超声波探头结构

a) 单晶直探头 b) 双晶直探头 c) 斜探头

1—插头 2—外壳 3—阻尼吸收块 4—引线 5—压电晶体 6—保护膜

7—隔离层 8—延迟块 9—有机玻璃斜楔块

常使用一种称为耦合剂的液体物质，使之充满在接触层中，起到传递超声波的作用。常用的耦合剂有水、机油、甘油、水玻璃、胶水和化学浆糊等。耦合剂的厚度应尽量薄些，以减小耦合损耗。

3. 以空气为传导介质的超声波发射器和接收器

此类发射器和接收器一般是被分开设置的，两者的结构也略有不同。图 9-17 所示为空气传导型超声波发射器和接收器结构简图。发射器的压电片上粘贴了一只锥形共振盘，以提高发射效率和方向性。接收器的共振盘上还增加了一只阻抗匹配器，以提高接收效率。

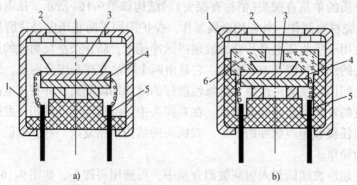

图 9-17 空气传导型超声波发射器和接收器结构简图

a）超声波发射器 b）超声波接收器

1—外壳 2—金属丝网罩 3—锥形共振盘 4—压电晶片 5—引线端子 6—阻抗匹配器

9.3.3 超声波传感器的应用

从超声波的行进方向来看，超声波传感器的应用有两种基本类型，如图 9-18 所示。当超声发射器与接收器分别置于被测物两侧时，这种类型称为透射型。透射型可用于遥控器、防盗报警器、接近开关等。当超声发射器与接收器分别置于被测物同侧时为反射型，反射型可用于接近开关、测距、测液位或料位、金属探伤以及测厚等。下面简要介绍超声波传感器在工业中的几种应用。

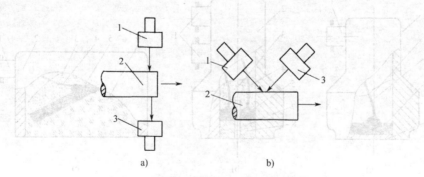

图 9-18 超声波传感器应用的两种基本类型

a）透射型 b）反射型

1—超声发射器 2—被测物 3—超声接收器

1. 超声波探伤

超声波探伤是无损探伤技术中的一种主要检测手段。它主要用于检测板材、管材、锻件和焊缝等材料中的缺陷(如裂缝、气孔、夹渣等)、测定材料的厚度、检测材料的晶粒、配合断裂力学对材料使用寿命进行评价等。超声波探伤因具有检测灵敏度高、速度快、成本低等优点，而得到人们普遍的重视，并在生产实践中得到广泛的应用。

超声波探伤方法多种多样，最常用的是脉冲反射法。而根据超声波波形的不同，脉冲反射法又可分为纵波探伤、横波探伤和表面波探伤。

（1）纵波探伤

纵波探伤使用直探头。测试前，先将探头插入探伤仪的连接插座上。探伤仪面板上有一个荧光屏，通过荧光屏可知工件中是否存在缺陷、缺陷大小及缺陷的位置。测试时探头放于被测工件上，并在工件上来回移动进行检测。探头发出的纵波超声波，以一定速度向工件内部传播，如工件中没有缺陷，则超声波传到工件底部才发生反射，在荧光屏上只出现始脉冲 T 和底脉冲 B，如图 9-19a 所示。如工件中有缺陷，一部分声脉冲在缺陷处产生反射，另一部分继续传播到工件底面产生反射，在荧光屏上除出现始脉冲 T 和底脉冲 B 外，还出现缺陷脉冲 F，如图 9-19b 所示。荧光屏上的水平亮线为扫描线(时间基线)，其长度与工件的厚度成正比(可调)，通过缺陷脉冲在荧光屏上的位置可确定缺陷在工件中的位置。亦可通过缺陷脉冲的幅度的高低来判别缺陷当量的大小。如缺陷面积大，则缺陷脉冲的幅度就高，通过移动探头还可确定缺陷的大致长度。

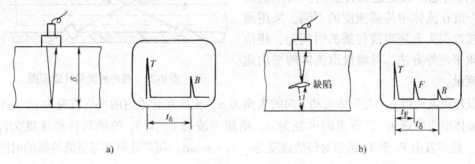

图 9-19　超声波探伤

a）无缺陷时超声波的反射及显示的波形　b）有缺陷时超声波的反射及显示波形

（2）横波探伤

横波探伤法多采用斜探头进行探伤。超声波的一个显著特点是：当超声波波束中心线与缺陷截面积垂直时，探头灵敏度最高，但如遇到如图 9-20 所示的缺陷时，用直探头探测虽然可探测出缺陷存在，但并不能真实反映缺陷大小。如用斜探头探测，则探伤效果较佳。因此，在实际应用中，应根据不同缺陷性质、取向，采用不同的探头进行探伤。有些工件的缺陷性质及取向事先不能确定，为了保证探伤质量，则应采用几种不同探头进行多次探测。

（3）表面波探伤

表面波探伤主要是检测工件表面附近的缺陷存在与否，如图 9-21 所示。在超声波的入射角 α 超过一定值后，折射角 β 可达到 $90°$，这时固体表面受到超声波能量引起交替变化的表面张力作用，质点在介质表面的平衡位置附近做椭圆轨迹振动，这种振动称为表面波。当工件表面存在缺陷时，表面波被反射回探头，可以在荧光屏上显示出来。

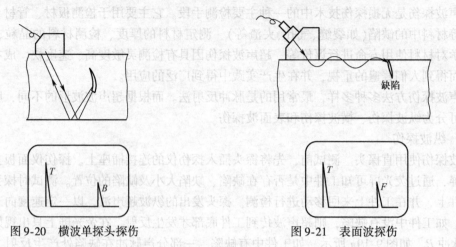

图 9-20 横波单探头探伤   图 9-21 表面波探伤

2. 超声波流量计

超声波流量计原理图如图 9-22 所示。在被测管道上下游的一定距离上，分别安装两对超声波发射和接收探头（F_1, T_1）、（F_2, T_2），其中（F_1, T_1）的超声波是顺流传播的，而（F_2, T_2）的超声波是逆流传播的。根据这两束超声波在流体中传播速度的不同，采用测量两接收探头上超声波传播的时间差、相位差或频率差等方法，可测量出流体的平均速度及流量。

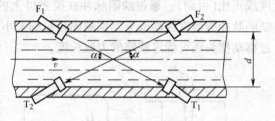

图 9-22 超声波流量计原理图

设超声波传播方向与流体流动方向的夹角为 α，流体在管道内的平均流速为 v，超声波在静止流体中的声速为 c，管道的内径为 d。则超声波由 F_1 至 T_1 的绝对传播速度为 $v_1 = c + v\cos\alpha$，超声波由 F_2 至 T_2 的绝对传播速度为 $v_2 = c - v\cos\alpha$。超声波顺流与逆流传播的时间差为

$$\Delta t = t_2 - t_1 = \frac{\dfrac{d}{\sin\alpha}}{c - v\cos\alpha} - \frac{\dfrac{d}{\sin\alpha}}{c + v\cos\alpha} = \frac{2dv\cot\alpha}{c^2 - v^2\cos^2\alpha}$$

因为 $v \ll c$，所以

$$\Delta t \approx \frac{2dv}{c^2}\cot\alpha$$

则

$$v = \frac{c^2}{2d}\tan\alpha\Delta t \tag{9-11}$$

体积流量约为

$$q_V \approx \frac{\pi}{4}d^2 v = \frac{\pi}{8}dc^2\tan\alpha\Delta t \tag{9-12}$$

由式（9-11）和式（9-12）可知，流速 v 及流量 q_V 均与时间差 Δt 成正比，而时间差可用标准时间脉冲计数器来实现。

9.4 机器人传感器

9.4.1 机器人与传感器

机器人可以被定义为计算机控制的能模拟人的感觉、手工操纵、具有自动行走能力而又足以完成有效工作的装置。按照其功能，机器人已经发展到了第三代，而传感器在机器人的发展过程中起着举足轻重的作用。第一代机器人是一种进行重复操作的机械，主要是通常所说的机械手，它虽配有电子存储装置，能记忆重复动作，但因未采用传感器，所以没有适应外界环境变化的能力。第二代机器人已初步具有感觉和反馈控制的能力，能进行识别、选取和判断，这是由于采用了传感器而使机器人具有了初步的智能。因而传感器的采用与否已成为衡量第二代机器人的重要特征。第三代机器人为高一级的智能机器人，具有自我学习、自我补偿、自我诊断能力，具备神经网络。"电脑化"是这一代机器人的重要标志。然而，电脑处理的信息，必须要通过各种传感器来获取，因而这一代机器人需要有更多的、性能更好的、功能更强的、集成度更高的传感器。

机器人传感器可以定义为一种能将机器人目标物特性(或参量)变换为电量输出的装置。机器人通过传感器实现类似于人的知觉作用，因此，传感器被称为机器人的"电五官"。

机器人的发展方兴未艾，应用范围日益广泛，要求它能从事越来越复杂的工作，对变化的环境能有更强的适应能力，能进行更精确的定位和控制，因而对传感器的应用不仅是十分必要的，而且具有更高的要求。当今，这是一个非常重要的研究课题。

9.4.2 机器人传感器的分类

机器人传感器类型很多。图9-23所示为安装在机器人智能手爪上的传感器配置，其上的传感器就有1个刚性3维力/3维力矩传感器，1个柔性3维力/3维力矩传感器，两个长距离测距传感器，两个张力传感器，4个短距离接近觉传感器，两个触觉传感器，一个扫描测距传感器，一个微型CCD摄像机，还有一个手爪驱动电动机。传感器信号处理和电动机驱动由其上配备的传感器电路完成，并由两根信号传输线与外部连接。

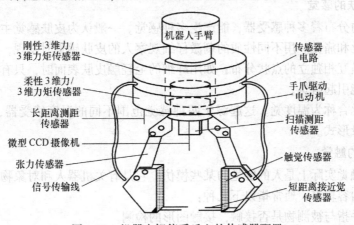

图9-23　机器人智能手爪上的传感器配置

可将机器人传感器分为内部检测传感器和外部检测传感器两大类。

内部检测传感器是以机器人本身的坐标轴来确定其位置的，它被安装在机器人自身中，用来感知机器人自己的状态，以调整和控制机器人的行动。它通常由位置、加速度、速度及压力传感器组成。

外部检测传感器用于机器人对周围环境、目标物的状态特征获取信息，使机器人和环境能发生交互作用，从而使机器人对环境有自校正和自适应能力。外部检测传感器通常包括触觉、接近觉、视觉、听觉、嗅觉和味觉等传感器。表9-4列出了机器人外部检测传感器的分类和应用。

表9-4　机器人外部检测传感器的分类和应用

传　感　器	检测内容	检测器件	应　　用
触觉	接触 把握力 荷重 分布压力 多元力 力矩 滑动	限制开关 应变计、半导体感压元器件 弹簧变位测量计 导电橡胶、感压高分子材料 应变计、半导体感压元器件 压阻元器件、电动机电流计 光学旋转检测器、光纤	动作顺序控制 把握力控制 张力控制、指压力控制 姿势、形状判别 装配力控制 协调控制 滑动判定、力控制
接近觉	接近 间隔 倾斜	光电开关、LED、激光、红外 光电晶体管、光电二极管 电磁线圈、超声波传感器	动作顺序控制 障碍物躲避 轨迹移动控制、探索
视觉	平面位置 距离 形状 缺陷	ITV摄像机、位置传感器 测距器 线图像传感器 面图像传感器	位置决定、控制 移动控制 物体识别、判别 检查、异常检测
听觉	声音 超声波	传声器 超声波传感器	语言控制(人机接口) 移动控制
嗅觉	气体成分	气体传感器、射线传感器	化学成分探测
味觉	味道	离子传感器、pH计	化学成分探测

9.4.3　触觉传感器

1. 人的皮肤的感觉

人的皮肤内分布着多种感受器，能产生多种感觉。一般认为皮肤感觉主要有4种，即触觉、冷觉、温觉和痛觉。用不同性质的刺激仔细观察人的皮肤感觉时发现，不同感觉的感受区在皮肤表面呈互相独立的点状分布；如用纤细的毛轻触皮肤表面时，只有当某些特殊的点被触及时，才能引起触觉。

冷觉和温觉合称为温度觉。这起源于两种感觉范围不同的温度感受器，因为"冷"不能构成一种能量形式。

2. 机器人的触觉

机器人的触觉实际上是人的触觉的某些模仿。它是有关机器人和对象物之间直接接触的感觉，包括的内容较多，通常指以下几种：

- 触觉。手指与被测物是否接触，接触图形的检测。
- 压觉。垂直于机器人和对象物接触面上的力传感器。

- 力觉。机器人动作时各自由度的力感觉。
- 滑觉。物体向着垂直于手指把握面的方向移动或变形。

若没有触觉，则不能完好平稳地抓住纸做的杯子，也不能握住工具。机器人的触觉主要有两方面的功能。

1) 检测功能。对操作物进行物理性质检测，如表面光洁度、硬度等，其目的是：

① 感知危险状态，实施自我保护。

② 灵活地控制手爪及关节以操作对象物。

③ 使操作具有适应性和顺从性。

2) 识别功能。识别对象物的形状（如识别接触到的表面形状）。

近年来，为了得到更完善、更拟人化的触觉传感器，人们进行了所谓"人工皮肤"的研究。这种"皮肤"实际上也是一种由单个触觉传感器按一定形状（如矩阵）组合在一起的阵列式触觉传感器，如图9-24所示。其密度较大、体积较小、精度较高，特别是接触材料本身即为敏感材料，这些都是其他结构的触觉传感器很难达到的。"人工皮肤"传感器可用于表面形状和表面特性的检测。据有关资料报道，目前的"皮肤"触觉传感器的研究主要在两方面：一方面是选择更为合适的敏感材料，现有的材料主要有导电橡胶、压电材料、光纤等；另一方面是将集成电路工艺应用到传感器的设计和制造中，使传感器和处理电路一体化，得到大规模或超大规模阵列式触觉传感器。

触觉信息的处理一般分为两个阶段，第一个阶段是预处理，主要是对原始信号进行"加工"。第二阶段则是在预处理的基础上，对已经"加工"过的信号作进一步的"加工"，以得到所需形式的信号。经这两步处理后，信号就可用于机器人的控制。

压觉指的是对于手指给予被测物的力，或者加在手指上的外力的感觉。压觉用于握力控制与手的支撑力检测。基本要求是：小型轻便，响应快，阵列密度高，再现性好，可靠性高。目前，压觉传感器主要是分布型压觉传感器，即通过把分散敏感元器件阵列排列成矩阵式格子来设计成的。导电橡胶、感应高分子、应变计、光电器件和霍尔元器件常被用做敏感元器件单元。这些传感器本身相对于力的变化基本上不发生位置变化。能检测其位移量的压觉传感器具有如下优点：可以多点支撑物体；从操作的观点来看，能牢牢抓住物体。

力觉传感器的作用有：感知是否夹起了工件或是否夹持在正确部位；控制装配、打磨、研磨抛光的质量；装配中提供信息，以产生后续的修正补偿运动来保证装配的质量和速度；防止碰撞、卡死和损坏机件。

压觉是一维力的感觉，而力觉则为多维力的感觉。因此，用于力觉的触觉传感器，为了检测多维力的成分，要把多个检测元器件立体地安装在不同位置上。用于力觉传感器的主要有应变式、压电式、电容式、光电式和电磁式等。由于应变式力觉传感器的价格便宜，可靠性好，且易于制造，故被广泛采用。

另外，机器人要抓住属性未知的物体时，必须确定自己最适当的握力目标值，因此需检测出握力不够时所产生的物体滑动。利用这一信号，在不损坏物体的情况下，牢牢抓住物体，为此目的设计的滑动检测器，叫作滑觉传感器。如图9-25所示为一种球形滑觉传感器。该传感器的主要部分是一个如同棋盘一样，相间地用绝缘材料盖住的小导体球。在球表面的任意两个地方安上接触器。接触器触头接触面积小于球面上露出的导体面积。球与被握物体相接触，无论滑动方向如何，只要球一转动，传感器就会产生脉冲输出。应用适当的技术，该球的尺寸可以变得很小，减小球的尺寸和传导面积可以提高检测灵敏度。

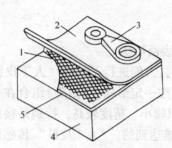

图 9-24　阵列式触觉传感器
1—电气接线　2—PVF$_2$薄膜　3—被识别物体
4—底座盒　5—印制电路板

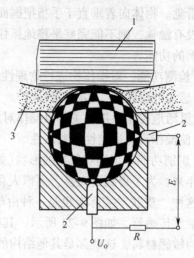

图 9-25　球形滑觉传感器
1—被夹持物体　2—触点　3—柔软覆层

9.4.4　接近觉传感器

接近觉传感器是机器人能感知相距几毫米至几十厘米内对象物或障碍物的距离、对象物的表面性质等的传感器。其目的是在接触对象前得到必要的信息，以便后续动作。这种感觉是非接触的，实质上可以认为是介于触觉和视觉之间的感觉。

接近觉传感器有电磁式、电容式、超声波式、红外线式、光电式及气动式等类型。由于相关传感器已在前面章节中详细介绍了，所以在此仅做简单介绍。

1. 电磁式

利用涡流效应产生接近觉。电磁式接近觉传感器如图 9-26 所示。加有高频信号 I_s 的励磁线圈 L 产生的高频电磁场作用于金属板，在其中产生涡流，该涡流反作用于线圈，通过检测线圈的输出可反映出传感器与被接近金属间的距离。这种接近觉传感器精度高，响应快，可在高温环境中使用，但检测对象必须是金属。

2. 电容式

利用电容量的变化产生接近觉。当忽略边缘效应时，平板电容器的电容量为

$$C = \frac{\varepsilon A}{d} = \frac{\varepsilon_r \varepsilon_0 A}{d} \tag{9-13}$$

式中，A 为极板正对面积，d 为极板间距离，ε 为极板间介质的介电常数，ε_r 为相对介电常数，ε_0 为真空介电常数。电容接近觉传感器如图 9-27 所示。传感器本体由两个极板组成，极板 1 由一个固定频率正弦波电压激励，极板 2 外接电荷放大器，0 为被接近物，在传感器两极板和被接近物三者之间形成了一个交变电场。当靠近被接近物时，电场变化引起了极板 1、2 间电容 C 的变化。由于电压幅值恒定，所以电容变化又反映为极板上电荷的变化，从而可检测出与被接近物的距离。电容式接近觉传感器具有对物体的颜色、构造和表面都不敏

感且实时性好的优点。但一般按上述结构制作的传感器要求障碍物是导体且必须接地，并且容易受到对地寄生电容的影响。

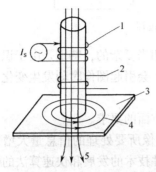

图 9-26　电磁式接近觉传感器
1—励磁线圈 L　2—检测线圈
3—金属面　4—涡流　5—磁束

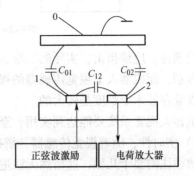

图 9-27　电容接近觉传感器

3. 超声波式

超声波式接近觉传感器适于较长距离和较大物体的探测，例如对建筑物等进行探测，因此，一般把它用于机器人的路径探测和躲避障碍物。

4. 红外线式

红外线式接近觉传感器可以探测到机器人是否靠近人或其他热源，这对安全保护和改变机器人行走路径有实际意义。

5. 光电式

光电式接近觉传感器的应答性好，维修方便，目前应用较广，但使用环境受到一定的限制(如对象物体颜色、粗糙度和环境亮度等)。

9.4.5　视觉传感器

1. 人的视觉

人的眼睛是由含有感光细胞的视网膜和作为附属结构的折光系统等部分组成的。人眼的适宜刺激波长是 370~740nm 的电磁波；在这个可见光谱的范围内，人脑通过接收来自视网膜的传入信息，可以分辨出视网膜图像的不同亮度和色泽，因而可以看清视野内发光物体或反光物体的轮廓、形状、颜色、大小、远近和表面细节等情况。自然界形形色色的物体以及文字、图片等，通过视觉系统在人脑中得到反映。视网膜上有两种感光细胞，视锥细胞主要感受白天的景象，视杆细胞感受夜间景象。人的视锥细胞大约有 700 多万个，是听觉细胞的3000 多倍，因此在各种感官获取的信息中，视觉约占 80%。同样，对机器人来说，视觉传感器也是最重要的传感器。

2. 机器人视觉

机器人的视觉系统通常是利用光电传感器构成的。机器人的视觉作用过程如图 9-28 所示。

客观世界中三维实物经由传感器(如摄像机)成为平面的二维图像，再经处理部件给出

图 9-28　机器人的视觉作用过程

景象的描述。应该指出，实际的三维物体形态和特征是相当复杂的，特别是由于识别的背景千差万别，而机器人上视觉传感器的视角又在时刻变化，会引起图像时刻发生变化，所以机器人视觉在技术上难度是较大的。

机器人视觉系统要能达到实用，至少要满足以下几方面的要求。

1) 实时性，随着视觉传感器分辨率的提高，每帧图像所要处理的信息量大增，识别一帧图像往往需要十几秒，这当然无法进入实用，随着硬件技术的发展和快速算法的研究，识别一帧图像的时间可在 1s 左右，这样才可满足大部分作业的要求。

2) 可靠性，因为视觉系统若做出误识别，轻则损坏工件或机器人，重则可能危及操作人员的生命，所以必须要求视觉系统工作可靠；再次是要求有柔性，即系统能适应物体的变化和环境的变化，工作对象多种多样，要能从事各种不同的作业。

3) 价格适中，一般视觉系统占整个机器人价格的 10% ~20% 比较适宜。

在空间中判断物体的位置和形状一般需要距离信息和明暗信息这两类信息。视觉系统主要解决这两方面的问题。当然作为物体视觉信息来说还有色彩信息，但它对物体的识别不如这两类信息重要，所以在视觉系统中用得不多。获得距离信息的方法可以有超声波、激光反射法、立体摄像法等；而明暗信息主要靠电视摄像机、CCD、CMOS 摄像头来获得。

与其他传感器工作情况不同，视觉系统对光线的依赖性很大。往往需要好的照明条件，以便使物体形成的图像最为清晰，处理复杂程度最低，使检测所需的信息得到增强，不至于产生不必要的阴影、低反差、镜面反射等问题。

带有视觉系统的机器人还能完成许多作业，例如：识别机械零件并组装泵体、小型电机电刷的安装作业、晶体管自动焊接作业、管件凸位焊接作业、集成电路板的装配等。对特征机器人来说，视觉系统使机器人在危险环境中自主规划，完成复杂的作业成为可能。

视觉技术虽然只有短短一二十年的发展时间，但其发展是十分迅猛的。由一维信息处理发展到二维、三维复杂图像处理，由简单的一维光电管线阵传感器发展到固态面阵 CCD、CMOS 摄像头，在硬软件两方面都取得了很大的成就。目前这方面的研究仍然是热门课题，吸引了大批科研人员。视觉技术未来的应用天地是十分广阔的。

3. 视觉传感器

(1) 人工网膜

人工网膜是用光电二极管阵列代替网膜感受光信号。其最简单的形式是 3×3 的光电二极管矩阵，多的可达 256×256 像素的阵列甚至更高。

现以 3×3 阵列为例进行字符识别。"像"分为正像和负像两种，对于正像，物体存在的部分以"1"表示，否则以"0"表示，将正像中各点数码减 1 即得负像。以数字字符 1 为例，由 3×3 阵列得到的正、负像如图 9-29 所示。输入字母字符 I 所得正、负像如图 9-30 所示。上述正负像可作为标准图像存储起来。如果工作时得到数字字符 1 的输入，其正、负像就可与已存储的像进行比较，比较结果见表 9-5。把正像和负像相关值的和作为衡量图像信息相关性的尺度，可见在两者比较中，是 1 的可能性远比是 I 的可能性要大，前者总相关值是 9，等于阵列中光电二极管的总数，这表示所输入的图像信息与预先存储的图像 1 的信息是完全一致的，由此可判断输入的数字字符是 1，而不是字符 I 或其他。

0	1	0		-1	0	-1		1	1	1		0	0	0	
正像 0	1	0	负像	-1	0	-1		正像 0	1	0	负像	-1	0	-1	
0	1	0		-1	0	-1		1	1	1		0	0	0	

图 9-29　数字字符 1 的正、负像　　　　　　　图 9-30　字母字符 I 的正、负像

表 9-5　比较结果

相　关　值	与数字 1 比较	与字母 I 比较
正像相关值	3	3
负像相关值	6	2
总相关值	9	5

（2）光电探测器件

最简单的单个光电探测器是光电池、光敏电阻和光电二极管。光电池是一种光生伏特器件，能产生与光照度成正比的电流。光敏电阻的电阻随所受光照度而变化。反向偏置的光电二极管在光照时能产生光电流，在检测中大多用来产生开关的"接通"信号，以检测一个特征或物体的有无。

单个光电探测器排列成线性和矩阵阵列使之具有直接测量和摄像功能，组成一维、二维或三维视觉传感器。

目前用于非接触探测的固态阵列有自扫描光电二极管（SSPD）、电荷耦合光电二极管（CCPD）、电荷耦合器件（CCD）、电荷注入器件（CID）和表面场效应器件（CMOS）。其中电荷耦合器件（CCD）和表面场效应器件（CMOS）已广泛用于摄像机、照相机和手机，其用于机器人的视觉具有较高的几何精度，更大的光谱范围，更高的灵敏度和扫描速率，结构尺寸小、功耗小、耐久可靠。

三维视觉传感器摄取的图像的反光强度分布、轮廓形状、阴影等立体信息，或者多镜头、多角度、多距离摄取的多幅图像信息，经计算机对信息数据进行分析计算和补插处理，可以获取景物的立体信息或空间信息。

9.4.6　听觉、嗅觉、味觉及其他传感器

1. 人的听觉

人的听觉的外周感受器官是耳，耳的适宜刺激是一定频率范围内的声波振动。耳由外耳、中耳和内耳迷路中的耳蜗部分组成。由声源振动引起空气产生的疏密波，通过外耳道、鼓膜和听骨链的传递，引起耳蜗中淋巴液和基底膜的振动，使耳蜗科蒂器官中的毛细胞产生兴奋。科蒂器官和其中所含的毛细胞，是真正的声音感受装置，外耳和中耳等结构只是辅助振动波到达耳蜗的传音装置。听神经纤维就分布在毛细胞下方的基底膜中。振动波的机械能在这里转变为听神经纤维上的神经冲动，并以神经冲动的不同频率和组合形式对声音信息进行编码，传送到大脑皮层的听觉中枢，产生听觉。

2. 机器人的听觉

听觉也是机器人的重要感觉器官之一。随着计算机技术及语音学的发展，目前已经实现用机

器代替人耳，通过语音处理及识别技术识别讲话人，还能正确理解一些简单的语句。然而，由于人类的语言是非常复杂的，无论哪个民族，其语言的词汇量都非常大，即使是同一个人，其发音也随着环境及身体状况有所变化，因此，使机器人的听觉具有接近人耳的功能还相差甚远。

从应用的目的来看，可以将识别声音的系统分为如下两大类。

1）发音人识别系统。发音人识别系统的任务，是判别接收到的声音是否是事先指定的某个人的声音，也可以判别是否是事先指定的一批人中的哪个人的声音。

2）语义识别系统。语义识别系统可以判别语音是字、短语、句子，而不管说话人是谁。

为了实现语音的识别，主要就是要提取语音的特征。一句话或一个短语可以分成若干个音或音节，为了提取语音的特征，必须把一个音再分为若干个小段，再从每一个小段中提取语音的特征。语音的特征很多，对每一个字音都可由这些特征组成一个特征矩阵。

识别语音的方法，是将事先指定人的声音的每一个字音的特征矩阵存储起来，形成一个标准模式。当系统工作时，将接收到的语音信号用同样的方法求出它们的特征矩阵，再与标准模式相比较，看它与哪个模式相同或相近，从而识别该语音信号的含义，这也是所谓模式识别的基本原理。

机器人听觉系统中的听觉传感器有电磁式、电容式、压电式等类型，其结构如图9-31所示。电磁式传声器由可动线圈和磁铁组成，可动线圈与振动片连成一体，也称为动圈式。声波使振动片振动，带动线圈在磁铁磁场中运动，产生音频电流。电容式传声器由振动膜片与固定膜片构成电容，声波使振动膜片振动，导致电容量发生变化，产生音频电流。电容式听觉传感器具有动态范围大、体积小等优点，可用于超声波传感器。压电式传声器由具有压电效应的石英晶体切片构成，石英晶体切片两面镀银作为电极，并与振动片连成一体，声波使振动片振动，振动压力作用于石英晶体切片产生音频电流。图9-31c所示双压电晶片为两片石英晶体切片并联，以增大音频电流输出。

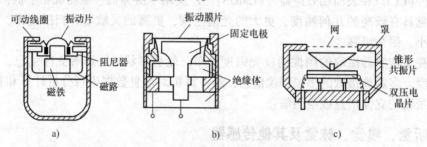

图9-31 听觉传感器类型的结构

a）电磁式 b）电容式 c）压电式

3. 人的嗅觉

人的嗅觉感受器是位于上鼻道及鼻中隔后上部的嗅上皮，两侧总面积约$5cm^2$。由于它们所处的位置较高，平静呼吸时，气流不易到达，因此在嗅一些不太浓的气味时，要用力吸气，使气流上冲，才能到达嗅上皮。嗅上皮含有3种细胞，即主细胞、支持细胞和基底细胞。主细胞也叫嗅细胞，呈圆瓶状，细胞顶端有5~6条短的纤毛，细胞底端有长突，它们组成嗅丝，穿过筛骨直接进入嗅球。当嗅细胞的纤毛受到悬浮于空气中的物质分子或溶于水及脂质的物质刺激时，有神经冲动传向嗅球，进而传向更高级的嗅觉中枢，引起嗅觉。

有人分析了600种有气味物质和它们的化学结构，提出至少存在7种基本气味；其他众多的气味则可能是由这些基本气味的组合所引起的。这7种气味是樟脑味、麝香味、花卉味、薄荷味、乙醚味、辛辣味和腐腥味。大多数具有同样气味的物质，具有共同的分子结构；但也有例外，有些分子结构不同的物质，可能具有相同的气味。实验发现，每个嗅细胞只对一种或两种特殊的气味有反应；还证明嗅球中不同部位的细胞只对某种特殊的气味有反应。这样看来，一个气体传感器就相当于一个嗅细胞。对于人的鼻子来说，不同性质的气味刺激有其相对专用的感受位点和传输线路；非基本的气味则由它们在不同线路上引起的不同数量冲动的组合，在中枢引起特有的主观嗅觉感受。

4. 机器人的嗅觉

嗅觉传感器主要采用气体传感器和射线传感器等。多用于检测空气中的化学成分和浓度等。在放射线、高温煤气、可燃性气体以及其他有毒气体的恶劣环境下，开发检测放射线、可燃气体及有毒气体的传感器是很重要的。这对于人们了解环境污染、预防火灾和毒气泄漏报警具有重大的意义。有关传感器在前面已有介绍，在此不再重复。

5. 人的味觉

人的味觉感受器是味蕾，主要分布在舌背部表面和舌缘、口腔和咽部黏膜表面。每一味蕾由味觉细胞和支持细胞组成。味觉细胞顶端有纤毛，称为味毛，由味蕾表面的孔伸出，是味觉感受器的关键部位。

人和动物的味觉系统可以感受和区分出多种味道。人们很早以前就知道，众多味道是由4种基本味觉组合而成，这就是甜、酸、苦和咸。不同物质的味道与它们的分子结构的形式有关。通常 NaCl 能引起典型的咸味；无机酸中的 H^+ 是引起酸感的关键因素，但有机酸的味道也与它们带负电的酸根有关；甜味与葡萄糖的主体结构有关；而生物碱的结构能引起典型的苦味。研究发现，一条神经纤维并不是只对一种基本味觉刺激起反应，每个味细胞几乎对4种基本味刺激都起反应，但在同样摩尔浓度的情况下，只有一种刺激能引起最大的感受器电位。显然，不论4种基本味觉刺激的浓度怎样改变，每一种刺激在4种基本刺激的敏感性各不相同的传入纤维上，引起传入冲动数量多少的组合形式是各有特异性的。由此可见，通过对各具一定特异性信息通路的活动的组合形式对比，是中枢分辨外界刺激的某些属性的基础。

6. 机器人的味觉

通过人的味觉研究可以看出，要做出一个好的味觉传感器，还要通过努力，在发展离子传感器与生物传感器的基础上，配合微型计算机进行信息的组合来识别各种味道。通常味觉是指对液体进行化学成分的分析。实用的味觉方法有 pH 计、化学分析器等。一般味觉可探测溶于水中的物质，嗅觉探测气体状的物质，而且在一般情况下，当探测化学物质时，嗅觉比味觉更敏感。

9.5 语音识别和人像识别

9.5.1 语音识别

机器人听觉传感器获取的语音信号，通过识别和理解，转变为相应的文本或命令，驱动发声或动作部件工作。语音识别一般采用模板匹配法，包括特征提取、模型训练和模板匹配3个步骤。

语音识别原理如图 9-32 所示。

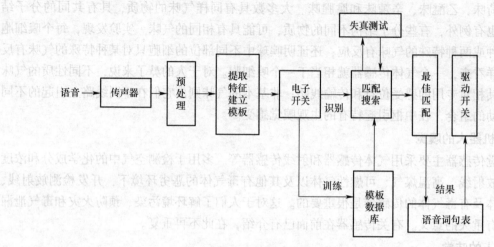

图 9-32　语音识别原理

语音信号通过预处理去掉噪声和与语音识别无关的冗余信息，获得影响语音识别的重要信息，同时对语音信号进行压缩。语音特征识别单元可选用单词（句）、音节或音素，利用傅里叶变换将声波变换成频谱，以分析其频率组成和幅度，形成特征矢量。

在训练阶段，用户对传声器将语音词汇表中的每个词句依次说一遍，并且将其特征矢量作为模板存入模板库。

在识别阶段，按照传声器输入的语音词句的特征矢量依次搜索模板数据库中的每个模板数据，进行相似度比较、匹配选择、失真测试，将最佳匹配模板数据作为识别结果输出。

按识别结果从配置的语音词句表中查出词句文本或命令，驱动对应部件完成动作。

随着集成电路技术的发展，现已出现语音识别单芯片解决方案，其中 ICRoute（非特定人语音识别芯片厂商）生产的 LD3320、LD3321 芯片就是集成了高精度 A－D（模-数转换）和 D－A（数-模转换）接口的语音识别芯片，芯片内配有模板数据库（RAM），安装有语音识别训练和匹配软件（ROM），可直接集成在电子产品中，通过输入传声器和输出扬声器、动作控制机件，实现语音识别、人机对话和语音控制。

9.5.2　人像识别

人脸与人体的其他生物特征（指纹、虹膜等）一样与生俱来，它的唯一性和不易复制性，为人像识别提供了必要的前提。人像识别是基于人脸特征信息的一种生物识别技术，在机器人、航空航天、刑事侦查、机场检查、小区物业、消费电子等领域有广泛应用。

人脸识别系统包括人脸图像采集及检测、人脸图像预处理、人脸图像特征提取以及匹配识别 4 部分，如图 9-33 所示。

由图可见，人脸识别系统需要事先采集、建立待识别人脸数据库，称作训练阶段，才能在识别阶段通过搜索人脸数据库，与其中的人脸数据匹配比较，实现待识别人脸识别，这要较大的存储空间和较强的数据处理能力，必须基于计算机或微处理器的工作平台。

人脸及周围环境图像通过 CMOS 摄像头摄取后，显示在液晶或 LED 显示屏上，人脸的静态、动态、位置、表情图像都可以得到很好的采集。

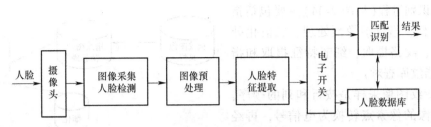

图 9-33　人脸识别系统组成

采集到的图像通过人脸检测标定人脸的位置和大小。人脸图像中包含的模式特征，例如直方图（采样量化所得直方条图）特征、颜色特征、模板特征、结构特征及类 Haar 特征（图像的局部灰度化，用以检测边界特征、细线特征、中心特征）等，通过人脸检测，把其中有用的信息挑出来。

采集到的原始图像还要进行光线补偿、灰度校正、直方图均衡化（邻近直方条用平均值拉平）、归一化、几何校正、噪声滤波以及对比度锐化等预处理，使人脸图像特征明显。

人脸特征提取方法有两种，一种是基于知识的表征方法；另一种是基于统计学的表征方法。

人脸由眼睛、鼻子、嘴、下巴等局部构成，人脸的知识表征是对这些局部和它们之间结构关系的几何描述，即几何特征数字化。

匹配识别时，摄像头输入的人脸图像的几何特征数据，与数据库中存储的人脸几何特征模板数据进行搜索、匹配。其间会设定一个阈值，当相似度超过这一阈值时，则把该匹配模板数据输出。这一过程又分为确认和辨认两类。确认是一对一进行人脸图像匹配认定；辨认是一对多进行人脸图像匹配辨别。

基于统计学的表征方法，是用计算机图像处理技术从人脸图像中提取人像区域特征点，用生物统计学原理进行区域特征分析，建立数学模型，即人脸特征模板。分析识别时，用数据库中存储的人脸特征模板数据对摄像头输入的人脸图像数据进行区域特征点分析匹配，根据分析匹配所得相似值大小判定待识别人身份。

人脸识别的关键是计算方法和计算能力，目前一般是通过计算机或微处理器的核心处理器 CPU、ARM 芯片进行图像采集，把 CMOS 摄像头拍摄的视频中的人脸图像特征信息提取出来，送下一单元进行人脸识别结构化运算。目前结构化运算采用的有 GPU 图形处理器、FPGA 场编程逻辑门阵列、ASIC 专用集成电路、DSP 数字信号处理器等芯片。人脸识别图像特征信息提取和深度学习计算的专用芯片正在研制中。

9.6　指纹传感器

9.6.1　指纹识别技术

指纹识别技术是利用人体生物特征进行身份认证的技术。指纹识别是人体生物特征识别的一种重要手段，广泛用于商业、金融、公安刑侦、军事和日常生活中。根据指纹学理论，两个不同指纹分别匹配上 12 个特征时的相同概率仅为 $1/10^{50}$，至今还未发现两个指纹完全相同的人，而且，指纹还具有终身基本不变的相对稳定性。指纹的这些特点，为身份鉴定提供了客观依据。

指纹识别过程(见图9-34)主要包括指纹图像采样、指纹图像预处理、二值化处理、细化、纹路提取、细节特征提取和指纹匹配(指纹库查对)。

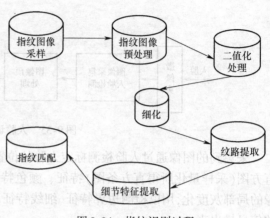

图9-34　指纹识别过程

1)指纹图像采样是按行和列的顺序,把指纹图像的像素点转换为电信号,再经A–D转换器转换为数字信号,交微处理器处理。指纹图像采样设备有光学采像设备、压电式指纹传感器、半导体指纹传感器、超声波指纹扫描设备4种类型,其中半导体指纹传感器应用较广泛。

2)指纹图像预处理包括平滑(滤除噪声)、锐化(增加指纹线对比度)等,使指纹图像更清晰,轮廓更加明显。

3)二值化处理是确定一个合适的阈值,以加强纹路和背景的划分,从而获得对比度更强的指纹图像。

4)细化是进一步提高指纹图像的清晰度。

5)纹路提取用以得到指纹的拓扑结构特征,对指纹的分类有重要价值。

6)细节特征提取是按区域提取。例如:将整个指纹图像划分为 $8 \times 4 = 32$ 个区域,把各区域的特征量按顺序构成一系列的"指纹字",作为到指纹库中去存储或查对的基本单位。

7)指纹匹配是应用计算机对指纹信息进行存储、管理和查对。由于指纹库采用分层模型和模块结构,并与指纹识别模式有机的结合,因此能迅速地存储和查对指纹。

9.6.2　指纹传感器 FCD4B14

美国艾特梅尔(Atmel)公司于2000年推出高性能、低功耗的单片半导体指纹传感器FCD4B14,采用CMOS工艺制造,工作电压为DC 3～5.5V,功耗为20mW,20脚双列直插式(Dual In line Package,DIP)陶瓷或COB(Chip-On-Board)封装,耐磨损 $>10^6$ 次滑动操作,静电损伤(Electro Static Damage,ESD)防护 $>16kV$;工作温度范围为 0～70℃。

图9-35所示为DIP陶瓷封装FCD4B14外形结构,引脚功能如表9-6所示。

表9-6　DIP陶瓷封装 FCD4B14 引脚功能

引脚	名称	功　能	引脚	名称	功　能
1	GND	接地	11	FPL	前向平面接地
2	AVE	偶像素模拟输出	12	Do3	奇像素第3位
3	TPP	恒温电路电源	13	Do2	奇像素第2位
4	Ucc	电源供电	14	Do1	奇像素第1位
5	RST	复位输入	15	Do0	奇像素第0位
6	OE	数据输出使能输入	16	GND	接地
7	De0	偶像素第0位	17	ACKN	应答信号/EPP协议
8	De1	偶像素第1位	18	PCLK	像素时钟输入
9	De2	偶像素第2位	19	TPE	恒温电路使能输入
10	De3	偶像素第3位	20	AVO	奇像素模拟输出

FCD4B14 是基于温差效应的指纹传感器，芯片表面有 0.4mm×14mm 的温度传感区域(映像区域)，内部有行选和列选电路、A-D 转换器、锁存器和恒温电路。其内部电路组成框图如图 9-36 所示。

图 9-35 陶瓷封装 FCD4B14 外形结构

传感区域由 0.8μm 厚的 CMOS 阵列组成。包含 8 行 × 280 列 =2240 个像素，还有一个定位用的虚拟列，共 281 列，组成一帧，用来感应手指与传感区域接触部位的温度差，并转换为电信号。在手指与传感区域之间的温度差很小的时候，使用恒温电路增加手指与传感器之间的温度差，以保证正确转换。像素尺寸为 50μm×50μm，相当于传感区域的分辨率为 500dpi (每英寸 500 像素)。

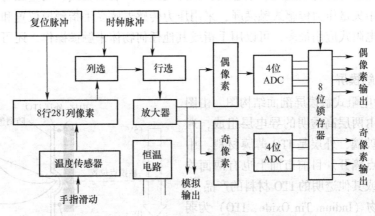

图 9-36 FCD4B14 内部电路组成框图

列选脉冲从传感区域按顺序选出像素列，再由行选脉冲(与时钟脉冲同频率)选出像素。通常一个行选脉冲同时选出两个像素，一个偶像素，一个奇像素。可以直接输出两个像素的模拟电信号，也可以分别送入两个 4 位 ADC 进行 A-D 变换，再由锁存器组成 1 字节(8 位)的数字信号输出。时钟频率可达 2MHz，扫描输出最高能达到 1780 帧/s。

为了捕捉到完整指纹图像，允许手指滑行通过传感区域，如图 9-37 所示。通常 1 秒钟扫描和传送一幅完整指纹图像。数字信号输出端可适配增强型并行口(Enhanced Parallel Port, EPP)接口、USB 接口，或直接与微处理器相连。EPP 接口和 USB 接口的数据传输率为 1MB/s，重构一幅指纹图像最低需要 500 帧/s 速率。在微处理器中，Atmel 公司的软件将这些数字信号重新构成完整的 8 位/像素的指纹图像，使图像灰度达到 256 级。

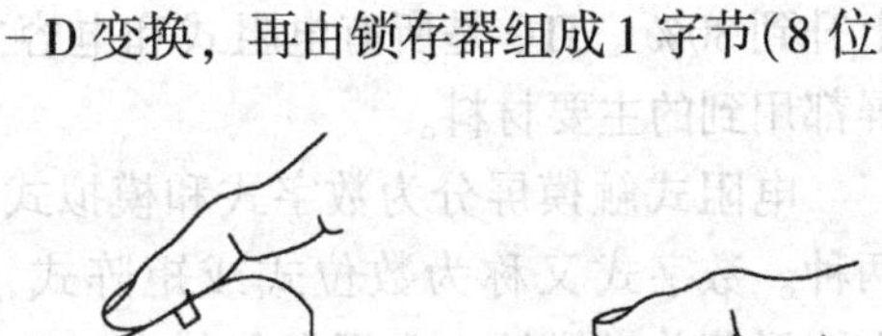

当指纹图像信号输出时，FCD4B14 的输出使能脚(OE)必须为低电平。输出使能脚可与微处理器直接连接，不需要附加电路。

FCD4B14 广泛应用于 PDA、手机、笔记本电脑、PC、电子商务、PIN 码交换、ATM 机、

图 9-37 手指在指纹传感器上滑过
a) 斜面安装 b) 平面安装

POS 机、建筑物的门开关、汽车、家用电子锁等设备的指纹识别。

Atmel 公司接着又推出 FCD4B14 的改进型 AT77C101B。

9.7 触摸屏

车站、银行、医院、图书馆等地的一些自助设备以及手机、平板电脑、多媒体播放器等都已采用触摸屏进行触控操作。

触摸屏位于液晶显示屏的前面，液晶显示屏显示图形或文字，手指或手写笔（触碰棒）触摸的是触摸屏上的传感器。

9.7.1 触摸屏技术

触摸屏的类型可分为电阻式、电容式、红外线式、声表面波式、矢量压力传感式和电磁诱导式等，其中矢量压力传感式触摸屏，采用压力传感器感受手指触摸位置和轻重变化，现已不再使用。电阻式应用最多，可以用手指或其他任何物体来触摸操作，还可以用手写笔写字画画。

1. 电阻式触摸屏

图 9-38 为电阻式触摸屏剖面结构图。由图可见，触摸屏由两层高透明的导电层组成，通常内层是 ITO 玻璃，外层是 ITO 薄膜材料，中间由细微绝缘点隔开。目前市面上也有两面均采用 ITO 玻璃或其他透明的 ITO 材料的产品。

铟锡氧化物（Indium Tin Oxide，ITO）为弱导电体，其特性是当厚度降到 1800 埃（1 埃 $= 10^{-10}$ m）时，会突然变得透明，透光率为 80%，再薄下去透光率反而下降，到 300 埃厚度时又上升到 80%。ITO 是所有电阻式和电容式触摸屏都用到的主要材料。

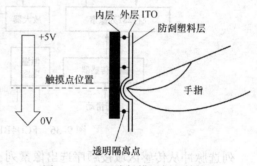

图 9-38　电阻式触摸屏剖面结构图

电阻式触摸屏分为数字式和模拟式两种。数字式又称为数位式或矩阵式，在图形菜单触摸输入和滑条触摸移动上均被采用，数字式的输入方式类似于传统的按键开关方式。

图 9-39 所示为数字式触摸屏结构图。它是在内外层上用银浆、碳胶等通过丝网印刷法形成电气电路，使内外层电气回路相对，在外层 ITO 导电薄膜和内层 ITO 导电玻璃之间夹隔绝缘点进行贴合而成的。

当触摸屏表面无压力时，内外层成

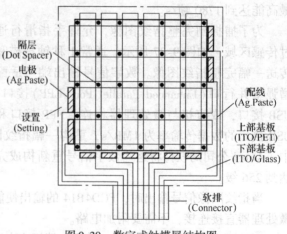

图 9-39　数字式触摸屏结构图

绝缘状态。一旦有触摸压力施加到触摸屏上，内外层电路就导通，同键盘的工作原理类似，位于设备内部的触摸屏控制器通过 X 方向和 Y 方向施加的驱动电压值，探测出触摸点的 X – Y 坐标。该 X – Y 坐标位置事先设定了一种操作，该位置对应液晶显示屏上显示的图形菜单只是该操作的一个表述。控制器在感知触摸点的 X – Y 坐标位置后，就可以将该位置设定的操作提交微处理器和执行器件处理并执行。

电阻式触摸屏有 4 线和 5 线两种类型。

4 线电阻式触摸屏的内、外两层均加 5V 恒定电压(一个 X 方向，一个 Y 方向)，总共需 4 条引线。

5 线电阻式触摸屏的 X、Y 两个方向的电压分时工作加在内层工作面上。外层仅用来当作导体，在有触摸时检测内层 ITO 接触点 X 方向和 Y 方向的电压值，供控制器测得触摸点的位置。这种加电压方式，需内层 4 条引线，外层一条引线，共需 5 条引线。

在 5 线电阻式触摸屏的外层不加电压，所以能做得更薄，透光率和清晰度更高，几乎没有色彩失真，触摸寿命高达 3500 万次。4 线电阻式触摸屏触摸寿命小于 100 万次。

模拟式触摸屏的基本结构与数字式产品相同，只是主材 ITO 导电薄膜和 ITO 导电玻璃的阻值更高。模拟式触摸屏主要用于手写笔的手写输入。

2. 电容式触摸屏

电容式触摸屏是把透明的 ITO 金属层涂在薄膜和玻璃板上作为上、下(外层和内层)导电体，上、下导电体形成一个电容，在上、下导电体四边有窄长的电极引出，与外电路形成振荡器。当人用手指或其他导电物体触摸或触碰时，电容发生变化，振荡器的振荡频率也发生变化。通过测量频率变化，就可以确定触摸或触碰的位置。电容式触摸屏不能用手写笔，也不能用其他非导电物体。它的缺点是电容值易受温度、湿度影响，所以稳定性差。其优点在于不受油污的影响，小于 0.57N(牛顿)的施力就可感应，响应速度小于 3ms，可用于多点触控，可承受大于 5000 万次的触摸。

3. 红外线式触摸屏

红外线式触摸屏在屏幕四边排布红外发射管和红外接收管，形成 X、Y 方向上密布的红外线矩阵。当用户在触摸屏幕时，手指就会挡住 X、Y 方向上的两条红外线，因而可以检测并定位用户的触摸位置。其响应速度比电容式的快，但分辨率较低。

4. 声表面波式触摸屏

声表面波式触摸屏在屏幕四边安装声表面波发射换能器和接收换能管，形成 X、Y 方向上密布的声表面波矩阵。当用户手指触摸屏幕时，手指就会吸收 X、Y 方向上一部分声表面波的能量，控制器依据减弱的声表面波信号就可计算出用户的触摸位置。这种触摸屏的优点是很耐用，缺点是易受刮伤、水渍、油渍、污物或尘埃的影响。

5. 电磁式触摸屏

电磁式触摸屏是目前最为先进和流行的触摸屏，更多用于手写输入和画画。屏幕边上有励磁电路，在触摸屏上方产生一定范围内的磁场。电磁式手写笔有无线和有线两种，其笔尖分别由永磁铁或电磁线圈组成，也产生一磁场，借由手写笔和触摸屏磁场的相互感应来确定笔尖的位置及所画轨迹。触摸屏控制器将这些信息送入微处理器，处理后由液晶显示器显示出所画的图形。微处理器同时将所画的图形与存储器中存储的文字图形进行类比来识别输入的文字。电磁压感式手写笔可以产生粗细不同的笔画，可以像毛笔一样流畅书写，手感也很好，对绘图、画画很有用。

手机和平板电脑大多采用电容式触摸屏，也有用电阻式触摸屏、电磁式触摸屏的。触摸屏后面安放液晶显示屏，平板电脑大多采用 10.1in 的 TFT 液晶显示屏，1920×1080 像素，手机用液晶显示屏型式不断变化，高清晰度达 2K（2560×1440），并开始使用折叠屏。

液晶显示屏原来采用的是垂直调整（Vertical Alignment，VA）屏幕，给液晶加电压的两个电极在上下垂直两面，属于软屏，用手触摸时会出现类似的水纹。新型平面转换（In-Plane Switching，IPS）屏幕改变液晶为水平排列方式，给液晶加电压的两个电极在同一个面上，称为硬屏，液晶室结构坚固性和稳定性远远优于软屏，触摸时无水纹、暗影和闪光现象，非常适合具有触摸功能的自助设备配置使用。

9.7.2　多点触控滑屏的应用

电容式触摸屏支持多点触控，用户可以在触摸屏面左右或上下滑动手指，使屏幕显示内容或左、右、上、下滚动，或进行翻页切换；在查看照片、网页、电子邮件、地图时，用两根手指触摸画面后向外扩张，可以将画面放大，还可以向内收缩，将画面恢复或缩小。

多点触控滑屏（Spin）的触摸屏控制器，能感知同时发生在触摸屏上明显不同区位的多个触碰或临近触碰，并据此给出多个触碰中每一触碰在该触摸屏表面具体位置的信息。通过分析用户手指（一个或几个）触碰屏面的手法，可以推断出用户的意图，并滤除掉不经意的触碰，实现滚动浏览、翻页及缩放图像大小等功能。

多点触控滑屏技术的基本原理如图 9-40 所示。多点触控电容触摸屏是根据一个 X–Y 坐标系来设计的，坐标原点在屏幕中心。触摸屏控制器在探测出手指触摸点的 X–Y 坐标信息并将其送入微处理器的同时，可以进行左、右、上、下 4 个临近坐标点及向外更多坐

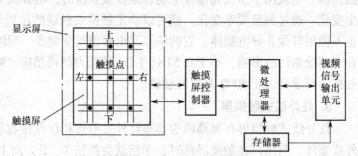

图 9-40　多点触控滑屏技术的基本原理框图

标点的检测。若其中某个坐标点紧接着探测到手指的触摸信号，则该坐标信息同时被送入微处理器。微处理器由此确定手指在滑动，并可判别手指的滑动方向。微处理器根据手指触摸点的坐标、手指是否滑动和滑动方向，输出相应的控制信号到视频信号输出单元，对显示内容进行滚动，或从存储器中取出显示内容，进行屏幕翻页切换。

触摸屏画面的放大、缩小变换来自多点触控滑屏的信号处理。控制器探测出两个手指在画面上触摸位置的坐标信息及手指紧接着触摸的相邻位置的坐标信息，将其送入微处理器。微处理器由此确定两个手指在滑动，并可判别手指的滑动方向。微处理器根据两个手指触摸点的坐标（向两边伸展滑动还是向内回缩滑动），输出相应的控制信号到视频信号输出单元，通过补插法加入插值将画面放大，或删除补插值将画面恢复或缩小。

最新生产的平板电脑和手机大多将触摸屏控制器、微处理器和视频信号输出单元做在一个芯片中。

9.8 微机电系统

微机电系统(Micro Electro-Mechanical System,MEMS)是在一个硅基板上集成了机械零件和电子元器件,可对声、光、热、磁、运动等自然信息进行检测,并且具有信号处理器和执行器功能的微机械加工型智能传感器。其外形轮廓尺寸在毫米量级以下,构成它的机械零件和电子元器件在微米/纳米量级。三位一体的微机电系统组成框图如图9-41所示。

被测量 ——→ 微传感器 ——→ 微处理器 ——→ 微执行器 ——→ 输出信号

图9-41　三位一体的微机电系统组成框图

9.8.1　微机电系统的特点

微机电系统的制作主要基于两大技术,即集成电路(IC)技术和微机械加工技术。其中集成电路技术主要用于制造电子部分,即信号处理和控制系统部分,与传统的IC生产过程基本相同;微机械加工技术用于制造机械部分,将机械部分直接蚀刻到一片晶圆(Wafer,单晶硅圆片)中,或者增加新的结构层来制作MEMS产品。

微机电系统具有以下特点。

1) 体积小,重量轻,耗能低,惯性小,谐振频率高(不易发生低频共振影响性能),响应时间短,可以完成大尺寸机电系统所不能完成的任务,也可以将其嵌入大尺寸系统中使用。

2) 以硅为主要材料,硅的强度、硬度和弹性模量与铁相当,密度类似铝,热传导率接近钼和钨,机械和电气性能优良,可利用大规模集成电路生产中的成熟技术和工艺进行生产。

3) 用硅微加工工艺在一片硅片上可同时制造成百上千个MEMS,再将其切割封装成产品,批量生产可大大降低成本。

4) 可把多种功能的器件集成在一起,形成复杂的微机电系统。

微机电系统中的传感器有微热传感器、微辐射传感器、微力学量传感器、微磁传感器、微生物(化学)传感器等。其中微力学量传感器是微机电系统最重要的传感器。这是因为微机电系统涉及的力学量种类繁多,不仅涉及静态和动态参数,如位移、速度和加速度,而且涉及材料的物理性能,如密度、硬度和黏稠度。叉指换能器式微传感器是微力学量传感器的一种重要类型。

9.8.2　声表面波叉指换能器

声表面波(SAW)叉指换能器(IDT)的工作原理源自某些晶体,例如单晶硅、多晶硅和铌酸锂等,具有压电效应、逆压电效应和表面波传播的物理特性。

用叉指换能器做的声表面波滤波器如图9-42a所示。当左边的叉指换能器上施加交变的电信号时,由于逆压电效应,基体材料将产生弹性变形,从而产生声波振动。向基片内部传送的体波会很快衰减,而表面波则向左、右两个方向传播。向左传送的声表面波被涂于基片左端的吸声材料所吸收,向右传送的声表面波传送到右边的叉指换能器,由于正压电效应,在叉指换能器上会产生交变的电信号，并由负载 R_L 输出。

图9-42b为叉指换能器的结构。叉指换能器的几何参数包括叉指对数、指条宽度 a、指条间隔 b、指条有效长度 B 和叉指对之间的距离 M 等。

叉指换能器有自己的弹性波的谐振频率，称为同步频率 f_0。同步频率 f_0 的倒数为弹性波长，即声表面波波长，等于两个相邻叉指对之间的距离 M 的两倍。当加于叉指换能器的交流信号或电磁波的频率与同步频率相同时，叉指换能器能以

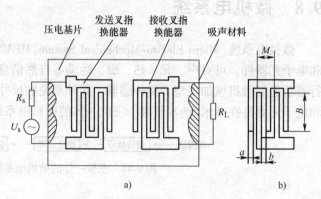

图9-42 声表面波滤波器和叉指换能器结构
a) 声表面波滤波器 b) 叉指换能器结构

最大的功效把电能转换成声表面波的声能，负载 R_L 上输出最多的是该频率的交流信号，其他频率信号很少或没有。叉指换能器起到了滤波器的作用，声表面波滤波器在电子电路中已广泛使用。

声表面波的速度 v 取决于材料，一般为3490m/s(铌酸锂的值)，对于石英和铌酸锂晶体衬底，叉指换能器通常采用的同步频率为10MHz～几个 GHz，若为1GHz，则声表面波的波长为 $(3490/10^9)\,\mathrm{m}\approx3.5\mathrm{\mu m}$。而1GHz的交流电信号或电磁波的波长为 $c/10^9\,\mathrm{Hz}=0.3\mathrm{m}$，式中电磁波的速度 $c=3\times10^8\mathrm{m/s}$，与光速相同。

这样，在压电材料衬底上外加电磁信号转换成声表面波时，波长减小到约 10^{-5}。这使器件的物理尺寸能与IC工艺兼容用作传感器，使传感器的微型化成为可能。

9.8.3 叉指换能器振荡器式微传感器

图9-43所示为利用声表面波叉指换能器和环路放大器做成的叉指换能器式微温度传感器。叉指换能器和声表面波传播通道形成了选频和反馈网络，与同相放大器组成了振荡器，振荡频率等于相邻叉指对之间的距离 M 两倍的倒数。用频率计可测振荡频率。若环境温度改变，则 M 值会随之改变，振荡信号频率也会改变。用频率计可测得频率的变化 Δf，由计算机计算可获得温度的变化 ΔT。

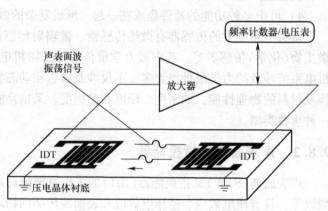

图9-43 叉指换能器微温度传感器

$$\Delta T = \frac{k\Delta f}{f_0} \tag{9-14}$$

式中，k 为与压电晶体衬底材料有关的参量；f_0 为基准温度下的振荡频率。

在两个叉指换能器之间的声表面波传播通道上铺设待测化学敏感膜，在测量的过程中，膜的质量的变化也会引起声表面波振荡频率的改变。用频率计测得频率的变化 Δf，可以计算得到化学敏感膜质量的变化 Δm，即

$$\Delta m = \frac{1}{B}\left(\frac{\Delta f}{f_0}\right)^2 \tag{9-15}$$

式中，B 为与压电晶体衬底材料有关的参量。

声表面波叉指换能器与膜技术结合，可以开发出各种不同用途的叉指换能器微型生物传感器。

9.9 实训

9.9.1 参观、使用和体会新型传感器的功能

1）走访医院化验室，了解各种生物传感器的性能技术指标及其使用方法。

2）坐火车时观察火车迎面交会，汽笛声音的频率由低到高再到低的变化情况，感受声音频率的多普勒效应。

3）使用指纹锁和笔记本电脑指纹识别开机功能，体会指纹传感器性能和应用。

4）使用手机和平板电脑的触摸屏功能，使用银行 ATM 的触摸屏功能，使用手写屏手机输入和发送短信，感觉三者之间的性能差别。

9.9.2 敲击报警器电路的装配与调试

敲击防盗报警器如图 9-44 所示。报警器由声音传感器、555 集成电路、继电器和报警器组成。当有人敲击时，声音传感器将输出一串脉冲信号，该信号送入 555 集成电路第二脚触发其翻转，其第三脚输出高电平使继电器吸合，接通报警器工作。R_3 及 C_2 为报警时间长短延时电路；R_1 调节灵敏度，当阻值大时，灵敏度高。

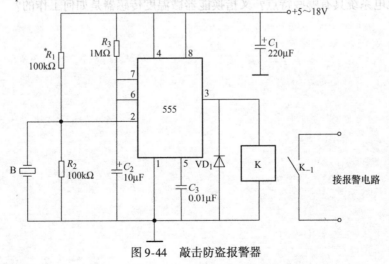

图 9-44 敲击防盗报警器

1）装配该防盗报警器电路。

2）声音传感器可用驻极体传声器代用，继电器和报警器可改用指示灯或发光二极管报警。

3）改变电阻、电容值，调整报警延时时间和报警灵敏度。

4）选用其他传感器，将该电路扩展为有人接近时致欢迎词设备。

9.10 习题

1. 生物传感器的信号转换方式有哪几种？

2. 生物传感器有哪些种类？简要说明其工作原理。

3. 检测发射微波和反射微波的时间间隔，可测量液位高低。试设计一微波液位计并解释其工作原理。

4. 不停车收费系统(ETC)是如何工作的？

5. 微波温度传感器是什么工作原理？它有哪些用途？

6. 用生活中的例子解释多普勒效应。

7. 公交 IC 卡卡片上不带电源为什么能够工作？简单叙述公交 IC 卡刷卡交费过程。

8. 简述超声波传感器测流量的基本原理。

9. 超声波传感器如何对工件进行探伤？有何优点？

10. 语音识别系统和人像识别系统有何相同之处？有何不同之处？

11. 机器人传感器主要有哪些种类？

12. 接近觉传感器是如何工作的？举例说明其应用。

13. 指纹识别主要经过哪几个步骤？指纹传感器在指纹识别中起什么作用？

14. 温差效应指纹传感器 FCD4B14 由哪几部分电路组成？它们在指纹采样过程中各起什么作用？

15. 本书共介绍了哪些基本传感器？试根据其原理不同进行归类总结。

16. 简单叙述电容式触摸屏的工作原理。电容式触摸屏为什么不能用手写笔书写？可否用于多点触控触摸屏？

17. 微机电系统具有哪些特点？又指换能器微温度传感器是如何工作的？

第 10 章　智能传感器

本章要点

- 智能传感器的功能。
- 智能传感器的 3 种实现方式。
- 多传感器融合系统对多个传感器数据进行分析、综合、支配和利用。
- 计算型智能传感器和模糊传感器的结构、性能和应用。

10.1　智能传感器概述

10.1.1　智能传感器的功能

美国电气和电子工程师协会(IEEE)在 1998 年通过了智能传感器的定义，即"除产生一个被测量或被控量的正确表示之外，还具有简化换能器的综合信息，以用于网络环境的传感器"。但不少专家认为，未来的智能传感器所包含的内容要丰富得多。

1) 能提供更全面、更真实的信息，消除异常值、例外值。
2) 具有信号处理的能力，包括温度补偿、线性化等功能。
3) 具有随机调整和自适应的能力。
4) 具有一定程度的存储、识别和自诊断的能力。
5) 含有特定算法，并可根据需要改变算法。

这种传感器不仅能在物理层面上检测信号，而且在逻辑层面上可以对信号进行分析、处理、存储和通信，相当于具备了人类的记忆、分析、思考和交流的能力，即具备了人类的智能，所以称之为智能传感器。

10.1.2　智能传感器的层次结构

要使传感器具备人类的智能，就要研究人类的智能是怎么构成的。人类的智能是基于即时获得的信息和原先掌握的知识。人类能辨识目标是否正常，能预测灾难，能知道环境是否安全和舒适，能探测或辨别复杂的气味和食品的味道。这些都是人类利用眼睛、鼻子、耳朵、皮肤等获得的多重状态的传感信息与人类积累的知识相结合而归纳的概念。所以说，人类的智能是实现了多重传感信息的融合，并且把它与人类积累的知识结合起来而做出的归纳和综合。人类智能的构成框图如图 10-1 所示。

与人类智能对外界反应的构成原理相似，智能传感器的层次结构应是 3 层，即

1) 底层，分布并行传感过程，实现被测信号的收集。
2) 中间层，将收集到的信号融合或集成，实现信息处理。

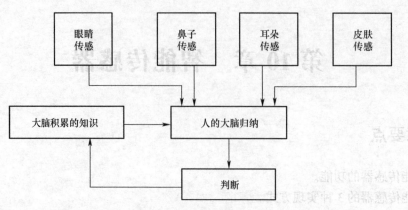

图 10-1 人类智能的构成框图

3）顶层，中央集中抽象过程，实现融合或集成后的信息的知识处理。

实现传感器智能化，让传感器具有记忆、分析和思考能力，有 3 条途径，即计算机合成、特殊功能材料和功能化几何结构。

10.2 计算型智能传感器

计算型智能传感器通常表现为并行的多个基本传感器(也可以是一个)与期望的数字信号处理硬件结合的传感功能组件，其基本结构框图如图 10-2 所示。

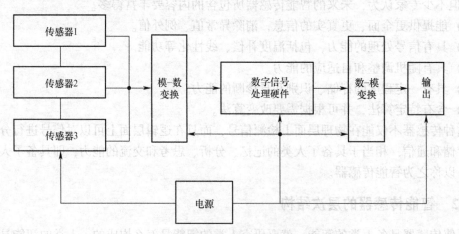

图 10-2 计算型智能传感器基本结构框图

人们希望数字信号处理的硬件有专用程序，可以有效地改善测量质量，增加准确性，可以为传感器加入诊断功能和其他形式的智能。目前已有硅芯片等多种半导体和计算机技术应用于数字信号处理硬件的开发实例。典型的数字信号处理硬件有如下几种。

1. 微控制器

微控制器(Microcontroller Units, MCU)实际上是专用的单片机，其中包括微处理器、ROM 和 RAM 存储器、时钟信号发生器和片内输入/输出(I/O)端口等。其结构框图如图 10-3 所示。

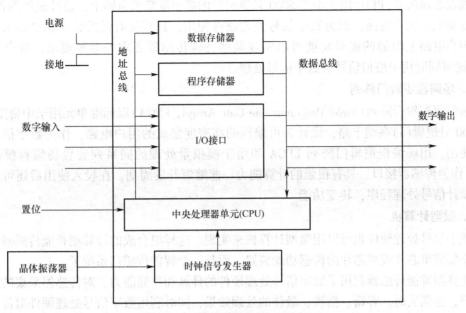

图 10-3 微控制器(MCU)结构框图

MCU 为智能传感器提供了灵活、快速、省时地实现一体控制的捷径。MCU 编程容易，逻辑运算能力强，可与各种不同类型的外部设备连接。此外，大批量的硅芯片集成生产能力可使系统获得更低成本、更高质量和更高的可靠性。

2. 数字信号处理器

数字信号处理器(Digital Signal Processor, DSP)比一般单片机或 MCU 运算速度快，可实时地激发滤波算法，供实时信号处理用。相对而言，MCU 则使用真值表存储程序运行中要访问的数值，通过采用查真值表的方法，在有限的灵活性和准确性的制约下实现近似滤波算法，无法完成实时处理。典型的 DSP 可在不到 100ns 的时间内执行数条指令。这种能力使其可获得最高达 20MI/s(单位 MI/s 为百万条指令每秒)的运行速度，是 MCU 的 10 ~ 20 倍。下面以专用 16 位 DSP(DSP56L811)为例，介绍如下特点。

1) 可在 2.7 ~ 3.6V 电压范围内工作，最高达 40MHz 时钟频率、20MI/s 操作速度。

2) 单循环、多重累加位移计算方式。

3) 16 位指令和 16 位数据字长。

4) 两个 36 位累加器。

5) 3 个串行 I/O 口。

6) 16 位并行 I/O 口，两个外部中断。

7) 在 40MHz 时钟频率下，功率损耗为 120mW。

例如：汽车的接近障碍探测系统和减噪系统就使用了 DSP 与传感器的结合；检查电动机框架上螺栓孔倾斜度的智能传感器就是用 DSP 代替原先的一台主计算机，速度由原来的检查一个孔/min，提高到检查 100 个孔/min，用来处理传感器信号的 DSP 设计工具只有一张名片大小。

3. 专用集成电路

专用集成电路(Application-Specific Integrated Circuits, ASIC)技术利用计算机辅助设计，

将可编程逻辑装置(PLD)用于小于 5000 只逻辑门的低密度集成电路上，设计成可编程的低、中密度集成的用户电路，作为数字信号处理硬件使用，具有相对低的成本和更短的更新周期。用户电路上附加的逻辑功能可以实现某些特殊传感器要求的寻址要求。混合信号的 ASIC 则可同时用于模拟信号与数字信号处理。

4. 场编程逻辑门阵列

场编程逻辑门阵列(Field-Programmable Gate Arrays，FPGA)以标准单元用于中密度(小于 100 000 只逻辑门)高端电路，设计为可编程的高密度集成的用户电路，作为数字信号处理硬件使用。用场编程逻辑门阵列 FPGA 和用于模拟量处理的同系列装置场编程模拟阵列 FPAA 作为传感器接口，具有很强的计算能力，能缩短开发周期，在投入使用后还可以通过重新设计信号处理程序，转变功能。

5. 微型计算机

数字信号处理硬件也可以用微型计算机来实现。这样组合成的计算型智能传感器就不仅是一个集成单芯片或多芯片的传感功能装置，而是一个智能传感器系统了。

计算型智能传感器利用了数字信号处理硬件的计算和存储能力，对传感器采集的数据进行处理，达到实时、容错、精确、最佳的处理效果；同时利用数字信号处理硬件对传感器内部的工作状态进行调节，实现自补偿、自校准、自诊断，从而使传感器具备了数据处理、双向通信、信息存储和数字量输出等多种智力型功能。目前，国内外正在研制、生产和使用的计算型智能传感器已能做到比传统传感器更精密，可以完成一些传统传感器难以完成的检测工作。今后，计算型智能传感器还将进一步利用人工神经网络、人工智能、多重信息融合等技术，使传感器具备分析、判断、自适应、自学习的能力，从而完成图像识别、特征检测和多维检测等更为复杂的任务。

10.3　特殊材料型智能传感器

特殊材料型智能传感器利用了特殊功能材料对传感信号的选择性能。例如，酶和微生物对特殊物质具有高选择性，有时甚至能辨别出一个特殊分子。因此，利用酶和微生物抑制化学元素的共存效应，可以滤出所需的特殊物质，几乎能在传感信号产生的同时完成信号的过滤，选择出所需要的信号，大大减少信号的处理时间。

现已广泛使用的血糖传感器就是酶传感器的一个例子。糖氧化基酶具有排他性，能选择血糖发生氧化作用，产生糖化酸和过氧化氢(H_2O_2)。用两个电极和一个微安表、一个直流电源组成一个血糖传感器，其中一个电极作为探测 H_2O_2 电极，在该电极顶部固定有糖氧化基酶。将该血糖传感器放置于被测血液溶液中，由微安表的电流指示值可以确定 H_2O_2 电极上产生的 H_2O_2 的浓度，即可确定血液中糖的浓度。以这种方式，利用各种酶和微生物的生物学功能可以研制出一系列不同的生物传感器。如果把抗原或抗体固定于传感器顶端，就能获得对于免疫样本的高敏感性和高选择性。这类生物传感器属于化学智能传感器，具有几近完美的选择性。

另一种化学智能传感器是由具有不同特性和非完全选择性的多重传感器组成的。一种名为"电子鼻"的嗅觉系统就是一个成功的应用实例。它由不同的传感材料制成 6 个厚膜气体传感器，分别对各种待测气体有不同的敏感性。这些气体传感器被安装在一个普通的基片上，将各个气体传感器对待测气体的不同敏感模式输入微处理器。该微处理器采用类似模式识别的分析方法，辨别出被测气体的类别，然后计算其浓度，再由传感器输出端口以不同的幅值显示输出。多重传感器的材料可以针对不同的气体类型而不相同。对应微处理器采用矩阵的分析方法来描述多重传感器对气体类型的敏感性，表征各个传感器的选择性和交叉敏感性。如果所有传感器对某一特定气体类型具有唯一选择性，那么除对角线元素之外的所有矩阵元素就都为零。目前已经发现有几种对有机或无机气体具有不同敏感性或传导性的材料，已经或者正在进行应用。

10.4　几何结构型智能传感器

几何结构型智能传感器是将传感器做成某种特殊的几何结构或机械结构，对传感器检测信号的处理通过传感器的几何结构或机械结构实现。信号处理通常表现为信号辨别，即仅仅选择有用的信号，对噪声或非期望效应则通过特殊几何、机械结构抑制。

例如：凸透镜或凹透镜作为一种几何结构型传感器，可以把目标空间某一定点的发射光投射在图像空间的一个定点上，而影响该空间点发射光投射结果的其他点的散射光投射效应，可由凸透镜或凹透镜在图像平面滤除。

几何结构型智能传感器的最重要特点是传感和信号处理、传感和执行、信号处理和信号传输等多重功能的合成。人的手指就是传感器与执行器合成的典型例子。

在声音的传感上，人的两耳就具有几何结构型智能传感器的性能。人的两耳具有对声源三维方向进行辨别的能力，即使两耳与声源处于一个平面之中，也能辨别声源的方向。

通常为辨别物体的三维位置，至少需要3个传感器，人的两耳对声波的定位可被看作是一种固有特殊形状下的信号处理功能。仿生学的研究者采用放电火花作为脉冲源，通过插入外耳声道的微型电传声器获取信号，测量人的两耳对声波定位与寻踪响应的方向相关性，以便开发出性能更好的智能传感器。

除人耳系统之外，人和动物的其他传感器官也是具有几何结构功能的智能传感系统的很好的例子。

10.5　多传感器融合系统

多传感器融合系统是用计算机对多个基本传感器的检测数据，在一定准则下进行分析、综合、支配和使用，获得对被测对象的一致性解释与描述，形成相应的决策和估计的智能传感器系统。多传感器融合系统包含多传感器融合和数据融合。

10.5.1　多传感器融合

多传感器融合指多个基本传感器空间和时间上的复合应用和设计，常称为多传感器复合。多传感器融合能在最短的时间内获得大量的数据，实现多路传感器的资源共享，提高系统的可靠性和鲁棒性(宽容性，自然或人为异常和危险情况下系统的生存能力)。

多传感器融合有4个级别，如表10-1所示。

表 10-1　多传感器融合级别

级别	复合类型	特　征	实　例
0	同等式	1. 各个分离的传感器集成在一个平台上 2. 每个传感器的功能独立 3. 各传感器的数据不相互利用	1. 导航雷达 2. 夜视镜
1	信号式	1. 各个分离的传感器集成在一个平台上 2. 各传感器的数据可用来控制其他传感器工作	1. 遥控和遥测 2. 炮瞄雷达
2	物理式	1. 多传感器组合为一个整体 2. 多传感器位置明确 3. 共口径输出数据 4. 各传感器的数据可用来控制其他传感器工作	1. 交通管制 2. 工业过程监视
3	融合式	1. 各传感器数据的分析互相影响 2. 处理后的整体性能好于各传感器的简单相加 3. 结构合成是必需的	1. 机械手 2. 机器人

10.5.2　数据融合

数据融合也称为信息融合，是把分布在不同位置的、多个同类或不同类基本传感器所提供的局部不完整观测数据进行合并或综合，消除可能存在的冗余和矛盾，降低不确定性，形成相对完整一致的感知描述，提供给决策和执行系统，以提高其决策、规划、反应的快速性和正确性，以降低决策准确度风险。

多传感器数据融合目前有数据层融合、特征层融合和决策层融合3个融合层次。

10.5.3　空中交通管制多传感器融合系统

多传感器融合系统可用于工业过程监视、机器人、空中交通管制、遥感检测、水上船舶航行安全、海上监视和环境保护等系统。图10-4所示为空中交通管制系统框图，它是一个典型的多传感器（雷达）、多因素、多层次的信息融合系统。

空中交通管制系统主要由以下4部分组成。

1）导航设备（多部一次雷达、二次雷达，飞机上的雷达、信标机、通信机等构成的数据获取分系统）。

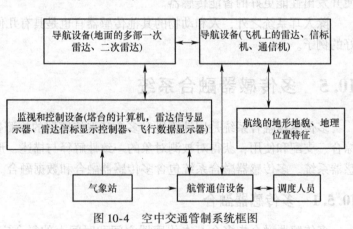

图 10-4　空中交通管制系统框图

2）监视和控制设备（电子计算机构成的数据处理分系统，雷达综合显示器和高亮度数据显示器构成的显示分系统）。

3）航管通信设备（图像数据传输、内部通信、对空指挥通信等构成的通信分系统）。

4）调度人员。

一次雷达为航路监视雷达，监视飞机的航线和高度。二次雷达即雷达信标，从地面向飞机发送询问信号。飞机在飞行的过程中，使用机载雷达识别出地面预先精心设置的某些地理位置，再用信标机把飞越每个地理位置的时间和高度向雷达信标应答。询问与应答信号均采用编码方式。雷达信标可以单独工作，但常与航路监视雷达和机场雷达配合工作。

计算机和显示器等监视和控制设备，接收到飞机上和地面多部各种类型雷达检测数据，进行数据融合得到飞机位置、航向、速度和属性等信息，利用这些信息修正飞机对指定航线的偏离，防止相撞并调度飞机流量。

航管通信设备是在各部雷达、各个显示器、气象站、飞机、计算机和调度人员之间进行信息传输。

调度人员通过各种显示器监视空中飞行情况，及时进行空中交通管制调度。

10.5.4 四旋翼飞行器自稳多传感器融合系统

四旋翼飞行器由于其简单的机体结构和可以进行较为复杂的姿态控制，近年来在军用和民用领域广泛应用。

四旋翼飞行器的 4 个旋翼对称地安装在呈十字交叉的支架顶端，如图 10-5 所示。位置相邻的旋翼旋转方向相反，位置对角线的旋翼旋转方向相同，以此确保飞行器的总动量矩为零（根据旋转动量矩守恒定律，系统的总动量矩必须是零，否则机身会向相反方向旋转）。

四旋翼飞行器的飞行姿态控制和自稳多传感器融合系统如图 10-6 所示。图中遥控器发射的无线电载波频率为2.4GHz，飞行姿态遥控信号以频移键控（FSK）调制在载波上。飞行姿态遥控信号采用脉位调制（PPM）方式，不同飞行姿态按键产生的脉冲信号的相位不同。安装在四旋翼飞行器上的接收机接收到信号后，由 PPM 解码器解码输出飞行姿态控制信号，送飞行控制单片机处理。

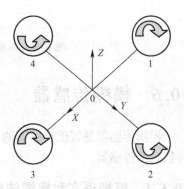

图 10-5 四旋翼飞行器的旋翼配置

4 个旋翼的旋转切角是固定值，飞行姿态的控制只能由改变 4 个旋翼的转速来实现。飞行控制单片机分别向 4 个数字变频器输出控制信号，改变它们输出的单极性脉冲电流的频率，以改变 4 个无刷直流电动机的转速，实现对升降、速度和 3 种姿态（俯仰角、偏航角、横滚角）的控制。例如：增大或减少 4 个旋翼的转速以完成垂直方向升降运动；调节 1 和 3 旋翼的转速差以控制仰俯速率和进退运动；调节 2 和 4 旋翼的转速差以控制横滚速率和倾飞运动；调节两个顺时针旋转旋翼和两个逆时针旋转旋翼的相对速率以控制偏航运动。

为实现四旋翼飞行器的自稳控制，四旋翼飞行器配置了多传感器融合系统。Freescale 公司的大气压力传感器 MPX4250A 用于测量初始高度与飞行高度的气压差，完成飞行高度检测；三轴加速度传感器 LIS344ALH 用于测量 3 轴向线性加速度；3 个 ADXRS610 陀螺仪（又叫角速度传感器）可以感应 X、Y、Z 轴角速度的变化，用于测量倾斜、偏转和旋转。多传感器检测数据输入飞行控制单片机 ATMEGA644 进行姿态计算后，输出飞行姿态控制信号进行自稳控制，也为自主航点跟踪（导航）和多飞行器协同飞行提供支持。

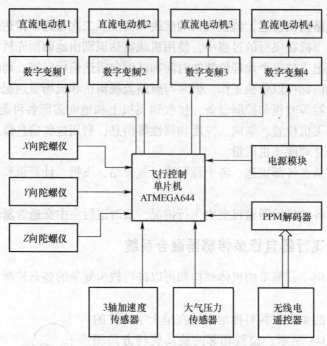

图 10-6　四旋翼飞行器飞行姿态和自稳多传感器融合系统

10.6　模糊传感器

模糊传感器是智能传感器的一种类型，是以数值量为基础、能产生被测量状态的模糊符号信息的传感器。

10.6.1　模糊语言和模糊传感器结构

传统传感器是数值传感器，它以定量数值来描述被测量状态。随着测量领域的不断扩大与深化，被测量状态仅仅以定量数值来描述存在很多不足。例如，对产品质量的评定，人们常用的是"优""良""合格""不合格"，而不是产品公差的定量数值；对放进洗衣机中去洗的衣服的数量，人们习惯上说的是"很多""多""不多""很少"，而不是衣服的精确的重量。

为了顺应人们生活、生产与科学实践的需要，测量领域需要一种在传统传感器进行数值测量的基础上，经过模糊推理与知识集成，以"自然语言符号"的形式输出测量结果的传感器，即模糊传感器。

模糊传感器的结构如图 10-7 所示，它主要由"传统的数值测量单元"和"数值 –（模糊语言）符号转换单元"两部分组成。模糊化工作必须在"专家"的指导下进行，而"专家"是具有大量的专门知识与经验、能进行推理和判断的计算机程序系统。

模糊化工作过程如下。

1）在测量集上对实数集合选取适当多个"特征表示"。

2）将这些"特征表示"映射为模糊语言符号，生成模糊语言符号集合。

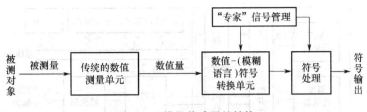

图 10-7　模糊传感器的结构

3）再把被测量的数值量转换为该集合中最合适的模糊语言符号来表述。

模糊语言符号集合包括论域(包含的同类元素个体的总和)和隶属函数(同类元素个体之间的关系)。定义模糊语言映射(模糊化),就是由测量数值集合的论域和隶属函数,根据设定的算法,生成模糊语言符号集合的论域和隶属函数。

图 10-8 所示为模糊语言的映射过程。图中 Q 为数值域,S 为符号域,R、P 为各自的隶属函数。$M(q_i) = s_j$ 为映射,称 s_j 是 q_i 的一个模糊符号。

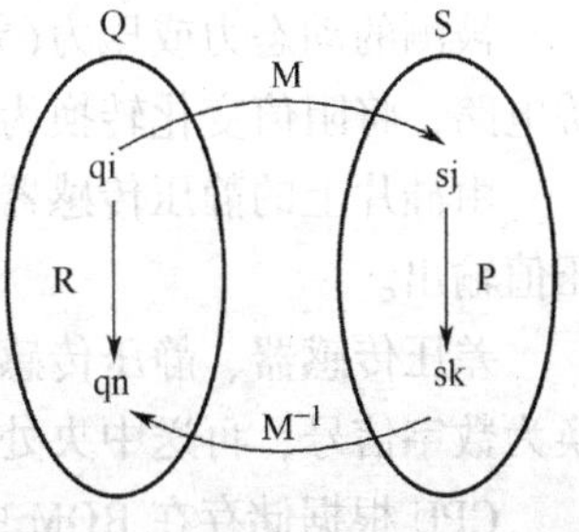

与定量数值无限可分相比,模糊符号描述细节的程度和范围不够,有时需要多级映射,把符号分得细一些,以扩大符号表示的细致程度和范围,但最多不超过 3 级。

模糊化后的模糊符号经过了模糊决策,通常需要清晰化,即由模糊符号向数值逆转换,通过逆映射 $M^{-1}(s_j) = q_i$,获得定量数值,送到执行器执行。

图 10-8　模糊语言的映射过程

对映射 M 和逆映射 M^{-1} 的具体实现,国内外学者提出了各自的一些计算方法,读者可参阅有关资料。

10.6.2　模糊传感器的应用

目前,模糊传感器的应用已进入日常家用电器的领域,如模糊控制洗衣机中布量检测、水位检测、水的浑浊度检测;电饭煲中的水、饭量检测;模糊手机充电器等。另外,模糊距离传感器、模糊温度传感器、模糊色彩传感器等也由国内外专家们研制,并已经获得了成果。随着科学技术的发展,学科分支相互融合,模糊传感器也应用到了神经网络、模式识别等体系中。

模糊传感器的出现,不仅拓宽了经典测量学科,而且使测量科学向人类的自然语言理解方面迈出了重要的一步。

但是,模糊传感器还远未形成系统的理论体系和技术框架,诸多关键技术尚未完全解决,还有待广大科技工作者的继续探索和研究。

10.7　智能传感器实例

10.7.1　DSTJ-3000 智能压力传感器

美国霍尼韦尔(Honeywell)公司生产的 DSTJ-3000 智能压差压力传感器的组成框图如图 10-9所示。它的满量程误差精度(Full Scale error,FS)可达 0.1%。

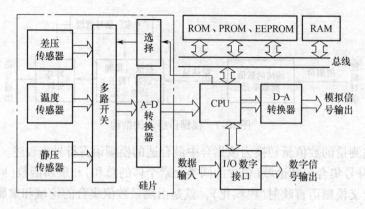

图 10-9　DSTJ－3000 智能压差压力传感器组成框图

被测的动态力或压力(差压)作用在电阻应变片上,引起阻值变化。电阻应变片组成电桥电路,将阻值变化转换为电压输出,电压值大小与被测压力大小成比例。

由硅片上的静压传感器和温度传感器两个辅助传感器测得温度和静态压力,并转换为电压值输出。

差压传感器、静压传感器和温度传感器输出的电压,经多路开关分别送 A－D 转换器转换为数字信号,再送中央处理器(CPU)进行处理。

CPU 根据储存在 ROM 中的程序,控制传感器的整个工作过程;根据储存在 PROM 中的修正算法和两个辅助传感器的测量值进行温度补偿、静压校准和非线性补偿。在 RAM 中存放用户输入数据,包括对测量的一些具体要求。EEPROM 作为 ROM 的后备存储器。

经过温度补偿和静压校准处理的差压数字信号,再经过 D－A 转换器转换为模拟信号输出;也可以由 I/O 数字接口直接输出数字信号。

10.7.2　气象参数测试仪

气象参数测试仪也是一种计算型智能传感器,其结构框图如图 10-10 所示。

在气象参数测试仪中,风速和风向的测量采用由风带动数码转盘转动的方法实现,温度与湿度的测量采用 LTM8901 智能温度、湿度传感器来进行,这些传感器输出的信号均为数字信号。气象参数测试仪将风速、风向、温度、湿度等数字传感器的信号输入数字信号处理接口电路,处理后接入单片机。大气压由 MPX4115A 高灵敏度扩散硅压阻式气压传感器测量,MPX4115A传感器的输出信号为模拟信号,经模拟信号处理接口电路 A－D 转换后输入单片机。经单片机处理的各种信息(温度、湿度、大气压力、风向、风速、键盘输入、控制指令、仪器状态等)均在 LCD 液晶屏上显示。气象参数测试仪采用 RS－232 与 RS－485 两种异步串行通信接口与上位机(微型计算机)通信,由设置跳线开关来选择使用哪一种串行接口通信方式。

气象参数测试仪的数字信号处理接口电路上留有扩展接口,模拟信号处理接口电路上也留有扩展接口,供需要时接其他传感器使用。

气象参数测试仪软件采用模块化设计,由主程序、LCD 显示子程序、初始化子程序、通信子程序、风向子程序、风速子程序、气压子程序、温度与湿度子程序、按键子程序等组

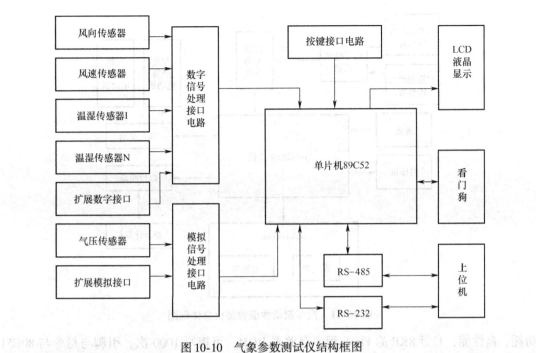

图 10-10　气象参数测试仪结构框图

成。其功能如下。

1）实现风向、风速、温度、湿度、气压的传感器信号采集。

2）对采集的信号进行处理、显示。

3）实现与微型计算机的数据通信，传送仪器的工作状态、气象参数数据。

10.7.3　汽车制动性能检测仪

汽车制动性能的好坏，是安全行车的最重要因素之一，也是汽车安全检测的重点指标之一。制动性能的检测有路试法和台试法。台试法用得较多，它是通过在制动试验台上对汽车进行制动力的测量，并以车轮制动力的大小和左右车轮制动力的差值来综合评价汽车的制动性能的。

汽车制动性能检测仪由左轮、右轮制动力传感器及数据采集、处理与输出系统组成，其总体框图如图 10-11 所示。

汽车开上制动检测台后，其左轮、右轮压下到位开关，使两个到位开关闭合接通，单片机检测到信号，判断汽车已经就位，于是发出一个控制信号。该控制信号经耦合驱动电路使检测台上的左轮、右轮滚筒电动机电路接通，滚筒电动机转动并带动车轮一起转动。滚筒为粘砂滚筒，摩擦系数近似真实路面，可以模拟车轮在路面上行驶。此时，左轮和右轮制动力传感器开始测取阻滞力，经信号处理后，送单片机存储和显示。5s 后，单片机发出刹车信号，司机踏下制动踏板，车轮制动力作用于滚筒上，传给制动力传感器，信号变换后送单片机存储，由显示器显示。若某一车轮先被抱死，停止转动，则抱死指示灯亮，滚筒电动机电路断电，停止滚筒转动，完成一个检测过程，汽车制动性能检测结果由显示器显示。

汽车制动性能检测仪电路中使用的单片机型号为 AT89C52，为 CMOS 型 8 位单片机，低

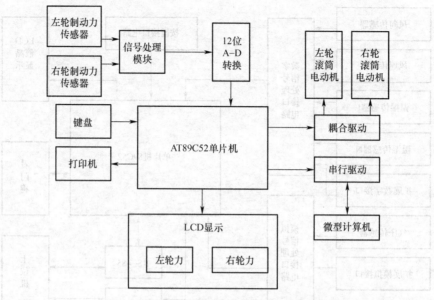

图 10-11　汽车制动性能检测仪总体框图

功耗、高性能，自带 8KB 的 Flash 程序存储器 ROM，可擦写 1000 次，引脚与指令与 80C51 单片机兼容。

10.7.4　轮速智能传感器

轮速智能传感器的硬件结构以单片机为核心，外部扩展 8KB RAM 和 8KB EPROM。外围电路有信号处理电路、总线通信控制及总线接口等。轮速智能传感器组成框图如图 10-12 所示。

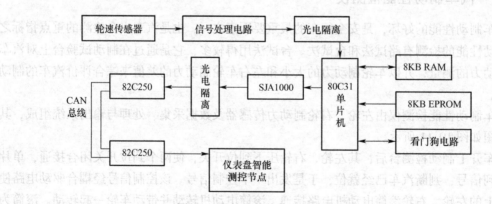

图 10-12　轮速智能传感器组成框图

轮速智能传感器检测到的车轮转动速度信号经滤波、整形变换为脉冲数字信号后，由光电隔离耦合输入到 80C31 单片机端口。单片机由 T_1 定时器控制，对端口的脉冲数字信号进行周期性的采样测量。通信控制器 SJA1000 和通信接口 82C250 组成与 CAN 总线的控制和接口电路(CAN 总线为汽车协议网络总线,在下一章传感器网络中介绍)。轮速和其他测控数据由仪表盘上的仪器仪表显示和使用。在轮速智能传感器的设计过程中，充分考虑了抗干扰和稳定性。单片机的输入输出端均采用光电隔离，用看门狗定时器（MAX813）进行超时复位，以确保系统可靠工作。

82C250 作为 CAN 总线通信控制器 SJA1000 和 CAN 物理总线间的接口，是为汽车高速传输信息（最高为 1Mbit/s）设计的。它通过 CAN 总线实现经单片机处理后的传感器数据、控制指令和状态信息与仪表盘间的通信。使用 82C250 总线接口容易形成总线型网络的车辆局域网拓扑结构，具有结构简单、成本低、可靠性较高等特点。

CAN 总线物理层和数据连接层的所有功能均由通信控制器 SJA1000 来完成。它具有很强的错误诊断和处理功能，具有编程时钟输出，可编程的传输速率最高达 1Mbit/s，用识别码信息定义总线访问优先权。SJA1000 使用方便，工作环境温度为 –40 ~ 125℃，特别适合汽车及工业环境使用。

10.7.5　车载信息系统

车载信息系统以微处理器（工控机）为核心，对汽车的各种信息状态，如燃油的液位、电池电压、水温、机油压力、车速等进行采集、处理、显示和报警，同时接收全球卫星定位系统（GPS）信息进行显示。驾驶员可根据显示和报警提示进行相应的操作和处理，以保证汽车安全正常行驶。

车载信息系统由多种传感器、数据采集卡（A－D 转换接口）、计数卡（数据输入接口）、总线、声光显示和报警器、GPS、工控机和管理控制软件等组成，其工作原理框图如图 10-13 所示。

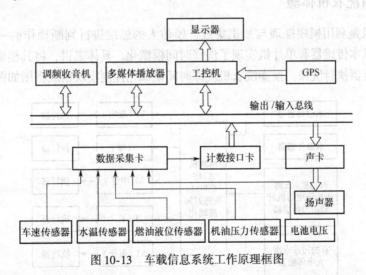

图 10-13　车载信息系统工作原理框图

燃油的液位、电池电压、水温、机油压力、车速等各种信息均由相应的传感器进行检测，通过数据采集接口卡转换为调制在不同频率上的数字信号。计数接口卡由多路计数器组成，将这些调制在不同频率上的数字信号分别存储在各路计数器里。工控机在软件的控制下，巡回检取各路计数器的数字信号，运算处理后，将其所表征的物理量以图形方式显示在液晶显示屏上，以便驾驶员观察。当某物理量超出安全值范围时，即发出声、光报警信号，警示驾驶员尽快采取措施，以保证安全行车。

GPS 全球卫星定位系统根据 3 颗以上不同卫星发来的数据，实时计算和在液晶显示屏上显示汽车所处的地理位置(经度和纬度)。

10.7.6 虚拟仪器

测量仪器主要由数据采集、数据分析和数据显示 3 部分组成。在虚拟现实系统中，数据分析和数据显示完全用 PC 软件来完成。只要提供一定的数据采集硬件(通常为各种基础传感器)，就可以与 PC 组成测量仪器。这种基于 PC 的测量仪器称为虚拟仪器，其组成框图如图 10-14 所示。

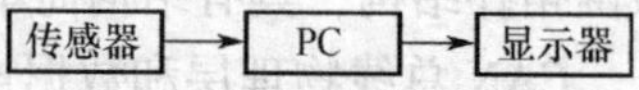

$$\boxed{\text{传感器}} \rightarrow \boxed{\text{PC}} \rightarrow \boxed{\text{显示器}}$$

图 10-14　虚拟仪器的组成框图

在虚拟仪器中，使用同一个硬件系统。只要应用不同的软件编程，就可得到功能完全不同的测量仪器。可见，软件系统是虚拟仪器的核心，"软件就是仪器"。

在传统的智能仪器中，主要采用了某种计算机技术，而虚拟仪器则强调在通用的计算机技术中融入仪器技术。作为虚拟仪器核心的软件系统具有通用性、通俗性、可视性、可扩展性和升级性，能为用户带来极大的利益，具有传统的智能仪器所无法比拟的应用前景和市场。虚拟仪器功能设计的主要基础是它的软件，仪器仪表工作者需要以信息技术和网络技术来指导仪器仪表的设计与应用。

10.8　实训

10.8.1　模糊洗衣机体验

模糊洗衣机是利用模糊推理与知识集成，模仿人的思维进行判断操作的一种全自动洗衣机。它利用了基本传感器和单片机实现了洗涤时间模糊化。具体来讲，将其模糊化分为 5 个时间符号，送执行器执行洗涤。模糊洗衣机洗涤时间模糊化控制模块组成框图如图 10-15 所示。

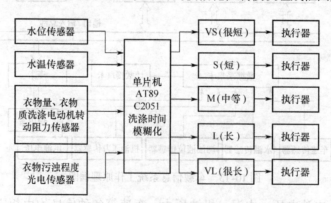

图 10-15　模糊洗衣机洗涤时间模糊化控制模块组成框图

只要将衣物放入洗衣机，打开电源后，洗衣机即可自动放水，并自动选择水位和洗涤时间进行洗涤。

实训内容：使用模糊洗衣机洗涤衣服、被单。感觉模糊洗衣机的模糊控制功能，体会模糊传感器的用途。利用单片机知识，试编制单片机程序，按 0~60 总数值取 5 个中间平均数的方法，进行简单的洗涤时间模糊化。

10.8.2　智能压阻压力传感器体验

智能压阻压力传感器组成框图如图 10-16 所示。其中作为主传感器的压阻压力传感器用于压力测量，温度传感器用于测量环境温度，以便进行温度误差修正，两个传感器的输出经前置放大器放大成 0 ~ 5V 的电压信号送至多路转换器，多路转换器根据单片机发出的命令选择一路信号送到 A – D 转换器，A – D 转换器将输入的模拟信号转换为数字信号送入单片机，单片机根据已编好的程序对压阻元件非线性和温

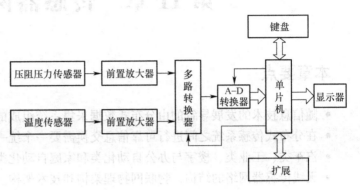

图 10-16　智能压阻压力传感器组成框图

度变化产生的测量误差进行修正。在工作环境温度变化为 10 ~ 60℃ 的范围内，智能压阻压力传感器的测量准确度几乎保持不变。

制作印制电路板和编制单片机程序并完成下列工作。

1）装配该智能压阻压力传感器。

2）将压阻压力传感器和温度传感器输出信号输入单片机，存入存储器。

3）当压阻压力传感器不加压时，改变温度变化范围为 10 ~ 60℃，将压阻压力传感器和温度传感器的输出信号输入单片机，存入存储器。

4）当压阻压力传感器加压时，将压阻压力传感器和温度传感器的输出信号同时输入单片机，用存储器中的数据对压阻压力传感器输出信号进行修正。

5）输出修正后的压力传感数据。

6）改变温度变化范围为 10 ~ 60℃，完成压阻压力传感器输出信号的全部修正工作。

7）用该智能压阻压力传感器进行压力测量。

10.9　习题

1. 什么是智能传感器？它有什么样的功能？

2. 人的智能是如何实现的？它的 3 层结构分别是什么器官？如何工作？

3. 智能传感器的 3 种实现途径是什么？试举例说明。

4. 为什么说"人的手指就是传感器与执行器合成的典型例子"？利用气体、液体和固体的热胀冷缩，试设计几个传感器与执行器合成的器件。

5. 举一个计算型智能传感器的例子，画出组成框图，并解释计算型智能传感器的工作过程。

6. 试设计一个具有自学习能力的智能传感器，解释自学习过程。

7. 什么是多传感器融合？什么是数据融合？多传感器融合系统有什么作用？

8. 什么是模糊传感器？如何通过温度基本传感器实现模糊温度符号输出？

9. 四旋翼飞行器为什么要配置多传感器融合？配置了哪些传感器？融合了哪些数据？

第 11 章   传感器网络

本章要点

- 随信息技术的发展导致的由分布式数据采集系统组成的传感器网络。
- 在分布式传感系统之间进行可靠信息交换需要一个统一的标准协议。
- 汽车类、工业类、楼宇与办公自动化类和家庭自动化类标准的传感器网络结构。
- 无线传感器网络的结构，物联网物理架构和技术架构。

11.1   传感器网络概述

随着通信技术和计算机技术的飞速发展，人类社会已经进入了网络时代。智能传感器的开发和大量使用，导致了在分布式控制系统中，对传感信息交换提出了许多新的要求。单独的传感器数据采集已经不能适应现代控制技术和检测技术的发展，取而代之的是由分布式数据采集系统组成的分布式传感器网络系统，其组成框图如图 11-1 所示。

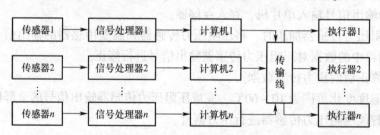

图 11-1   分布式传感器网络系统组成框图

不同任务的传感器、仪器仪表（执行器）与计算机组成网络后，可凭借智能化软、硬件（例如模式识别、神经网络的自学习、自适应、自组织和联想记忆功能），灵活调用网上各种计算机、仪器仪表和传感器各自的资源特性和潜力，区别不同的时空条件和仪器仪表、传感器的类别特征，测出临界值，作出不同的特征响应，完成各种形式、各种要求的任务。

传感器网络还可以是由多个传感器和一台计算机或单片机组成的智能传感器，其组成框图如图 11-2 所示。

传感器网络可以组成个人网、局域网、城域网，甚至可以联上遍布全球的互联网，如图 11-3所示。目前，人们利用互联网可以获得大量文字、数字、音乐及图像信息。若将数量巨大的传感器加入互联网络，则可以将互联网延伸到更多的人类活动领域。数十亿个传感器将世界各地联接成网，能够跟踪从天气、设备运行状况到企业商品库存等各种动态事务，从而极大地扩充互联网的功能。

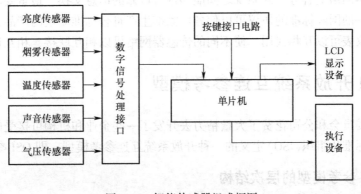

图 11-2　智能传感器组成框图

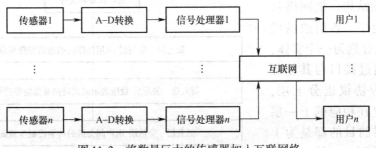

图 11-3　将数量巨大的传感器加入互联网络

11.2　传感器网络信息交换体系

传感器网络是传感器领域的新兴学科,传感器网络的运行需要传感器信号的数字化,还需要网络上的各种计算机、仪器仪表(执行器)和传感器相互间可以进行信息交换。传感器网络系统信息交换体系涉及协议、总线、器件标准总线、复合传输、隐藏和数据链接控制。

协议是传感器网络为保证各分布式系统之间进行信息交换而制定的一套规则或约定。对于一个给定的具体应用,在选择协议时,必须考虑传感器网络系统的功能和使用的硬件、软件与开发工具的能力。

"总线"是传感器网络上各分布式系统之间进行信息交换,并与外部设备进行信息交换的电路部件。"总线"的信息输入、输出接口分串行或并行两种形式,其中串行口应用更为普遍。

器件标准总线是把基本的控制元器件(如传感器、执行器)与控制器连接起来的电路部件。

复合传输是指几个信息结合起来通过同一通道进行传输,经仲裁来决定各个信息获准进入总线的能力。

隐藏是指在限定时间段内确保最高优先级的信息进入(总线)进行传送,一个确定性的系统能够预见信号未来的行动。

数据链接控制是将用户所有通信要求组装成以帧为单位的串行数据结构进行传送的执行协议。

要使传感器网络上各分布式系统之间能够进行可靠的信息交换，最重要的是选择和制定协议。一个统一的国际标准的协议可以使各厂家都生产符合标准规定的产品，使不同厂家的传感器和仪器仪表可以互相代用，使不同的传感器网络可以相互联接，相互通信。

11.3 OSI 开放系统互连参考模型

一些工业委员会和公司花费了大量精力去开发了一些企业和机构可接受的协议，其中最重要的是国际标准化组织(ISO)定义的一种开放系统互连参考模型，即 OSI 参考模型。

11.3.1 OSI 参考模型的层次结构

OSI 参考模型规定了一个网络系统的框架结构，把网络从逻辑上分为七层，各层通信设备和功能模块分别为一个实体，相对独立，通过接口与其相邻层连接。相应协议也分七层，每一层都建立在相应的下一层之上，每一层的目的都是为上层提供一定的服务，并对上层屏蔽服务实现的细节。各层协议互相协作构成一个整体，称为协议簇或协议套。所谓开放系统互连，是指按这个标准设计和建成的计算机网络系统都可以互相连接。

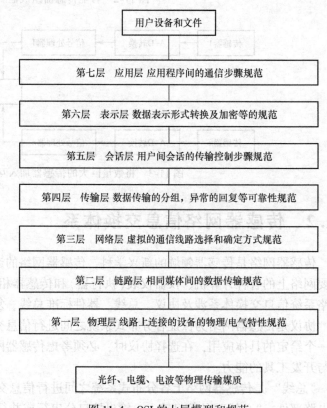

用户进程(设备和文件)经过 OSI 开放系统互连参考模型规范操作后，进入光纤、电缆、电波等物理传输媒质，传输到另一用户。OSI 的七层模型和规范如图 11-4 所示。

图 11-4 OSI 的七层模型和规范

第一到第三层提供网络服务，为底层协议，第四到第七层为高层协议，提供末端用户功能。进入第七层实体的用户数据信息经该层协议操作后，在其前面加上该层协议操作标头即协议控制信息(PCI)，组成协议数据单元(PDU)。PDU 进入下一层实体后称为服务数据单元(SDU)，经下一层协议操作，再加上下一层协议控制信息(PCI)，又组成下一层协议数据单元(PDU)。这样经一层一层实体的协议操作控制后，进入物理传输媒质进行传输。接收用户从物理传输媒质上接收到协议数据单元(PDU)后，根据标头信息——PCI，对协议数据单元(PDU)进行数据恢复，并去掉标头信息，交上一层实体。这样经一层一层实体数据恢复后，将发送用户数据信息复原送接收用户。

11.3.2　OSI 参考模型各层规范的功能

OSI 开放系统互连参考模型(七层模型)规范的功能如下。

1. 物理层

1）规定二进制"位"比特流信号在线路上的码型。

2）规定二进制"位"比特流信号在线路上的电平值。

3）当建立、维护与其他设备的物理连接时，规定需要的机械、电气功能特性和规程特性。

2. 链路层

1）将传输的数据比特流加上同步信息、校验信息和地址信息封装成数据帧。

2）数据帧传输顺序的控制。

3）数据比特流差错检测与控制。

4）数据比特流传输流量控制。

3. 网络层

1）通过路径选择将信息分包从最合适的路径由发送端传送到接收端。

2）防止信息流过大造成网络阻塞。

3）信息传输收费记账功能。

4）由多个子网组成网络的建立和管理。

5）与其他网络连接的建立和管理。

4. 传输层

1）分割和重组报文，进行打包。

2）提供可靠的端到端的服务。

3）传输层的流量控制。

4）提供面向连接的和无连接的数据传输服务。

5. 会话层

1）使用远程地址建立用户连接。

2）允许用户在设备之间建立、维持和终止会话。

3）管理会话。

6. 表示层

1）数据编码格式转换。

2）数据压缩与解压。

3）建立数据交换格式。

4）数据的安全与保密。

5）其他特殊服务。

7. 应用层

1）作为用户应用程序与网络间的接口。

2）使用用户的应用程序能够与网络进行交互式联系。

OSI 的不断发展，得到了国际上的承认，成为计算机网络系统结构靠拢的标准。但在很多情况下的网络节点并不一定要提供全部七层功能，可根据业务规格决定网络结构，例如传感器网络通常提供到第三层功能。

11.4　传感器网络通信协议

在分布式传感器网络系统中，一个网络节点应包括传感器(或执行器)、本地硬件和网络接口。传感器信息用一个并行总线将数据包从不同的发送者传送到不同的接收者。一个高水平的传感器网络使用 OSI 模型中第一到第三层，以提供更多的信息并且简化用户系统的设计及维护。

11.4.1　汽车协议

汽车的发动机、变速器、车身与行驶系统、显示与诊断装置使用大量的传感器，它们与微型计算机、存储器、执行元器件一起组成电子控制系统。来自某一个传感器的信息和来自某一个系统的数据能与多路复用的其他系统通信，从而减少传感器的数目和车辆需拥有的线路。该电子控制系统就是一个汽车传感器网络。汽车传感器网络具有以下优点。

1) 只要保证传感器输出具有重复再现性，并不要求输入输出的线性化，就可通过微型计算机对信号进行修正计算来获得精确值。

2) 传感器信号可以共享并处理。来自一个传感器的信号，一方面能进行本身物理参数的显示和控制，另一方面该信号经处理后还可以用于其他控制。例如：对速度信号进行微分处理后，可获得加速度信号。

3) 能够从传感器信号间接获取其他信息。例如：利用压力传感器测定进气吸入负压，利用转速传感器测定转速，利用温度传感器测定当时的空气温度并推算出空气密度，就可以从测定的进气吸入负压求出转速与空气流量之间的关系。

汽车的拥有量很大，汽车传感器网络具有很大的用量。用于汽车传感器网络的一些汽车协议已经趋于规范化，其中控制器局域网（Controller Area Network，CAN）协议等已经形成标准。

CAN 是 Robert Bosh GmbH 提出的一种串行通信的协议，最初是应用于汽车内部测量和执行部件之间的数据通信，目前主要用于汽车之外离散控制领域中的过程监测和控制，特别是工业自动化的底层监控，解决控制与测试之间的可靠和实时的数据交换。原 CAN 规则在 1980 年颁布，而 CAN2.0(修订版)在 1991 年颁布。

CAN 是一种多用户协议，它允许任何网络节点在同一网络上与其他节点通信，传输速率范围为 5kbit/s ~ 1Mbit/s。CAN 利用载波监听、多路复用来解决多用户的信息冲突，使最高优先级信息在最低延迟时间下得以传输。此外，灵活的系统配置允许用户自行选择，促进了 CAN 系统在自动化及工业控制上的应用。

CAN 的物理传输介质包括屏蔽或非屏蔽的双绞线、单股线、光纤和耦合动力线，一些CAN 系统的用户已在进行射频传送的研制。

基于分布式控制的航空发动机智能温度传感器构成框图如图 11-5 所示。它主要包括上电自检测电路、热电偶信号处理电路、显示电路接口、DSP 与 CAN 的接口电路、电源电路等几部分。

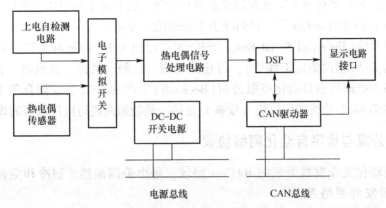

图 11-5　航空发动机智能温度传感器构成框图

智能温度传感器具有上电自检测功能，上电时电子模拟开关先切换到上电自检测电路，上电自检测电路用可调电阻器分压产生一个电压(对应着相应温度)，2407A DSP 首先测量出这个温度值，判断这个测量值是否和设定温度一致。如一致，则认为电路工作正常，将电子模拟开关转换到热电偶传感器，测量发动机的温度，通过显示电路显示温度值，并将测量值通过汽车协议 CAN 总线发送给电子发动机控制系统(EEC)。如不一致，则通过 CAN 总线向 EEC 发出故障报警信号。

CAN 总线具有很高的可靠性，平均误码率小于 10^{-11}，采用独特的位仲裁技术，实时性好，最高位传输率达 1Mbit/s，远距离可达 10km，采用双绞线作通信介质，接口简单，组网成本低。

热电偶温度信号处理电路包括热电偶测温电路、报警电路、电压幅值调整电路。

11.4.2　工业网络协议

分布式传感器网络的优点很容易在工厂自动化的应用中显现出来。一旦形成网络系统，就可以轻而易举地添加与删除节点而不需要重新调整系统。这些节点可以包括传感器、控制阀、控制电动机和灯光负载，关键是要有一个开放性标准协议和即插即用功能。工业网络协议比汽车网络协议有更多的提议和正在研发的标准。"现场总线"是在自动化工业进程中的非专有双向数字通信标准，现场总线规则定义了 OSI 参考模型的应用层、数据链路层和物理层，并带有一些第四层的服务内容。图 11-6 给出了一个现场总线控制系统的结构框图，以现场总线作为最高层，传感器总线作为最低层。

现场总线较好地解决了工业现场多种设备间的

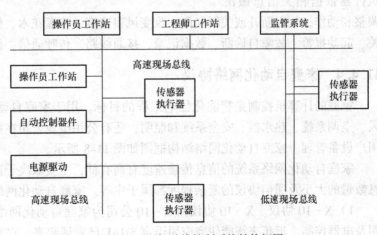

图 11-6　现场总线控制系统结构框图

信息传递问题，近年来得到了工业界高度重视和发展，已有多个协议出现和应用，其中两个实用的协议是 CAN 和 LonTalk™，它们吸引了众多的工业用户。

通用串行总线(Universal Serial Bus，USB)现在已成为 PC 的标准接口，具有传输速率高，拓扑结构灵活(借助集成集线器)，可连接键盘、音箱、鼠标、显示器、打印机、摄像机等多种设备。德国倍福自动化有限公司(Beckhoff)生产的 USB 总线耦合器 BK 9500 可将 USB 系统与最多 64 个总线端子模块（设备）连接，是较短距离时应用较多的现场总线。

11.4.3 办公室与楼宇自动化网络协议

由楼宇自动化工业发展而来的 BACnet 协议，是由美国加热、制冷和空调工程师协会 ASHRAE 所研发的网络系统，能够在 BAC 网络的兼容系统中进行通信。此外，能源管理系统也已研发了相关的标准，而自动读取测量协会 AMRAL 正致力于发展一种自动读取测量标准，IBI 总线则由智能建筑学会研制。

办公室与楼宇自动化网络结构框图如图 11-7 所示。在办公室和楼宇的各个需要的部位安装传感器，节点传感器的传感信息随环境而变，将状态和信息通过网络传送给能够响应这种改变的节点，由节点执行器依据相关信息做出

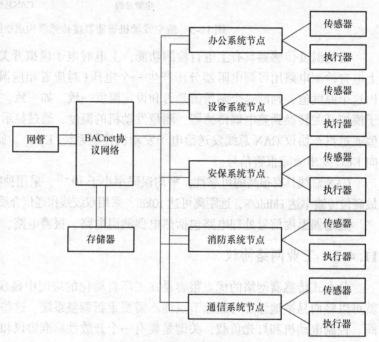

图 11-7 办公室与楼宇自动化网络结构框图

调整和动作，例如断开或关闭气阀、改变风扇速度、喷灌花木、使用监视能源、起动防火开关、起动报警、故障自诊断、数据记录、接通线路、传呼通信、信号验证等。

11.4.4 家庭自动化网络协议

家庭的计算机控制是智能化住宅工程的目标。用于家庭自动化网络接口的有供暖、通风、空调系统、热水器、安全系统和照明，还有公用事业公司在家庭应用方面的远程抄表和用户设备管理。家庭自动化网络结构框图如图 11-8 所示。

家庭自动化网络系统的信息传输速度有高有低，主要取决于连接到系统的设备。它的信息数量的大小及通信协议的复杂程度都属于中等。家庭自动化网络协议如下。

1）X－10 协议。X－10 协议由 X－10 公司为家庭自动化网络研制，广泛应用于家庭照明及电器控制。近年来智能住宅应用语言 SHAL 已发展起来，它支持 100 种以上不同的信号形式，可以满足多种设备的接入，不过，在家庭中要求有专用的多路传输导线。该系统能对

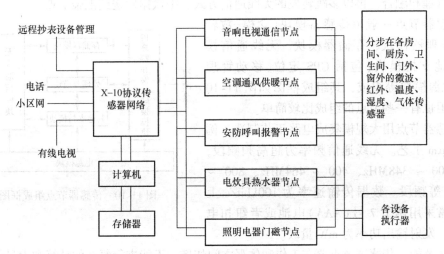

图 11-8　家庭自动化网络结构框图

900 个节点寻址并以最大为 9.6kbit/s 的传输速率进行操作。

2）CEBus。消费者电子总线（CEBus）是由电子协会（EIA）的电子消费集团创立的。CE-Bus 提供数据和控制通道，并以最大 10kbit/s 的速率进行处理。它在与公用事业相关的工业中为越来越多的用户接受。

3）TonTalk™。TonTalk™协议在家庭自动化中为人们所接受，它完全符合开放系统互连参考模型 OSI 层结构，使其具有实用性和互换性，能很好地适应家庭自动化环境。此外，TonTalk™安装使用十分简便，尤其是附加设备的安装，并且成本低，这使得它在家庭楼宇以外的其他市场也被人们广泛接受。

11.5　无线传感器网络

无线传感器网络（Wireless Sensor Network，WSN）是由大量移动或静止传感器节点，通过无线通信方式组成的自组织网络。它通过节点的温度、湿度、压力、振动、光照、气体等微型传感器的协作，实时监测、感知和采集网络分布区域内的各种环境或监测对象的信息，并由嵌入式系统对信息进行处理，用无线通信多跳中继将信息传送到用户终端。

11.5.1　无线传感器网络的结构

无线传感器网络由传感器节点、汇聚节点、移动通信或卫星通信网等传输网络、监控管理中心、终端用户组成，其典型结构示意图如图 11-9 所示。

1. 传感器节点

传感器节点通过各种微型传感器采集网络分布区域内的环境或监测对象的温度、湿度、压力、气体、光照等信息，由嵌入式系统对信息进行处理，还要对其他节点送来要转发的数据进行

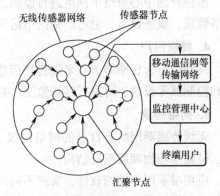

图 11-9　无线传感器网络的典型结构示意图

存储、管理和融合，再以多跳转发的无线通信方式，把数据发送到汇聚节点。

传感器节点一般由传感器模块(含模-数转换)、处理器模块、存储器模块、无线通信模块、其他支持模块(包括 GPS 定位、移动管理等)、电源模块等组成，其组成框图如图 11-10 所示。但也有一些节点的组成比较简单。

传感器节点用大规模集成电路工艺制造，例如 0.18μm 工艺。无线通信频率为超高频频段，例如 300 ~ 348MHz、400 ~ 464MHz、800 ~ 928MHz 等频段。数据传输速率为 100kbit/s 上下。通常采用两节 7 号(AAA)电池或者纽扣电池供电，发射输出功率为 mW 量级。

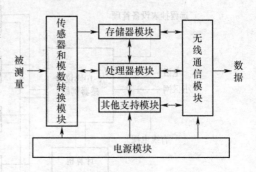

图 11-10 传感器节点组成框图

为了节能，传感器节点要在工作和休眠之间切换，不能进行复杂的计算和大量的数据存储，故必须使用简单有效的路由协议。

2. 汇聚节点

汇聚节点具有相对较强的通信、存储和处理能力，在对收集到的数据进行处理后，通过网关送入移动通信网、Internet 等传输网络，传送到信息监控管理中心，经处理后发送给终端用户。汇聚节点也可以通过网关将数据传送到服务器，在服务器上通过相关的应用软件分析处理后，发送给终端用户使用。

汇聚节点要实现无线传感器网络和传输网络之间的数据交换，要实现两种协议栈之间的通信协议转换。它既可以是一个增强功能的传感器节点，也可以是没有传感检测功能仅带无线通信接口的特殊网关设备。其结构框图如图 11-11 所示。

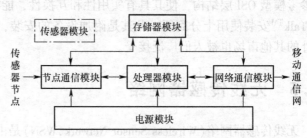

图 11-11 汇聚节点的结构框图

3. 监控管理中心

监控管理中心对整个网络进行监测、管理，它通常为运行有网络管理软件的 PC 或手持网络管理、服务设备，也可以是网络运营部门的交换控制中心。

4. 终端用户

终端用户为传感器节点采集传感信息的最终接收和使用者，包括记录仪、显示器、计算机和控制器等设备，可进行现场监测、数据记录、方案决策和操作控制。

5. 网络协议

无线传感器网络有自己的网络协议。无线传感器网络协议包括应用层、传输层、网络层、链路层和物理层五层结构。

应用层采用不同的软件，实现不同的应用；传输层对传输数据进行打包组合和输出流量控制；网络层选择将传输层提供的数据传输到接收节点的路由；链路层将同步、纠错和地址信息加入，进行传输路径数据比特流量控制；物理层进行激活或休眠收发器管理，选择无线信道频率，生成比特流。

11.5.2 无线传感器网络的应用

无线传感器网络在工农业生产、城市管理、医疗护理、环境监测、抢险救灾、军事国防等方面有极大的实用价值。另外，还应用于矿井、核电厂等工业环境，实施安全监测；应用于交通领域实施车辆和物流监控。

图 11-12 所示为英特尔研究实验室研究人员进行大鸭岛生态环境检测的一个无线传感器网络的组成和工作情况。他们将放置在缅因州大鸭岛上的 32 个小型传感器组成的无线传感器网络，与互联网联接，使在远方的监控管理中心可以读出大鸭岛上的气候，用来评价一种海燕筑巢的条件。

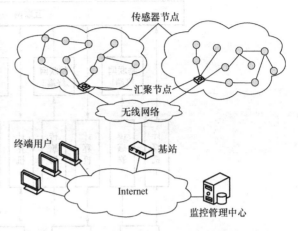

图 11-12 大鸭岛生态环境检测无线传感器网络

图 11-13 所示是一个物流配送跟踪监控无线传感器网络系统示意图。物流配送跟踪控制中心根据货物仓储(节点)信息和送货车辆(节点)的运行信息，经过计算机处理，实时进行物流配送调控，实现了物流精细化，大大提高了物流效率。

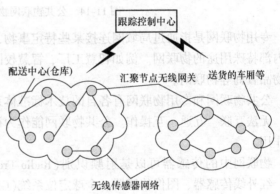

图 11-13 物流配送跟踪监控无线传感器网络系统示意图

11.6 物联网

物联网(the Internet of Things，IoT)是通过信息传感设备，把各种事物与互联网连接起来，按协议进行信息交换，以实现智能化识别、定位、跟踪、监控和管理的一种网络。

11.6.1 物联网物理架构

物联网可以分为公共物联网和专用物联网。公共物联网是指可以连接所有事物，覆盖某个社会行政区域，与互联网联接，作为社会的公共信息基础设施的物联网。公共物联网物理架构如图 11-14 所示，是互联网向物理世界的延伸和扩展。各种感应器分别嵌入或装备到物理世界的电网、铁路、桥梁、隧道、公路、建筑、供水系统、大坝、油气管道等事物中，通过互联网互联、互通、互操作，使得整个世界上的事物能够被智能地识别、定位、跟踪、监控和管理。

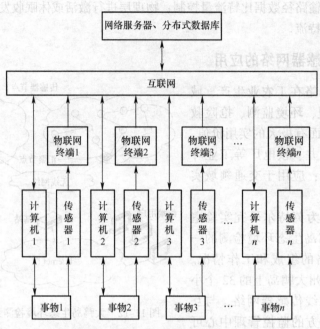

图 11-14　公共物联网物理架构框图

专用物联网是指通过局域网连接某些特定事物，覆盖某个特定机构区域，作为该机构区域内部特殊用途的物联网。例如智慧工厂、智慧校园、智慧医院、智慧商场、智慧仓库、快递物品查询等物联网。

公共物联网和专用物联网有各自的技术标准体系。专用物联网之间由于技术标准彼此不同，无法互联、互通、互操作。公共物联网能作为社会信息基础设施，发挥公共信息技术平台作用。

物联网中的传感器可以是射频识别（Radio Frequency Identification，RFID）、无线传感器、红外线传感器、图像传感器、全球定位系统（GPS）、激光扫描器等信息设备，按协议通过物联网终端与互联网进行联接。

射频识别是一种非接触式的自动识别技术，是物联网使用最多的一种事物信息识读方式。射频识别系统包括电子产品码（Electronic Product Code，EPC）、EPC 标签和电子标签读写器 3 部分。

从 1999 年开始，许多大学和部门对电子产品码进行了研究和开发，提出了全球的、开放的标识标准，可以实现在世界范围内为每一件物品建立唯一的、可识别的编码。EPC 标签为这个编码的载体。当 EPC 标签贴在物品上或内嵌在物品中时，即将该物品与 EPC 标签中的电子产品码建立了对应关系。

EPC 标签也称电子标签，是一种把天线和集成电路封装到塑料基片上做成的无源电子卡片，具有数据存储量大、小巧轻便、寿命长、防水、防磁和防伪等特点，内存有电子产品码，还可以存储其他信息。电子标签读写器通过无线电波电磁场感应，把能量传输给 EPC 标签。EPC 标签得电后工作，快速实现电子标签读写器对 EPC 标签内存电子产品码的识读。识读获得的电子产品码上传给物联网终端，经处理后传输到互联网，存储在分布式数据库中。用户查询产品信息时，只要在网络浏览器的地址栏输入产品名称、生产商、供货商等信息，就可以获悉产品在供应链中的状况。

11.6.2 物联网技术架构

物联网技术架构分为传感网络层、传输网络层和应用网络层。

传感网络层即以二维码、RFID、传感器为主，进行数据采集和感知。可延伸到传感器网、家庭网、校园网、交通网等，实现对事物或环境状态的识读。

传输网络层即通过现有的互联网、广电网、通信网、网络管理系统、云计算平台或者下一代互联网(IPv6)实现数据的双向传输、控制、存储与计算。

应用网络层即物联网和用户的接口，可划分为应用程序层和终端设备层，应用程序层进行数据处理，支撑跨行业、跨系统的信息协同、共享和互通，为行业服务和为公众服务，服务领域遍及绿色农业、工业监控、公共安全、城市管理、远程医疗、智能家居、智能交通和环境监测等。终端设备层提供人机交互界面，输入输出操作控制设备有计算机、平板电脑、手机等。

11.6.3 物联网终端

物联网终端是物联网中连接传感网络层和传输网络层，实现汇集数据和向传输网络层发送数据的设备。它担负着数据汇集、初步处理、加密、数据格式转换等多种功能，并通过网络接口向互联网或其他通信网、局域网传输。

物联网终端通常有固定终端、移动终端、手持终端等形式，有工业设备检测终端、设施农业检测终端、物流 RFID 识读终端、电力系统检测终端、安防视频监测终端等类型。

物联网终端由外围感知接口、中央处理器模块、外部通信接口组成。外围感知接口与 EPC 电子标签读写器、红外线传感器、环境传感器、图像传感器等传感设备连接，将这些传感设备的数据汇集并通过中央处理器模块处理后，按照网络协议，经外部通信接口发送到传输网络指定的中心处理平台(例如企业信息系统)，存储于数据库，供给应用网络层各输入输出操作控制终端调取、处理和使用。

图 11-15 所示为仓储物流物联网终端数据流程，图中传感器采用 RFID。

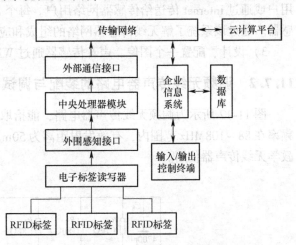

图 11-15 基于 RFID 的物联网终端数据流程

11.7 实训

11.7.1 传感器信号无线通信网络的方案设计

1) 查阅汽车传感器资料，了解汽车传感器网络的应用。

2）传感器移动通信网络如图 11-16 所示。该系统由智能传感器、移动通信收发器、移动业务交换中心组成。

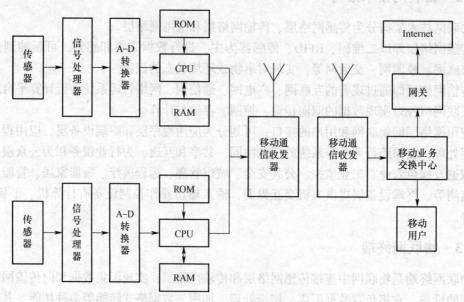

图 11-16　传感器移动通信网络

由传感器检测到的信号经信号处理和 A－D 转换后，通过 RS－484 异步通信接口或 RS－232 串行接口与移动通信收发器通信，移动通信收发器将采集到的数据压缩、打包后发送给移动用户或通过 Internet 传送给传感器网络用户。每个 RS－484 异步通信端口可同时连接 64 个传感器。通过该系统了解无线传感器网络的组成和应用。

3）设计、配置一个图像、声音传感器通过 WiFi 无线上网设备传输的无线通信网络。

11.7.2　调频无线传声器电路的装配与调试

图 11-17 所示为调频无线传声器电路，能拾取距离传声器 5m 以内的轻微讲话声，发射频率在 88～108MHz 范围内，有效发射距离为 50m 左右，可用调频收音机接收，可用作电话教学无线传声器使用。

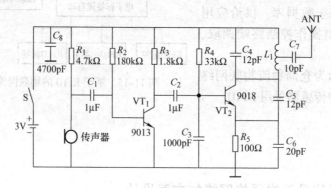

图 11-17　调频无线传声器电路

传声器可选用小型驻极体型传声器，拾取话音信号，送入 VT_1 音频放大。VT_1 可选用 $\beta > 100$ 的低频晶体管，例如 9013、3DG201 等。

经 VT_1 放大后的音频信号加到 VT_2 基极，进行调频。VT_2 为高频振荡管，产生 88 ~ 108MHz 范围内某个频率的调频信号，由天线（ANT）发射输出。图中 C_1 和 C_2 为电解电容器，其他为高频瓷介电容，电阻均为 1/8W 碳膜电阻，电感 L_1 需自制，用 0.4 ~ 0.6mm 直径漆包线在直径约 4.5mm 的圆棒上绕 7 ~ 8 圈，然后抽去圆棒，成为一个空心线圈，将圈间距调整为一根导线的直径大小。天线用 0.5m 拉杆天线，也可用多股软铜线作拖尾天线，但灵敏度会降低。

1）在印制电路板或多功能电路板上装配该电路，检查各元器件焊接可靠。

2）对传声器讲话，用调频收音机搜索频率点进行接收。若接收频率点有当地广播电台，则可微微拨动电感线圈 L_1 圈间距，微调振荡频率，将其避开。

3）调整电阻 R_1 阻值，使接收音量最大和最清晰。

4）测量调频无线传声器的有效发射位置、角度和距离。

11.8　习题

1. 分布式传感器网络系统与单个传感器的用途有什么不同？

2. 数量巨大的传感器加入互联网会具备什么样的功能？试设计一种传感器加入 Internet，解释其使用。

3. 解释如图 11-2 所示的智能传感器网络的工作原理和信号流程。

4. OSI 开放系统互连参考模型的哪一层分别处理以下问题：

1）把传输的比特流划分为帧。

2）决定哪条路径通过信息分包，选择通信子网络。

3）提供端到端的服务。

4）为了数据的安全将数据加密传输。

5）光纤收发器将光信号转换为电信号。

6）电子邮件软件为用户收发传感器传感数据资料。

5. 汽车网络 CAN 协议有哪些用途？

6. 工业网络有哪些特点？了解 USB 作为现场总线能为哪些设备提供双向数字通信？

7. 办公室与楼宇自动化网络有什么功能？

8. 解释家庭自动化网络系统的组成和应用。

9. 无线传感器网络由哪几部分组成？无线传感器节点起什么作用？

10. 为了节省电池能量的消耗，无线传感器节点要在工作和休眠之间切换。结合学过的传感器知识，设想两种工作和休眠状态的切换方案。

11. 试设计—用于城市环境监测的无线传感器网络，画出框图，并解释其工作原理。

12. 试设计一个无线温度传感器，用多个无线温度传感器组成无线温度传感器网络。

参考文献

[1] 黄继昌, 徐巧鱼, 等. 传感器工作原理及应用实例[M]. 北京：人民邮电出版社, 1998.

[2] 黄贤武, 郑筱霞. 传感器原理与应用[M]. 2版. 北京：高等教育出版社, 成都：电子科技大学出版社, 2004.

[3] 单成祥. 传感器的理论与设计基础及其应用[M]. 北京：国防工业出版社, 1999.

[4] 李瑜芳. 传感技术[M]. 成都：电子科技大学出版社, 1999.

[5] 刘迎春, 叶湘滨. 现代新型传感器原理与应用[M]. 北京：国防工业出版社, 1998.

[6] 梁威, 路康, 李银华, 等. 智能传感器与信息系统[M]. 北京：北京航空航天大学出版社, 2004.

[7] 杨帮文. 最新传感器实用手册[M]. 北京：人民邮电出版社, 2004.

[8] 王翔, 王钦若, 谢晨阳. 一种汽车制动性能检测仪的研制[J]. 传感器技术, 2004(2).

[9] 徐科, 黄金泉. 基于分布式控制的航空发动机智能温度传感器[J]. 传感器技术, 2004(1).

[10] 王志强, 吴一辉, 赵华兵. 新型气象参数测试仪的研制[J]. 传感器技术, 2004(2).

[11] 曾凡智, 李凤保. 基于GSM的网络化传感器系统[J]. 传感器技术, 2004(4).

[12] 黄鸿, 吴石增, 施大发, 李艳玲. 传感器及其应用技术[M]. 北京：北京理工大学出版社, 2008.

[13] 卿太全, 梁渊, 郭明琼. 传感器应用电路集萃[M]. 北京：中国电力出版社, 2008.

[14] 陈裕泉, 葛文勋. 现代传感器原理及应用[M]. 北京：科学出版社, 2007.

[15] 杨帆. 传感器技术[M]. 西安：西安电子科技大学出版社, 2008.

[16] 朱利安 W 加德纳, 维贾伊 K 瓦拉丹, 奥萨马 O 阿瓦德卡里姆. 微传感器 MEMS 与智能器件[M]. 范茂军, 等译. 北京：中国计量出版社, 2007.

[17] 陈书旺, 张秀清, 董建彬. 传感器应用及电路设计[M]. 北京：化学工业出版社, 2008.

[18] 范茂军. 传感器技术-信息化武器装备的神经元[M]. 北京：国防工业出版社, 2008.

[19] 徐显荣, 高清维, 李中一. 一种用于农业环境监测的无线传感器网络设计[J]. 传感器与微系统, 2009(7).

[20] 夏银桥, 吴亮, 李莫. 传感器技术及应用[M]. 武汉：华中科技大学出版社, 2011.

[21] 陈恳, 杨向东, 刘莉, 杨东超. 机器人技术与应用[M]. 北京：清华大学出版社, 2006.

[22] 孙稳稳, 宋德杰. 无线温度传感器设计[J]. 传感器与微系统, 2015(10).

[23] 李辉, 芦利斌, 等. 基于Kinect的四旋翼无人机体感控制[J]. 传感器与微系统, 2015(8).

[24] 喻晓和. 虚拟现实技术基础教程[M]. 北京：清华大学出版社, 2015.

[25] 徐艇, 张卫强, 等. 基于传感技术的室内监护系统设计[J]. 传感器与微系统, 2019(2).

[26] 张龙, 杨长业, 等. 电容式降雨传感器及其特性曲线拟合方法[J]. 传感器与微系统, 2017(10).

[27] 王鸿雁, 孟祥印, 赵阳, 等. 基于Adaboost和PCA的嵌入式人脸识别方法[J]. 传感器与微系统, 2017(6).